江晓原作品集·甲编

天学真原

江晓原作品集·甲编

江晓原 著

上海交通大学出版社
SHANGHAI JIAO TONG UNIVERSITY PRESS

内容简介

本书不是传统意义上阐述中国古代天文学成就的著作，也不是一部中国天文学史，而是一部带有科学社会学和文化人类学色彩的专论，旨在揭示中国古代“天学”的政治属性、文化性质和社会功能——而所有这些都与现代的天文学毫无共同之处。在此基础上，本书对中国古代社会一系列以前不易理解或长期被误解的现象，给出了全新而富有说服力的解释。本书自 1991 年初版以来，多次再版，成为海峡两岸科学史界和历史学界引用率很高而且影响广泛的著作。

图书在版编目（CIP）数据

天学真原 / 江晓原著 . —上海 ：上海交通大学出版社，2017（2019. 8重印）
ISBN 978-7-313-17243-3

Ⅰ. ①天… Ⅱ. ①江… Ⅲ. ①天文学史 — 研究 — 中国 — 古代 Ⅳ. ① P1-092

中国版本图书馆 CIP 数据核字（2017）第 121217 号

天学真原

著　　者：江晓原
出版发行：上海交通大学出版社　　地　　址：上海市番禺路 951 号
邮政编码：200030　　电　　话：021- 64071208
出 版 人：谈　毅
印　　制：三河市兴国印务有限公司　　经　　销：全国新华书店
开　　本：710mm × 1000mm　1/16　　印　　张：22.5
字　　数：306 千字
版　　次：2017 年 12 月第 1 版　　印　　次：2019年8月第2次印刷
书　　号：ISBN 978-7-313-17243-3/P
定　　价：78.00 元

本书获得二〇一七年国家社会科学基金中华学术外译项目资助

目　录　CONTENTS

2017 新版前言

《天学真原》是我 1990—1991 年间完成的著作，迄今至少已有如下版本：

1. 1991 年，辽宁教育出版社，内部征求意见版，只印刷了 300 册；

2. 1992 年，辽宁教育出版社，正式版（有精装及平装）；

3. 1995 年，洪叶文化事业有限公司（台湾），繁体字版；

4. 1997 年，辽宁教育出版社，新版；

5. 2004 年，辽宁教育出版社，新版；

6. 2007 年，辽宁教育出版社，中国文库版（有精装及平装）；

7. 2011 年，译林出版社，修订版（精装）；

现在这个上海交通大学出版社的版本，将是它的第 8 个版本。

《天学真原》问世之后，颇邀虚誉，得到过一些体制内及学术圈中的荣誉和赞赏，我在“2011 修订版前言”中已经提到过。

也有不少读者更关心本书的“创作缘起”“指导思想”“理论方法”等方面的问题。这些问题其实很难有固定的答案，因为在本书问世之后的已经超过四分之一世纪的岁月中，我自己的学术视野和思考路径都在不停地变化着。到目前为止，我自己对于本书大致有如下的描述和概括：

在科学技术史的视野下，本书是一本“专论”性质的著作，重点论述古代中国天学的文化性质和社会功能。本书主要使用史学中的文献考据方法，以及某些文化人类学的方法，对中国古代的相关文献进行操作；这种操作有比较鲜明的“跨界”或“越界”色彩。

《天学真原》常被学界人士视为我的“成名作”，而按照当代学术界的某种惯例，一个学者的“成名作”往往就是他的博士论文，或由他的博士论文发展而来的著作。但《天学真原》却不是我的博士论文，而且和我的博士论文完全没有关系——我的博士论文是《明清之际西方天文学在中国的传播及其影响》(北京，中国科学院，1988)。

在完成《天学真原》之后，我的学术兴趣在本书所涉及的领域，以及明清之际中西天文学交流的领域，都没有停留太久，又延伸扩展到别处去了。不过在这四分之一世纪中，《天学真原》一直有人在阅读和引用，每次看到或听到年轻一代学者中仍然有人能够从本书中获得教益或启发，总是让我深感欣慰。

现在这个新版，将此前数个版本中遗留下来的数量已经很少的误植，尽力作了订正。感谢各地的学者，曾经给我发来过好几份勘误表——想想看，这得多么认真阅读才会去做这样的勘误表！我在这里深表谢忱。

但书中内容及形式，则完全保持不变。因为本书不是一本有“时效”的书，所以也就用不着“与时俱进”了。

江晓原

2017 年 5 月 18 日于上海交通大学科学史与科学文化研究院

2011修订版前言

《天学真原》1991年11月第1版，只印了300册，是供“内部征求意见”的，真正面市是1992年6月的第2次印刷。此后多次再版或重印，有1995年新版、台湾繁体字版（洪叶文化事业有限公司，1995）、2004年新版、2007年中国文库版。

现在本书又将出修订新版，回首当年，从最初写作此书至今，竟已经20年过去了。

《天学真原》此前最好的版本，应该是2007年中国文库版，而它的依据是2004年新版（版式有变动，索引也做了相应改动）。此次2011年新版，是我在2007年中国文库版基础上进行修订的。此次修订的原则是：

一、在结构上一仍其旧，不做改动，保持当年原貌。

二、增补了一些文献，例如本书初版时尚未正式发表的某些参考文献。

三、改正笔误或误植造成的错字——尽管原先的版本中这种错字已经远小于万分之一（统计意义上的，不是修辞意义上的）。

本书1992年获中国图书奖一等奖，算是某种“半官方”的荣誉，但更大的荣誉来自学术界的评价。

例如，多年来，它一直是北京大学、清华大学相关专业研究生“科学史经典选读”课程中唯一入选的中国人著作。

又如，中国当代科学史界泰斗、已故席泽宗院士在《中国科学史通讯》第6期（台湾，1993）发表评价:“司马迁作《史记》，说是要‘究天人之际’，‘成一家之言’，现在这本《天学真原》才真正是‘究天人之际’，‘成一家之言’。作者运用和分析资料的能力，尤其令人叹服；由分析资料所得的结论，又是独具慧眼，自成一家言……一改过去的考证分析方法，使人耳目一新。出版之后，引发出了一系列研究课题，并波及其他学科领域。”

再如，北京大学吴国盛教授在他的名著《科学的历程》第二版中评价说:“中国科学史家写作的关于中国科学技术的分科史、断代史著作不胜枚举，这里只提到江晓原的《天学真原》（辽宁教育出版社 1991 年版）和《天学外史》（上海人民出版社 1999 年版），因为它们可能是社会史纲领在中国古代科学史研究中少有的成功范例。”

再如，国际科学史研究院院士、台湾师范大学洪万生教授，在他为淡江大学开设的中国科技史课程中，专为《天学真原》安排了一讲，题为“推介《天学真原》兼论中国科学史的研究与展望”，称《天学真原》一书“开了天文学史研究的新纪元”（见台湾《中国科学史通讯》第11期“淡江大学中国科技史课程一览表”，1992）。

此外，仅就我个人见闻所及，还有许多科学史界的前辈，如薄树人教授（已故）、潘鼐教授、林盛然教授等，都对《天学真原》发表了很高的评价。还要特别提到本书当时的出版人、时任辽宁教育出版社总编辑的俞晓群先生，也多次称赞《天学真原》，视之为他当年引为骄傲的出版物之一。

所有这些赞誉，在我个人来说自然都愧不敢当。

对《天学真原》给出最“另类”评价的两位，当推刘兵教授和田松教授。

清华大学的刘兵教授，是我多年的老同学、老朋友，他为《天学真原》的初版和2004年新版分别写了序，此两序俱仍收入本书，读者自能见之。他在序中所言，当然仍是“学术评价”，而他的“另类”评价则另有表现方式:

他不止一次，趁我在京之时、恰好又逢他讲授“科学史经典选读”课程，就将我架弄到他的教室中，“让那些吃了《天学真原》这个鸡蛋的同学，能见见那只下蛋的母鸡”。他要我对同学们讲此书的创作缘起、写作方法、研究心得等，并回答同学们的提问。他希望这样能够加深同学们对此书的理解。

据我所知，迄今为止，北京师范大学的田松教授，是国内唯一同时获得理学（科学史）博士学位和哲学博士学位的人，他对《天学真原》的评价，可能比上述诸权威人士的评价都更广为人知，那就是他1998年在《中华读书报》上发表的书评（署名“读焰”）中，说《天学真原》“如侦探小说一般好读”。那时我们还不相识。

后来有一天，我和田松在某个会议上相遇（记得他那时还一个博士学位也没有呢），恰好当时有人又谈到《天学真原》，田松就说“如侦探小说一般好读”，我很惊奇，告诉他有一个笔名“读焰”的人曾在《中华读书报》上这样说过，田松很调皮地笑笑说：“‘读焰’就是我。”从那天起，我和田松就成了好友。

最后，稍稍谈几句关于本书的书名，因为不止一次有朋友问过我，《天学真原》究竟何所取义。采用“天学”这个词，是为了区别于“天文学”，此意在书中已有阐述，读者不难理解；而“真原”意指“真实的原初（形象、角色、作用或功能等）”。明末清初薛凤祚有一书名《天步真原》——那是一部讲星占学的书，不过我常觉其书名十分响亮，所以仿其形式，为本书取名《天学真原》。

其实按照我现在的标准——我已经自嘲“堕落为标题党”了——来看，《天学真原》这个书名并不是十分理想。不过既然已经沿用了20年，而且20年间还有幸略邀虚誉，出于怀旧心理，我也不想改动它了。

江晓原

2010年8月18日于上海交通大学科学史系

2004新版前言

经过十几年的岁月,《天学真原》又有机会出新版了，这对我来说，当然是一件愉快而温馨的事情。回忆这十几年中，与此书有关的事情历历在目，惆怅，感叹，感慨万千，一时也不知从何说起。

本书初版后，曾数次重印，并在1995年出版了繁体字版。看到本书在初版后的十几年中，一直得到学者们的引用、谈论、评述、称赞或者商榷，我深感荣幸。

记得本书初版七八年后，有一次一篇与本书中某个论点商榷的论文，不知为何到了我手中审稿，记得我在审稿意见中写道:“虽然我不认为该文的观点能够成立，但是为了活跃学术批评，我建议全文发表该文。”该文后来确实全文发表了。想到在信息爆炸、资讯泛滥的今天（例如2003年中国大陆共出版图书19万种），在《天学真原》已经出版七八年之后，还有人要和你商榷，这至少说明还有人在读它，能不感到荣幸吗?

在这里我要特别感谢五个人。

第一个是我母亲。她和世界上绝大多数母亲一样，对自己的儿子有偏爱，当然就对儿子的作品也有偏爱，因此她虽然完全没有科学史或天文学史的背景知识，却在本书出版后，怀着极大的兴趣，极其仔细地读完了全书，并记下了大约十几处她怀疑是误植的地方，找我一一核实。本书初版时，由于出版社的高度重视，已经校对了五遍，错别字已经减少到最小程度，所以我母亲记下来的怀疑之处，大部分并无错误，但她也确实发现了两处误植。

第二个是现在的中国科学院上海生命科学院副院长吴家睿教授。他是我 20 多年前在北京读研究生时的同学，也是我多年的好友。本书初版时，他还在美国，但他居然也怀着极大的兴趣，极其仔细地读完了全书——要知道他学的专业是遗传学！而且他也记下了十来个问题，包括对书中内容的讨论、评注和他发现的误植。他的讨论和评注对我有很大的启发，因为他是从专业以外的、广义的学术立场来看问题的。

顺便可以说一说，综合我母亲和吴家睿教授的发现，排除了我原文上的个别笔误，本书初版总共只有三处误植（全书共 28 万字）——在本书新版中，这三处误植当然已经被改正。

第三个是清华大学的刘兵教授。刘兵教授也是我 20 多年前在北京读研究生时的同学，同样是我多年的好友。本书初版的序就是他写的，现在，新版又承他写了精彩的长序。刘兵的序也许有溢美之词，但是我之所以深以他的序为荣，是因为他是真正能从思想上理解我，并和我共鸣的人，他是一个真正的知音。

第四个是北京大学的吴国盛教授。他也是我多年的好友。在他的名著《科学的历程》中，我看到了对本书最言简意赅而且专业化的评述。吴国盛教授也是真正能从思想上理解我，并和我共鸣的人，也是一个真正的知音。

最后我要在这里感谢的，是本书新版的责任编辑许苏葵博士。她是一位优秀的资深编辑和书籍策划人。为了让本书新版从书业的标准达到更令人满意的程度，她可谓尽心尽力，从开本、版式、字体，到印刷用纸、封面设计等，都不厌其烦，精益求精，务求美善。在与她合作的过程中，她的聪慧、热情、耐心和专业精神，无不使我深感愉悦和温暖。我已经先后出版过近 30 种书，几乎和每一位责任编辑都有愉快的合作，其中有些责任编辑后来还成为我的好友，但是与许苏葵博士的合作是最让我感动的。

在新版中，除了增加了刘兵教授的“2004 新版序”和我的这篇“2004 新版前言”，本书内容没有任何改变。

江晓原

2004 年 5 月 6 日于上海双希堂

初版前言

本书是笔者“古代中国与西方天文学交流及比较研究”系列中的一个组成部分——可以说是先行部分。但它的产生却是笔者有点始料不及的。

三年前，当笔者发心要从事天文学史上的中西交流与比较研究时，曾对情况有过如下估计：西方古代天文学史已有大批西方学者持续一个多世纪的群起研究，情形已大致明朗（当然在专家眼里几乎永远有着无数问题尚待解决，但这是另一层面上的问题），中国古代天文学史也已有中外学者一个多世纪的努力研究，情形同样颇为明朗，因而这两方面都将成为自己未来工作的依据和基石。但随着研究工作的深入，却逐渐感觉到基石不稳的威胁；而随着这种感觉日益加深，又发现问题主要出在对古代中国天学史的研究方面。终于，当这种感觉严重到一定程度时，促使笔者明白了：必须先回身过去，将这有问题的基石处理好了，才能再续前程。

这困扰人的问题在许多人看来本是不成问题的。一部中国天学史，就是一部古代中国天文学成就史，哪一年发明了什么仪器，哪一年编制了什么历法，桩桩件件，都已排列得清清楚楚。至于天学的性质和功能，则似乎更不成问题，这早在研究开始之前就已被确定了，不需要再做任何探索和考察——性质：科学活动，现今世界上各天文台正在进行的天文学研究的早期阶段；功能：探索自然，改造自然。一句话，与现代天文学的性质与功能完全一样。笔者一开始也是未加思索而接受这种观念的。后来几经困惑，及至奋然“回身过去”，才发现问题正出在这里。基石之所以不稳，就是因为对于性质和功能未有实证的研究，只有先验的假设——甚至连先验的假设也从未认真陈述过。此处所谓“实证的研究”，意指以古人当时的认识为出发点，探明所论对象在当时的实际情况。而不是以今人头脑中的概念去强迫古人就范，为此甚至不惜歪曲历史真相（美化、拔高等也是歪曲之一种）。

由于中国传统文化的特殊性，古代中国天学的性质与功能根本无法和现代天文学同日而语。研究中国天学史，而它的性质与功能竟被认为是根本无需考虑的，这对于仅仅编制“成就年表”来说或许真是如此，但对于任何较为深入的研究尝试来说肯定是不可设想的。而对于中西交流与比较研究来说则尤为不可设想。因为古代世界的科学交流总是与广泛的文化背景密切交织在一起，绝对无法单独分离出来。

或者还可以说，古代中国天学史研究，作为基石它实际上至多还只有半块，即属于“内史”的那半块，而“外史”的那半块则尚属阙如（从这个角度看，那后“半块”自然也不止于性质和功能两方面）。进而言之，没有后面“半块”，则其前“半块”也终不能臻于完善——归根结底，它们本来应该是“一整块”！

本书就是上述思想的产物。笔者打算从性质与功能入手，做一次补上那后“半块”的尝试（为此又不得不追根寻源，从古代天人合一的哲学基础讨论起）。当然揆诸初衷，这始终是着眼于中西交流与比较研究的背景而进行的。这“半块”中也包括了对古代中国天学起源及外来影响的新探讨，这主要集中于本书最长的第六章。此章同时又属于在新基石上“再续前程”的开始。不过本书不可能包括“再续前程”的全部内容，因为这个旅程本身尚在继续之中，再说也不宜将本书写成双重主题的格局。因此仅论述了起源问题以及域外天学中那些曾在中土造成相当影响的成分的传播情形，它们无疑仍属本书主题范畴。

江晓原
1990 年秋于中国科学院上海天文台

2004 新版序

13 年前，即 1991 年，我的朋友江晓原邀我为他的《天学真原》一书写一篇序。我在当时所写的序言中就提到，他的这种做法按照当时（甚至现在）的标准来看，其实是很反常规的。因为人们请人为自己的著作写序时，往往是将目标指向那些“名人”，而我当时却只不过是大学里的一名普通讲师，仅仅是晓原兄的一个好朋友而已。回溯起来，我与晓原兄认识，还要更早些，大约 20 年前，我与他在中国科学院研究生院是学习科学史专业的同学。但我的方向更加“西化”，是西方物理学史，兼及一些科学编史学（也即科学史理论），而他则研究中国古代天文学史（其实还有后来让他更加“市场化”的性文化史研究）。直到 1991 年写序时，我们在专业研究的意义上，才有了第一次的合作。

此后，我又陆续应邀为他的《天学外史》和《回天》两书写序，而他也曾为我的科学编史学专著《克丽奥眼中的科学——科学编史学初论》和科普文集《硬币与金字塔》写序。为此，曾有朋友写文章开玩笑地说我们是“彼此作序，相互吹捧”。但对此，就像晓原兄在为《硬币与金字塔》一书所写的序文中讲的那样，“我们都坦然笑而受之”。因为“从学术史上看，在学术活动中，要交流就会有理解，彼此作序的事是经常发生的。但是我们想到学术的繁荣，想到大多数好书的命运，我们为增进理解而作序，就是序得其所”。这也可以说是我们的共识吧。

到这次应邀为《天学真原》的新版再次撰写序言为止，我已经是第四次为晓原兄的书写序了，我们相识的时间也有 20 多年了，这些年间，我们两人在学术性的研究和普及性的工作中的“业务合作”逐渐增多起来，而且，在这许多年中，无论就学术的发展，就工作方式、工作内容还是就对于学术的理解，身边都出现了巨大的变化。相应地，也发生了许许多多的故事。那么，在13年之后，还是就这事情中与此书或许相关的一些事挑拣一些，发表一些议论，作为这篇序言吧。

晓原兄的看家研究是中国古代天文学史。虽然他最先出版的书是性文化史方面的，而且后来无论在天文学史还是在性文化史方面，无论是普及性还是学术性的各种类型的书也都写了不少，但在天文学史方面，到目前为止，影响最大的，恐怕还是这部13年前写成的《天学真原》。之所以会如此，并不是说他写的其他书不重要或价值小，而是由于学术研究和学术积累的特殊性，以及一些机缘，才使得此书在他出版的众多著作中有着特殊的地位，甚至于如果大胆一些讲，颇有成为“经典”的迹象。

先说学术背景。长久以来，国内对于中国古代天文学史的研究几乎一直是发掘古代的天文学成就，为中国古代天文学发展如何领先于他人而添砖加瓦。其实，这种研究的一个前提，是按照今天我们已知并高度认可的近现代西方天文学为标准，并以此来衡量其他文化中类似的成就，用我当时写的序言中的说法，也即一种典型的“辉格”式的科学史。

而晓原兄却在国内的研究中超前一步，更多地从中国古代的具体情况着眼，放弃了以西方标准作为唯一的衡量尺度的做法，通过具体扎实的研究（这与晓原兄本人扎实的国学功底不无关系），以“天学”这种更宽泛的框架来看待那些被我们所关注的、中国古代对天文现象的观察和解释，一反传统见解，从古人观天、释天的社会文化功能的角度，提出了正是为王权服务、要解决现实中的决策等问题，要“通天”，进行星占，这才是中国古代“天学”的“真原”。

所谓“天学”，也即关于天的理论，对于这一说法的明确，是因为当时我在《自然辩证法通讯》当兼职编辑，在编发晓原兄一篇来自此书部分内容的稿件时，问及他如何将“天学”二字译成英文，他建议用“Theory of Heaven”。正是这种对于出发点完全不同的新概念的利用，使得他避免了将西方近现代天文学与中国古代对“天”的认识、理解与研究的等同，所以他在书中明确地讲，他不是要把这本书写成一部中国古代天文学史。

当然，《天学真原》一书的内容还远不止于此，它还涉及像历法问题和中国天学起源与域外天学之影响等问题。但其中最重要和最有影响的，我以为，还是前面所讲的中国古代天学与星占之功能的问题。这一研究从根本上改变了我们对于中国古代天文研究之性质的认识，成为国内学者对于中国古代天文研究的一部重要著作。这里我讲国内学者的研究，还有另一层意思，即中国古代天文学史的研究。当然中国学者因对其语言和文化的掌握和理解而有天然的优势，而西方学者当时似乎还没有人明确地提出与晓原兄类似的提法。正因为如此，此书出版后，获得了不少的好评，国外的情况我不太了解，但至少在大陆和港台地区，对于中国古代天文学史的研究都影响很大。例如，国际科学史研究院院士、台湾师范大学洪万生教授，在淡江大学中国科技史课程中，专为《天学真原》开设一讲，题为“推介《天学真原》兼论中国科学史的研究与展望”；他对《天学真原》的评价是：“开了天文学史研究的新纪元”。至少在天文学史领域，《天学真原》一书，是被国内十多年来发表的科学史和历史学论著中引用最多的一种。

由于种种原因，在这里也还只好沿用中国古代天文学史这一名称，但正是由于《天学真原》的出版，许多人对这一领域的理解已经有了不同的认识。我曾讲，此书颇有成为“经典”的迹象，也正是在此意义上。我在清华大学为科学史和科学哲学专业的硕士生和博士生开的“科学史名著与案例研读”课程中，此书也是书单中唯一由国内学者所写的著作。当然，类似的有关此书之影响的例子还有许多。例如，此书当年版本的责编之一俞晓群，也是一位数学史研究者（如今已经成为辽宁出版集团的副总）。他在一篇有关让他记忆最深刻的三篇文章或书的回忆文章中，首先就提到了《天学真原》，说这本书所展示的“外史”研究的观点，对他后来的写作影响很大。

俞晓群的那篇回忆文章在提到晓原兄的《天学真原》的同时——令我非常荣幸地——也提到了当年我写的序言，提到了我序言中所讲的关于“辉格”与“反辉格”的科学史理论，甚至提到了当时晓原兄请我这个不是名人的朋友为其作序这种“颇有个性”的做法。当时晓原兄请我作序的另一个原因，也许是我正好发表了有关科学史与历史的辉格解释的文章，其中的理论观点与晓原兄的史学实践倾向正好不谋而合。

其实，我在当时那篇序言最初的文字中，还曾有“自认为与晓原兄相交不浅，深知其‘反潮流’之秉性”，所以才斗胆与其一起“唱唱反调”。不过，人毕竟总是生活在一定的历史环境下，毕竟不可能完全不受环境的影响，毕竟难以超越某些无论就个人而言还是就更大范围的社会环境而言存在的具体限制。出于谨慎，晓原兄在正式出版的书中，还是删去了原稿中“反潮流”几个字。不过我想，在 13 年之后，在我们的学术环境和人们的观念已经发生了如此巨大变化的今天，他应该不会再顾虑这样的说法了吧。其实，我们现在经常所说的“创新”（其实我个人并不喜欢这种并未给理解历史和现实带来什么“创新”的这个词），以及就真正有突破性的学术发展来说，对于学者，所需要的不正是那种“反潮流”的精神，以及基于严肃的学术探讨并符合学术规范的“反潮流”的研究吗？

在此书的绪论中，晓原兄将此书的立场和定位，与科学社会学，以及默顿的理论观点联系起来。即强调文化背景、意识形态和价值观念等对于科学的影响。这样的说法有一定的道理。但此书毕竟主要还是作为一本“外史”著作，是力图用那些外部因素来说明和解释“天学”的历史渊源。其实，在写作这本书时，国外已经兴起了所谓的关于科学的“社会建构论”或者说“科学知识社会学”（SSK）的研究。只不过当时那些国外的前沿研究成果还没有及时介绍到我们这里而已。近来，有关“社会建构论”或“科学知识社会学”的理论已经成为我们这里关注和争论的焦点之一。

按照科学知识社会学中“强纲领”的看法，以往认为只有在解释“失败”时才需要外部因素的影响的看法是有问题的，应当从因果关系角度涉及那些导致知识状态的条件，应当客观公正地对待真理和谬误、合理性和不合理性、成功和失败，而且要求对于“成功”或“失败”都同样需要同样类型的原因来解释。这也即所谓的“因果性”、“无偏见性”和“对称性”信念。

其实按照这些看法，《天学真原》一书也是较为超前地隐含了某种类似的意识的。因为“天学”这一概念并不等同于今天那种“成功”的近现代天文学，（按照晓原兄本人的说法）也不是它的“早期形态或初级阶段”，只不过在对象上与天文学相同或相似而已。对于这样的“理论”的历史解说，虽然用到了外史传统中所要关注的“外部因素”，但其立足点却不是要用这些外部因素来说明其不等同于近现代意义上的天文学的“失败”，而是把它“平等”地看做一段曾经存在过的历史。当然，这样的“同类原因”也说明了为什么会有那些以今天的立场看来会与“成功”的近现代天文学有关的天文观察和记录在中国古代历史的存在。像这样多年前的隐约意识，恐怕也是今天晓原兄能够相当地欣赏和接受“科学知识社会学”的许多新观念的“历史因素”吧。

在《天学真原》一书写成、出版并取得成功之后，晓原兄在中国古代天文学史领域又有许多其他的重要工作，对于这些后来的研究（甚至还可以包括后来的那些性学或性文化研究），我在这里不拟多谈。但值得注意的是，近几年来，他更多在关心和转向了“科学文化”或者“科学文化传播”的研究和普及工作。对此转向，不同的人有不同的看法，赞同者有之，批评者亦有之。不过，对此我倒是颇能理解，颇有同感，并个人也有类似的“转向”。这实际上是与一个人的天性，与他的“学术品味”，也与他的生活方式追求紧密相关的。

在写作《天学真原》的时候，正值国内学术研究的低潮，学者们的生活非常艰苦，不少人弃学转向其他领域，一些人即使依然待在学术界，也不过是随遇而安地对付而已。后来晓原兄在为我的《硬币与金字塔》一书所写的序言中，曾有这样一段话：“十多年之前，在我们安身托命的学术领域处在最低潮的岁月，圈子里的同龄人几乎都走了——出国、经商、改行等，我和刘兵兄一南一北，形单影只，在漫漫寒夜中，彼此呼应，相互鼓励，‘为保卫我们的生活方式而战’。此情此景，现在回想起来，就像是昨天的事，还是那么令人感到温暖。”在这样的环境下，做出《天学真原》这样扎实、严谨，而且具有突破性的重要研究，体现了晓原兄对于学者的生活方式和学术品味的追求。

而在今天，学术和学者的地位又有所“上升”，可以带来一些“收益”，但却极大地受到像片面追求论文和著作数量、获奖等级（对于后者我在13年前的原序中就曾有所论及）、基金额度等的不合理甚至有害纯粹学术发展的考核要求的影响。在这样的新情况下，晓原兄在某种程度上对“学术”的“厌倦”，对于成为自由的“自由撰稿人”或者成为一个唐代自由文人的向往，也同样体现了他对于那些功利性、低品味或无品味学术以及以学术为工具追求物质实利的厌恶，体现了他对那种更为纯粹、更为理想化的自由学者生活和学术的执著企盼。我们两人近来开始在《文景》杂志上的对谈栏目“学术品味”，也正是要对这样一些相关问题进行思考与探讨。

如果说《天学真原》是一本“厚重”之作的话，晓原兄近几年来热衷于写作的那些文章，却并非意味着“轻薄”。虽然有人看不上那些准学术形式的随笔、杂文、书评、影评之作，但一个真正的学者的“随笔”，绝不是那种“随意”写来的东西，其背后是有着深厚的文化积累和学术研究基础底蕴作为支撑的。《天学真原》既可以视为是这样一种支撑的具体体现，也从另一个侧面说明了即使做一个成功的文化人需要有什么样的学术实力。

前不久有某女士曾有“名言”曰：“无论睡在哪里，都是睡在夜里。”其实，看怎么理解，在某种理解中这样的句式后面也会是颇有深意的。像晓原兄，无论是写《天学真原》，还是写那些科学文化人的文化作品，其无论写在哪里，也都是写在心中，写在文化中，写在品味中。

以前我曾有过一个说法，认为学者写书应该对读者负责也对自己负责，不要写那些很快就会过时的“垃圾”作品。我曾提出过一个简单的“判据”：看看你出版的书能不能在大多数读者的书架上摆上十年而不被清理掉。《天学真原》能够在 13 年后重新再版，可以说是远远地超出了这个标准，标志着它的地位、意义与价值。

其他的，就不在这里多说了吧。

是为序。

刘兵

2004 年 5 月 5 日于清华大学荷清苑

初版序

三年前，当我关于超导物理学家传记的一本小书杀青时，曾请我国科学史界的老前辈戈革先生为之作序。承蒙先生垂青，几日后便挥洒出一篇不落俗套的序言为拙作“站脚助威”。书出后，每每翻到这篇序言时，自觉使小书增色不少，暗自得意之余，对先生的感激之情自不待言。然而，在那篇序言中，戈革先生曾自谦地说，“按照郑板桥的说法，给别人的书作序的大多是些‘王公大人’或‘湖海名流’，而我则什么都不是”。先生尚如是说，因此，晓原兄让我为其新作《天学真原》撰写序言，自然令我汗颜不已。幸而，自认为与晓原兄相交不浅，知其秉性。正像他在一封致我的信中所言，“如今书成则请名人作序以广告之，已成陋俗”。加上一些与此书似有相关的话正欲一吐为快，在这里，便斗胆为序，以朋友和同行的身份与晓原兄一起“唱唱反调”。

早在 1931 年，英国的历史学家巴特菲尔德（H.Butterfield，1900—1979）出版了一本名为《历史的辉格解释》的书。这本书后来成了西方历史学界的一本名著。在这本书中，巴特菲尔德“所讨论的是在许多历史学家中的一种倾向：他们站在新教徒和辉格党人一边进行写作，赞扬使他们成功的革命，强调在过去的某些进步原则，并写出即使不是颂扬今日也是对今日之认可的历史”。由此，巴特菲尔德通过对英国政治史的研究，提炼出了“辉格式的历史”（whig history）或“历史的辉格解释”（the whig interpretation of history）的概念。按照巴特菲尔德的看法，“历史的辉格解释的重要组成部分就是，它参照今日来研究过去……通过这种直接参照今日的方式，会很容易而且不可抗拒地把历史上的人物分成推进进步的人和试图阻碍进步的人，从而存在一种比较粗糙的、方便的方法，利用这种方法，历史学家可以进行选择和剔除，可以强调其论点”。

照此分析，辉格式的历史学家是站在20世纪的制高点上，用今日的观点来编织其历史。巴特菲尔德认为，这种直接参照今日的观点和标准来进行选择和编织历史的方法，对于历史的理解是一种障碍。因为这意味着把某种原则和模式强加在历史之上，必定使写出的历史完美地会聚于今日。历史学家将很容易认为他在过去之中看到了今天，而他所研究的实际上却是一个与今日相比内涵完全不同的世界。按照这种观点，历史学家将会认为，对我们来说，只有在同20世纪的联系中，历史上的事件才是有意义的和重要的。这里的谬误在于，如果研究过去的历史学家在心中念念不忘当代，那么这种直接对今日的参照就会使他越过一切中间环节。而且这种把过去与今日直接并列的做法尽管能使所有的问题都变得容易，并使某些推论显而易见（带有风险），但它必定会导致过分简单化地看待历史事件之间的联系，必定会导致对过去与今日之关系的彻底误解！

虽然在中国和西方文明中均早有萌芽性的科学史著作出现，如我国宋代的《历代名医蒙术》和清代的《畴人传》，以及公元前4世纪古希腊学者埃德谟（Eudmos）所撰写的天文学史和数学史，但科学史作为一门独立的学科，毕竟是在西方成长和成熟起来的。直到20世纪西方科学史学科奠基人萨顿（G.Sarton，1884—1956）的时代，在科学史界中占统治地位的观点，基本上就是巴特菲尔德所批评的那种辉格式的观点。例如，萨顿就曾自信地反复提出“科学史是唯一可以反映出人类进步的历史”。但随着实证主义科学史观的衰落，科学史家逐渐接受了巴特菲尔德的观点，认识到许多当今已被取代的、在现代科学家看来可能简直是荒唐可笑的观念，在早期的科学发展中，却发挥了重要的作用，正是在此思潮的影响下，自20世纪60年代初以后，西方科学史界才出现了一系列关注像炼金术等“非科学”问题的反辉格式研究。

大约在20世纪70年代中期以后，特别是在20世纪80年代，一些西方的科学史家对有关科学史中的辉格解释问题再度进行了反思，对科学史研究中过分极端的反辉格式倾向及其谬误提出了批评。但尽管如此，随着科学史研究工作的职业化，在西方专业科学史家的研究传统中，主要的倾向仍是反辉格式的。

这里，之所以谈起了历史学（或更确切地说是科学史学）中的辉格解释，目的乃是想讨论中国科学史研究中的一些问题。非常不幸的是，在国内，不要说对科学史的许多理论性问题，就连一般历史学中的若干重要编史问题，也常常都没有得到深入的讨论。至于对西方重要理论学说的介绍和借鉴，就更是凤毛麟角了。举例来说，几年前，当我对历史的辉格解释问题产生兴趣时，查遍北京的各大图书馆，竟无一收藏有《历史的辉格解释》这本在西方屡屡再版、被列为学习历史（乃至学习科学史）的必读书之一的史学著作。后来，还是在一个偶然的机会中，才于上海一所大学历史系资料室的角落里，找到了这本久闻大名而不得一见的“珍本”。当然，国内文献方面的条件限制使有关的工作困难重重，但我以为，像辉格解释这样的重要理论问题，是绝对值得在我国科学史界引起重视并深入进行讨论的。

就国内对中国科学史的研究而言，确实有相当多深入而扎实的工作。尤其是在发掘史料和进行考证方面。然而，在指导思想上，却又似乎存在一些可以讨论的问题。或许是过分沉醉于昔日“四大发明”之余辉的荣誉感中，也许是自觉或不自觉地在这种背景中，人们大多是以西方近代科学成就的标准作为参照系，来“套证”中国古代“科学”的记载，而较少以在所研究的时期里中国特定的环境与价值标准作为研究的前提。更有一些人仅仅以论证“中国第一”作为主要目标，他们往往只是致力于“发现”中国在多久多久以前就已有了西方在近代或当代才取得的某项科学成就，其实两者的含义与内容往往并不完全一样。在这种意义上，这些研究有着明显的辉格式倾向。这是我们应当引以为戒的。实际上，在科学史中适度的反辉格式研究所要求的，不就是我们常常挂在嘴边的“实事求是”吗？

正是因为如此，不久前，我曾写过一篇文章来讨论有关的问题。但理论性的探讨毕竟不能代替实际的研究。令人高兴的是，晓原兄这部新著恰恰是在国内这种新尝试的一个实例。美国著名科学史家库恩（T.S.Kuhn）曾这样写道："在可能的范围内……科学史家应撇开他所知道的科学，他的科学要从他所研究的时期的教科书和刊物中学来……他要熟悉当时的这些教科书和刊物及其显示的固有传统。"我以为，晓原兄此书正是按这种指导思想进行研究的成果。仅从其书名中（称"天学"而非"天文学"），读者也可窥知一二。研究著作贵在有新意，晓原兄这本书在占有丰富史料的基础上，结合中国特有的社会、政治等文化背景进行考察，从一个新视角对中国天文历术的性质与功能作了分析与阐述，绝非人云亦云之作。此言当否，读者自会做出评判。

像古代科学史这类的研究工作，其实做起来是相当艰辛与枯燥的。据闻，钱钟书先生尝教人曰，大抵学问乃荒江野老屋中二三素心人商量培养之事，朝市之显学必成俗学。虽然当代学术研究之社会化已使人难以如此超脱，但就我所知，晓原兄在冷板凳上是坐得颇稳的，且不求功利，唯其如此，才会有这样的成果。我想，他也绝不会认为，一本著作的价值将是什么获"奖"级别的函数。昔日，萨顿在回忆科学史前辈坦那里（P.Tannery）时，曾说过这样一段值得我们铭记的话："没有人想到去查明他是否得到过这一或那一荣誉，从永恒的观点来看问题，所有这些学术上的荣誉，不论它们是什么，全都是无用之物。发表了的著作才是唯一对后世有重大关系的。"

还是让公正的时间检验一切吧！

刘兵

1991年5月21日于北京天坛东里

第一章 绪论

Ⅰ. 术语与概念

“天文”一词，今人常视为“天文学”的同义语，以之对译西文astronomy一词，即现代意义上的天文学。但在古代，“天文”并无此义。古籍中较早出现“天文”一词者为《易经》。《易·彖·贲》云：

> 观乎天文，以察时变；观乎人文，以化成天下。

又《易·系辞上》云：

> 仰以观于天文，俯以察于地理。

“天文”与“人文”“地理”对举，其意皆指“天象”，即各种天体交错运行而在天空所呈现之景象。这种景象又可称为“文”。《说文》九上：“文，错画也。”“天文”一词正用此义。兹再举稍后文献中更为明确的典型用例二则以佐证说明之。《汉书》卷九九王莽传下：

> 十一月，有星孛于张，东南行，五日不见。莽数召问太史令宗宣，诸术数家皆缪对，言天文安善，群贼且灭。莽差以自安。

张宿出现彗星，本是凶危不祥的天象，但诸术数家不向王莽如实报告，而诡称天象“安善”以安其心。又《晋书》卷十三天文志下引《蜀记》云：

> 明帝问黄权曰：天下鼎立，何地为正？对曰：当验天文。往者荧惑守心而文帝崩，吴、蜀无事，此其征也。

也以“天文”指天象，火星停留在心宿是具体事例。

“天文”既用以指天象，又引申出第二义，用以指仰观天象以占知人事吉凶之学问。《易 · 系辞上》屡言“在天成象，在地成形，变化见矣”“仰以观于天文，俯以察于地理，是故知幽明之故”，皆已隐含此意。而最明确的一段论述如下：

> 是故天生神物，圣人则之；天地变化，圣人效之。天垂象，见吉凶，圣人象之；河出图，洛出书，圣人则之。

河图洛书是天生神物，“天垂象，见吉凶”是天地变化，“圣人”则之效之，乃能明乎治世之理。这又可引班固之语以说明之，《汉书》卷三十艺文志“天文二十一家”，后云：

> 天文者，序二十八宿，步五星日月，以纪吉凶之象，圣王所以参政也。

班固在艺文志中所论各门学术之性质，在古代中国的文化传统中有极大的代表性。其论“天文”之性质，正代表了此后两千年中国社会中的传统看法。

“天文”在古代中国人心目中，其含义及性质既是如此，可知正是今人所说的“星占学”，对译的西文应该是astrology[1]。历代官史中

---

[1] 但现今“天文学”一词用以指现代意义上的astronomy，约定俗成既久，自不妨继续沿用。两者之区别，只由治史学者讲求之可也。

诸《天文志》，皆为典型的星占学文献，而其取名如此，正与班固的用法相同。这类文献中最早的一种见于《史记》，名“天官书”，尤见“天文”一词由天象引申为星占学的脉络——天官者，天上之星官，即天象也，亦即天文。后人常以“天文星占”并称，正是因此之故，而并不像一些现代学者以己意所逆的那样，将“天文”与“星占”析为二物。

科学意义上的天文学与星占学有密不可分的关系，是古代世界的普遍现象。著名天文学史家 A. 贝利（Berry）认为：

> 对星占学的信仰，无疑曾是对真正的天文学研究的一个强有力的刺激。[2]

贝利强调了星占学对天文学的促进作用，但对于两者孰先孰后的问题，采取回避的态度。M. 克莱因（Kline）则倾向于认为星占学的历史更为古老：

> 占星术在科学史的意义在于其促进了天文学的研究，这不仅在希腊而且在印度、阿拉伯和中世纪的欧洲都是如此。占星术培育了天文正如炼金术之培育化学一样。[3]

历史上炼金术之为现代化学的前身，这一点是众所周知的。克莱因将星占学与天文学的关系与此类比，意味着将星占学作为天文学的前身或母体。事实上，几乎在所有的古老文明中，比如埃及、巴比伦、印度、中国、玛雅等，人们都可以看到一个相同的现象：天文学研究产生于星占学活动之中。唯一的例外是古希腊。许多西方学者都强调指出：古希腊的星占学是较晚时候从巴比伦等地输入的。比如著名科学家 W.

[2] A.Berry：A Short History of Astronomy，Dover（1961），P.20.

[3] M.Kline：《古今数学思想》，张理京、张锦炎译，上海科学技术出版社（1979），192 页。

C. 丹皮尔（Dampier）说：

> 柏拉图（Plato）已经听说过占星术，但是，占星术的实际知识，是在公元前 280 年左右由柏罗沙斯（Berosus）带到希腊的。[4]

B. 罗素（Russell）在著名的《西方哲学史》中也采纳了同样的说法。[5] 这就是说，希腊天文学不像其他古代文明那样产生于星占活动之中，而是在星占学传入之前就已产生并相当发达了。这一例外是意味深长的，因为今天通行全世界的现代天文学体系，其源头正是古希腊天文学。[6] 当然，星占学一旦传入希腊后，它也很快在欧洲文明中扎下了根，长期繁盛不衰。

在希腊以外的古代文明中，天文学研究产生于星占学活动之中，那么在这些古代文明中，天文学研究后来是否从母体中独立出来？或者说，在这些古代文明中，是否曾存在过现代意义上的天文学？这是颇难回答的问题。答案在很大程度上取决于人们所确认的判据。在一些西方学者看来，现代意义上的天文学在古代中国并不存在。比如 16 世纪末进入中国，对中国传统文化有着很深理解和很强适应能力的耶稣会士利玛窦（Mathew Ricci）认为：

> 他们把注意力全部集中于我们的科学家称之为占星学的那种天文学方面；他们相信我们地球上所发生的一切事情都取决于星象。[7]

---

[4] W. C. Dampier：《科学史》，李珩译，商务印书馆（1975），79—80 页。

[5] B. Russell：《西方哲学史》上卷，何兆武、李约瑟译，商务印书馆（1982），289—290 页。

[6] F. 恩格斯（Engels）说："如果理论自然科学想要追溯自己今天的一般原理发生和发展的历史，它也不得不回到希腊人那里去。"语见《自然辩证法》，人民出版社（1971），31 页。这一点在天文学史上表现得特别明显。

[7] 《利玛窦中国札记》，何高济等译，中华书局（1983），22 页。

后来的一些评论更加刺耳，M. 达朗贝尔（Delambre）曾说："中国历史虽长，但天文学简直没有在中国发生过。"[8]A. 塞迪洛（Sédillot）甚至说:

> 他们是迷信或占星术实践的奴隶，一直没有从其中解放出来……中国人并不用对自然现象兴致勃勃的好奇心去考察那星辰密布的天穹，以便彻底了解它的规律和原因，而是把他们那令人敬佩的特殊毅力全部用在对天文学毫无价值的胡言乱语方面，这是一种野蛮习俗的悲惨后果。[9]

这种充满文化优越感的、盛气凌人的评论，当然是不足取的。但是，天文学究竟是否曾经从古代中国星占学母体中独立出来，这个问题实际上直至今日仍未解决。

本书并不打算解答这个问题。事实上，要解答这个问题，如今很可能还为时过早。但是通过以下各章的讨论，我们或许可以顺便对这个问题加深一些理解。读者最终或许可以做出自己的判断。

基于以上所述的各种情况，本书将论述对象称为"古代中国天学"。之所以不使用"天文学"一词，是为了避免造成概念的混淆。这一方面固然是因为上面所说的问题尚未解决，但更重要的是，由本书以下各章的讨论将可清楚地看到，古代中国天学无论就性质还是就功能而论，都与现代意义上的天文学迥然不同。如果想当然地使用"天文学"一词，就很可能使人产生一种错觉，似乎本书所讨论的对象是现代天文学的一个早期形态或初级阶段，而这并不是事实。[10]

---

[8] 转引自郑文光:《中国天文学源流》，科学出版社（1979），6 页。原文为法文。

[9] 转引自《中国天文学源流》，7 页。原文为法文。

[10] 这里可以提到邱仁宗在"论科学史中内在主义和外在主义之间的张力"一文中所表述的观点，他说:"（中国）这种传统的科学在质上不同于欧洲的科学……我称中国传统科学为拟科学。"注意"拟科学"一词英文作 pseudo-science，该词的另一常见中文译法听起来要刺耳得多，但其实这只是一个中性词，并无褒贬之意。邱文见《自然辩证法通讯》9 卷 1 期，1987。

Ⅱ．本书的任务及其形式

本书不是一部古代中国天学史，当然也就更不会是一部古代中国星占学史或天文学史。关于后一主题的著作，已有好几部问世。

综观当代世界学术发展趋势，有两点是显而易见的。其一为向深度发展。比如在某一部早期的综述性著作中只用一章或一节做过初步处理的某个子课题，后来被更深入地加以研究，以至成为一部专著的主题；而这部专著的篇幅很可能比早期著作大得多，以容纳大量论证和细节。其二为越出早期研究所设定的范畴，而进行跨学科的交叉渗透研究。科学史当然也不例外。而由于科学史这一学科的特殊性，上述第二点显得尤为重要。极而言之，如果返本寻源，科学史这一学科的诞生，可以说就是跨学科研究的产物。就科学史的发展而言，上述第二点趋势主要表现为，从纯粹的"内史"研究进而拓展到历史上科学与社会文化的内在关系。最后，研究深度的增加与研究范围的拓展两方面是相互促进的：比如后者可以使某些仅靠内史研究无法解决的疑难别出蹊径得到解答；而前者往往会引发许多新问题促使人们寻找新的解决途径。

在几部题为《中国天文学史》或类似名称的著作先后问世期间，向深度发展的著作也有出现，较重要者有《中国天文学源流》和《中国恒星观测史》。前者致力于探讨起源、形成等早期问题；后者深入研讨中国古代恒星观测的各个方面，是向深度发展趋势的典型表现。但是关于中国古代天学与社会文化的关系方面，则长期是未开垦的处女地。学者们在论述中国天学史时，一般只是将关于社会文化的片言只语作为时代的背景略加点缀，如论及两汉之际时多云谶纬盛行，论及盛唐时代则曰国力富强之类。这种状况，直到 1988 年才出现改变的端倪。

有鉴于此，本书将对古代中国天学与社会文化的关系做深入探讨的首次尝试。由于这种关系远较今天一般人和相当部分的学者所想象的密切得多，更显出这一尝试的必要性和价值。本书主要任务之一，即开垦上述那片处女地——探讨古代中国天学的性质与功能。这里性质侧重于社会的角度，功能侧重于文化的角度。

如将本书归入科学社会学（sociology of science）范围之内，未必完全妥当，但大体上似乎也无不可。科学社会学的确立，如果从R.K. 默顿（Merton）1938 年发表他的成名作算起，迄今已有半个多世纪的历史。但恰如默顿在该书 1970 年再版前言中所说，“就其最一般的方面而言，本论文所提出的主要问题今天仍然与我们同在”，他接着列举了八个问题，前两个是：

> 社会、文化与科学之间相互影响的模式是什么？
> 在不同的历史范围内这些模式的性质和程度发生变化吗？[11]

此外，默顿在其著作中注重文化背景、意识形态和价值观念等方面对科学的影响，对本书所处理的课题来说也颇有启发作用。

但是，科学社会学理论所处理的，基本上限于西方文化中现代意义上的科学，而这与古代中国天学，毕竟相去甚远。举例来说，古代中国天学与古代政治之间关系之密切，是默顿们无论如何无法想象的。这样，对我们后面的讨论来说，科学社会学理论虽然颇有启发，却并不是一辆现成的指南车。我们将不得不时常在蚩尤之雾中奋力摸索，以求得尽可能合理的结论。

本书的任务既如上述，这在很大程度上也就决定了本书所宜采用的形式。本书不是一部穷源竟流、对问题做纵向论述的书，如果那样的话在很大程度上就不得不写成一部古代中国天学史。本书是对一系列相关问题从某些角度进行的考察和阐释。这种形式，较接近于“专论”，即西人所谓的“treatise”（中文通常也译作“论文”，实际上应译作“专论”更妥[12]）。

---

[11] R.K.Merton：《十七世纪英国的科学、技术与社会》，范岱年等译，四川人民出版社（1986），4 页。

[12] 例如《牛津现代高级英语词典》第三版释“treatise”之义云：book，etc. that deals systematically with one subject.又 Longman Dictionary of Contemporary English第一版释为：a book of article that examines the facts and principles of a particular subject and gives the Writer’s opinions on it.

第二章　哲学基础：天人合一与天人感应

在中国传统文化中，“天人合一”是一个含蕴极广的概念。就广义而言，“天”被用来指整个自然界。这个自然界，或者说天，在古代中国人心目中，并非像近代科学的“客观性假定”中那样是无意志、无情感、可认识、可改造的客体，而是一个有意志、有情感、无法彻底认识、只能顺应其“道”与之和睦共处的庞大神秘活物。这或许就是一些现代中外学者所盛称的古代中国人的“有机自然观”。所有天人合一与天人感应的大道理，最终都可归结为一点：人如何与天共处，即如何知天之意、得天之命，如何循天之道、邀天之福。

Ⅰ. 神话：天地相通

《国语》卷十八楚语下云：

> 昭王问于观射父曰：《周书》所谓重、黎实使天地不通者何也？若无然，民将能登天乎？
>
> 对曰：非此之谓也。古者民神不杂，民之精爽不携贰者，而又能齐肃衷正，其智能上下比义，其圣能光远宣朗，其明能光照之，其聪能听彻之，如是则明神降之，在男曰觋，在女曰巫。

楚昭王所问之事见《尚书·吕刑》：

> 皇帝哀矜庶戮之不辜，报虐以威，遏绝苗民，无世在下，乃命重、黎，绝地天通，罔有降格。

观射父的解释认为：天地间并不存在物质性的通道，所谓交通天地，是巫觋们与上天的精神沟通。这些巫觋在观射父笔下，颇类今日所说的有特异功能者。

观射父虽否认了天地间通道的存在，但楚王之问却也不是完全无稽。在古代中国神话中，天地间的通道确实存在。这种通道主要是山，兹举若干条记载如次，《山海经 · 海外西经》云：

> 巫咸国在女丑北，右手操青蛇，左手操赤蛇。在登葆山，群巫所从上下也。

又《山海经 · 大荒西经》云：

> 大荒之中，有山名曰丰沮玉门，日月所入。有灵山，巫咸……巫罗十巫，从此升降。百药爰在。

最典型、描述最完备的通天途径见《淮南子 · 地形训》，即中国神话中著名的昆仑山：

> 昆仑之丘，或上倍之，是谓凉风之山，登之而不死；或上倍之，是谓悬圃，登之乃灵，能使风雨；或上倍之，乃维上天，登之乃神，是谓太帝之居。

这是一个整齐的等比级数，公比为 2，欲“乃维上天”，须升昆仑山高度的 $2^3=8$ 倍。而昆仑山的高度，《淮南子 · 地形训》中有“其高万一千里百一十四步二尺六寸”之说，则“天”之高约九万里。又“悬圃”亦作“县圃”或“玄圃”，《楚辞 · 天问》云：

> 昆仑县圃，其凥安在？增城九重，其高几里？王逸注：昆仑，山名也，在西北，元气所出。其巅曰县圃，乃上通于天也。

通天之所除名山外，又有神木，亦见《淮南子 · 地形训》：

> 建木在都广，众帝所自上下。日中无景，呼而无响，盖天地之中也。

注意此“天地之中”，正与 M. 埃利亚德（Eliade）所论述的“宇宙轴心”（axis mundi，拉丁文）完全吻合，埃氏谓此种象征屡见于亚洲诸民族。[1]

再回到前述楚昭王的问题上来。天地之间的神秘通道，在远古时代曾经存在而后来失去了，这并不是楚昭王一人偶然的奇情异想。S.N. 克雷默（Kramer）指出：

> 至于认为天地曾相通，人与神的相联系曾成为可能，后来天地始隔离——这种观念在种种不同的文化中已是屡见不鲜。[2]

关于“乃命重、黎，绝地天通”，则是理解古代中国天学与政治之间内在联系的大关键，将于下章中详论之。

Ⅱ. 儒家：转变之中的天命与天意

甲 人格化的天——极为普通的观念

在古代中国人心目中，天是人格化的。这与有机自然观正相吻合。

---

[1] M.Eliade：《有关复归于永恒的神话》，转引自 S.N.Kramer 编：《世界古代神话》，魏庆征译，华夏出版社（1989），365 页。

[2] 《世界古代神话》，365 页。

既有天命与天意，则天为人格化自不待言。但天命天意都是统治阶级中人讲求之事，而人格化的天则深入古代中国各阶层人士心中，连普通老百姓也不例外。这只需稍举古代诗文成语之例以见一斑即可：

> 以鹑首而赐秦，天何为而此醉？（庾信《哀江南赋》）
>
> 天意高难问，人情老易悲。（杜甫《暮春江陵送马大卿公恩命追赴阙下》）
>
> 衰兰送客咸阳道，天若有情天亦老。（李贺《金铜仙人辞汉歌》）
>
> 贯日长虹，绕身铜柱，天意留秦劫。（曹贞吉《百字令·咏史》）
>
> 然今卒困于此，此天之亡我，非战之罪也。（《史记》卷七项羽本纪）
>
> ……

此类例子古籍中随处可见，无烦多举。又成语中也可看到大量这类例证，其中所反映人格化之天的观念，自然更为普及化而深入广大群众心中：称赞忠孝节义等事，常谓“上格天心”“孝可格天”；指斥罪恶，则曰“天理难容”；幸灾乐祸，则曰对方“上干天谴”“致遭天罚”；称颂正义军事行动，曰“躬行天讨”；绿林好汉杀富济贫，曰“替天行道”；痛恨正义不得伸张，曰“苍天无眼”；祝福男女佳偶，曰“天作之合”；庆幸好事终于成功，曰“天从人愿”；等。关汉卿笔下更有《感天动地窦娥冤》。凡此种种，皆可视为“大人”“君子”所言天命、天意之普及版，构成古代中国天学所处文化背景的组成部分。

乙 天命及其变化

天命的观念，为儒家政治理论中的重要组成部分，其与古代天学之间的关系，又较前述诸观念更为密切。对于天命观念，可借王孙满对楚王问鼎事为例说明之，事见于《左传》宣公三年：

楚子伐陆浑之戎，遂至于洛，观兵于周疆。定王使王孙满劳楚子。楚子问鼎之大小轻重焉。对曰：在德不在鼎。昔夏之方有德也，远方图物，贡金九牧，铸鼎象物，百物而为之备……用能协于上下，以承天休。桀有昏德，鼎迁于商，载祀六百。商纣暴虐，鼎迁于周……天祚明德，有所底止。成王定鼎于郏鄏，卜世三十，卜年七百，天所命也；周德虽衰，天命未改，鼎之轻重，未可问也！

此为古人言天命之典型事例。由王孙满的话中，可知关于天命的三点性质：

一、天命可知。周的天命由成王定鼎时占卜而知。

二、天命会改变，即所谓“天祚明德，有所底止”。

三、天命归于“有德”者。夏、商、周三代递膺天命，转移之机，即在于有德与暴虐。

王孙满的天命观，与其他儒家经典中所述完全吻合。下面稍引述《诗》《书》中论及天命者若干则为例，以见天命观念之重要。见于《诗·大雅》中者如：

穆穆文王，于缉熙敬止。假哉天命！……侯服于周，天命靡常。（文王）

有命自天，命此文王。于周于京。（大明）

维天之命，于穆不已。（维天之命）

昊天有成命，二后受之。（昊天有成命）

绥万邦，娄丰年。天命匪解。（桓）

天命降监，下民有严。不僭不滥，不敢怠遑。命于下国，封建厥福。（殷武）

《诗》中明言“天命”者凡 10 处，此外还有不明出此二字而实指此意者。又《尚书》中亦屡言天命，如：

我西土惟时怙，冒闻于上帝，帝休。天乃大命文王，殪戎殷，诞受厥命。（康诰）

旻天大降丧于殷，我有周佑命，将天明威，致王罚，敕殷命，终于帝。肆尔多士。非我小国敢弋殷命，惟天不畀。（多士）

呜呼！皇天上帝改厥元子兹大国殷之命，惟王受命，无疆惟休，亦无疆惟恤！（召诰）

我周王享天之命。（多方）

《尚书》中言天命处极多，《周书》诸篇尤甚，有些几乎通篇皆为阐述天命问题者，如《召诰》《君奭》等。很可能，殷周之际的改朝换代给周人的印象是太深刻了。小国之周竟革掉了大国殷之命。他们目睹了一次天命的转移，多年之后，仍不免惊心动魄。

上述意义的天命，是作用于人间社会治乱、王朝盛衰这类大事的，并不管个人的穷通祸福。但对于一身系天下兴亡的重要人物而言，天命仍有作用。孔子就屡次谈到这一观念，姑举《论语》中数则为例：

天之将丧斯文也，后死者不得与于斯文也；天之未丧斯文也，匡人其如予何！（子罕）

天生德于予，桓魋其如予何！（述而）

死生有命，富贵在天。（颜渊）

君子有三畏：畏天命，畏大人，畏圣人之言。小人不知天命而不畏也，狎大人，侮圣人之言。（季氏）

由前两则可知孔子自负甚高，有以天下为己任的襟怀。而置天命于君子三畏之首，足见天命之重要。下层社会的芸芸众生，“未闻君子之大道”，不知天命为何物，也就不加敬畏了。天命也确实管不到他们。

无论王朝的统治者如文、武、周公，还是“君子”如孔子，最关心的是天命的变化转移。创建新朝时关心怎样使天命转而眷顾自己，定鼎之后关心怎样防止天命转而眷顾别人。仍以前述王孙满对楚王问鼎事为例，楚王问鼎正是前一种心态，王孙满则是后一种心态的发言人；双方都知道九鼎为天命的一种象征物。楚王观兵于周疆，是炫耀武力；问鼎之大小轻重，近于挑衅。但他毕竟还未兴灭周之心，因为当时周天子仍得到中原各大诸侯拥戴。此事发生于 606 B.C.，上距成王定鼎只有四百余年，离“卜世三十，卜年七百”尚远，故王孙满警告楚王不要产生非分之想。王孙满这样说，当然也是辞令技巧，若是楚王在 306 B.C. 去问鼎，周王也断不肯将九鼎拱手献出。但在当时人们心中，天命确实也并非虚言，而是一桩真实、严肃、重大之事，观《尚书》中诸周代文诰反复谈论如何长保天命，就不难想见此点。诸侯拥戴，正可说明天命未改。

丙 民之所欲，天必从之

周代殷而膺天命，建立统治权。但是天命究竟凭什么会弃殷而眷周呢？周人欲使天命常归周朝而不再次转向别处，就必须从理论上解答这个问题。一个途径是谈论“有德”与否。在周人那些皇皇文诰中，确实谈了不少周如何有德、纣如何暴虐。但这似乎说服力并不很大。毕竟，殷和周的统治在本质上是一样的，殷的那些暴虐之事，在周或别的诸侯那里未必没有；周的那些有德之迹，在殷也未必没有。更何况周人是胜利者，胜利者写下历史，对自己总不免隐恶扬善，对敌手则反是。要找第二条途径，那就设法从“得人心者得天下”来立论。周与殷之间，有一个区别是明显的，即殷纣较孤立而周有较广泛的盟友，所谓八百诸侯会于孟津，说明诸侯中有许多人站在周一方。这未必是周“有德”的必然结果，也许是武王纵横捭阖的外交手段高明之故，周阵营的诸侯们在伐纣一事上有共同利益。这只要看战国时代的合纵连横，与谁“有德”毫不相干，就可明白。但是不管怎么说，周阵营总是胜利了，这使周人可以以普天之下万民的请命者和代言人自居，他们把天命解释为人心所向的结果，仍举《尚书》为例：

天矜于民，民之所欲，天必从之。尔尚弼予一人，永清四海。时哉弗可失。（泰誓上）

天视自我民视，天听自我民听。（泰誓中）

天惟时求民主。（多方）

对于这种将天意等同于民意的理论，后来孟子“祖述尧舜”，做过很生动的说明，《孟子·万章上》云：

昔者尧荐舜于天而天受之，暴之于民而民受之。……使之主祭而百神享之，是天受之；使之主事而事治，百姓安之，是民受之也。天与之，人与之，故曰天子不能以天下与人。

舜相尧二十有八载，非人之所能为也，天也。尧崩，三年之丧毕，舜避尧之子于南河之南。天下诸侯朝觐者，不之尧之子而之舜；讼狱者，不之尧之子而之舜；讴歌者，不讴歌尧之子而讴歌舜，故曰天也。夫然后之中国，践天子位焉。而居尧之宫，逼尧之子，是篡也，非天与也。《泰誓》曰，“天视自我民视，天听自我民听”，此之谓也。

这种将天命与民心等同、天意与民意等同的理论，给后世留下了一柄双刃剑：它既给独夫民贼们强奸民意开了方便之门（宣称自己为天命所归，因而也就是人心所向），也为后世某些为民请命者提供了一种理论支持，使他们得以用天命、天意的正大名义来立论。

古人的天命观念以及对天命的重视，略如上述。但是天命是否归于本朝，并不是徒托空言，自我宣称，或仅靠穷兵黩武，打得血流漂杵所能解决。举例来说，失败了的殷纣也是天命所眷，而且直到灭亡前夕似乎还是如此，《尚书·西伯戡黎》载纣自言云：

呜呼，我生不有命在天？

此为殷纣自认为有天命，但周武王也承认这点，《史记》卷四周本纪云：

九年，武王上祭于毕。东观兵，至于盟津。……是时，诸侯不期而会盟津者八百。诸侯皆曰：纣可伐矣。武王曰：女未知天命，未可也。乃还师归。

这就引出一个问题：一个王朝究竟怎样才能昭告万方，正式确认天命在兹呢？答案是：

除了武力和文宣之外，统治者首先必须依靠本书所论的对象——天学。此中未发之覆，将于下章详论。

Ⅲ. 星占学：天象对人事的警告和嘉许

天文星占之学，虽未见早期儒家大师躬自讲求（稍后则亦有讲求者，如董仲舒，参见本章Ⅳ），但其理论基础却完全建立在上一节所述甲、乙、丙三要点之上。

儒家之论天命与天意，基本上只在其存在性、重要性及政治意义这样一个层面上。而再具体一点，天命与天意究竟通过怎样的机制为世人所知？理解、解释天命和天意又遵循怎样的原则？对这一层面问题的论述，主要见于星占学文献的理论部分。兹选择几种主要类型星占学文献中较有代表性者数例，略加分析如次。

在古代中国星占学家心目中，天人合一、天人感应这样一幅宇宙图景之完备、具体和生动，是一般现代人绝难想象的。迄今所发现的古代中国星占学文献中年代最早的一种，长沙子弹库出土楚帛书甲篇云：

帝曰：繇敬之哉！毋弗或敬。惟天作福，神则格之；惟天作妖，神则惠之。钦敬惟备，天像是则，咸惟天□，下民之戒，敬之毋忒！[3]

这样的敬天之论，从中还隐约可以看到《尚书》中有关篇章的影子。而在历代正史的星占学文献中，可以看到更为具体的论述，《史记》卷二七天官书云：

日变修德，月变省刑，星变结和。……太上修德，其次修政，其次修救，其次修禳，正下无之。夫常星之变希见，而三光之占亟用。日月晕适，云风，此天之客气，其发见亦有六运。然其与政事俯仰，最近天人之符。此五者，天之感动。为天数者，必通三五。终始古今，深观时变，察其精粗，则天官备矣。

所谓“三五”，司马贞《索隐》称：“三谓三辰，五谓五星。”即指日、月、恒星和五大行星。与这些天体有关的种种天象，被认为是“天之感动”。而上天的这些反应，是“与政事俯仰”的。所谓“修德”，固是古人修身、为政的理想境界，而以下“省刑”“结和”“修政”“修救”“修禳”等，也都是政事中不可或缺的重要内容。这些事情不修治，则上天始而示警，即呈现种种不吉天象；终而降罚，即天命转移，改朝换代。又《晋书》卷十一天文志上云：

昔在庖牺，观象察法，以通神明之德，以类天地之情，可以藏往知来，开物成务。故《易》曰“天垂象，见吉凶，圣人象之”，此则观乎天文以示变者也；《尚书》曰“天聪明自我人聪明”，此则观乎人文以成化者也。是故政教兆于人理，祥变应乎天文，得失虽微，罔不昭著。

政治上的微小得失，在天人感应的迹象中“罔不昭著”。这样的天人景

[3]　释文据李零：《长沙子弹库战国楚帛书研究》，中华书局（1985），57页。

观，在星占学专著中也同样得到强调。传世最重要的星占学专著之一、李淳风《乙巳占》自序云：

> 昔在唐尧，则历象日月，敬授人时；爰及虞舜，在璇玑玉衡，以齐七政。暨乎三王五霸，克念在兹，先后从顺，则鼎祚永隆；悖逆庸违，乃社稷颠覆。是非利害，岂不然矣。斯道实天地之宏纲，帝王之壮事也。

所谓“敬授人时”，绝非现代流行论著中所解释的“安排农业生产”云云，而是指政治活动的安排（详见本书第四章）。这里李淳风之论很像“祖述尧舜，宪章文武”的儒家话头，陆心源《重刻〈乙巳占〉序》说他“不失为儒者之言，非后世术士所能及也”，未免所见不深。其实星占家言的理论基础建立在儒家天命观念之上，其中论述与儒家之旨相合，乃至动辄称引《易》《尚书》等经典，实因两者之间确有深刻联系，并非仅为点缀装潢而妄加攀引。在这一点上，后世术士与李淳风并无本质不同，不过做法上有高下巧拙而已。

上一节中曾经指出，天命是归于“有德”者的。与此相对应，在星占学家看来，上天对人间事务的反应，也是道德至上、赏善罚恶的。上引诸条，显然都已蕴含此义，兹再举更为明确的说法一例，题为“唐司天监李淳风”撰的《乾坤变异录》天部占云：[4]

> 天道真纯，与善为邻。夫行事善，上契天情，则降吉利，赏人之善故也。舜有孝行，恩义仁信惠爱行于天下，感应上天，尧让其国，风雨及时，人皆歌太平，无祸乱，此天之赏善也。行其不善之事，则天变灾弥，日月薄蚀，云气不祥，风雨不时，致之水旱，显其凶德，以示干人。若乃知过而改之，则灾害灭矣。……纣不知过，不能改恶修善，致武王伐之，契合天心。

---

[4]　台北广文书局影印本（1987）。感谢黄一农教授惠赠此书。

这与上引晋志及《乙巳占》之论一样，都是深合儒家经典中天命之旨的。

天命与天意之道德至上、赏善罚恶，与“民之所欲，天必从之”“天视自我民视，天听自我民听”有内在相通之处。所谓有德，所谓善恶，归根结底都是价值判断，而不是逻辑判断，因此究竟是否成立，最终不免诉诸多数原则，即以多数人的判断为准。儒家经典中所说的“民”，固未必能理解为全体民众（有时也可这样理解），但至少总是包括了在政治上有发言权的阶层。当统治者被这些阶层或集团中的大部分所敌视时，其统治权就难以维持，所谓得民心者得天下，失民心者失天下，正是此意。因此失民心、失天下的失败者，依据多数原则，必然会被判定为暴虐无道、无德。这在绝大部分情况下都是如此。偶有少数独夫民贼强奸民意，虽有可能得逞于一时，却终不免于骂名千载。至于现代人为古人做翻案文章，比如论证殷纣亦非无德之类，与上述规律并无冲突，因为这只是今人与古人所持价值判断不同之故。所谓不以成败论英雄，都是改换了价值判断重新去“论”的。这在古代星占学的哲学中是完全没有位置的——成败本身就是当时人所做价值判断的直接后果，秦始皇也好，项羽也好，他们的失败毕竟是大多数人抛弃他们的结果，这与天命、天意不再眷顾他们，是一个等价的陈述。

上述天道与政事俯仰、天道赏善罚恶、天道合于民心等，要而言之，即古人心目中的“天理”。在星占学家看来，此天理较宋儒所言者当然有着更为明确的表现形式，《汉书》卷二十六天文志云：

> 其伏见蚤晚，邪正存亡，虚实阔狭，及五星所行，合散犯守，陵历斗食，彗孛飞流，日月薄食，晕适背穴，抱珥蚕蜺，迅雷风袄，怪云变气：此皆阴阳之精，其本在地，而上发于天者也。政失于此，则变见于彼，犹景之象形，响之应声。是以明君睹之而寤，饬身正事，思其咎谢，则祸除而福至，自然之符也。

所有被古人归入“天”范畴之内的现象——包括现代气象学所研究的大气层内诸现象，都被认为是上天对人间政事的警告或嘉许。从“伏见蚤晚”至“怪云变气”，大致囊括了古代中国描述天象的绝大部分常用术语。但这还只是就古代狭义的“天”所呈诸象而言。在古人看来，上天的警告或嘉许还有更为广泛的表现形式，李淳风《乙巳占》自序云：

> 至于天道神教，福善祸淫，谴告多方，鉴戒非一。故列三光以垂照，布六气以效祥，候鸟兽以通灵，因谣歌而表异。

三光者日、月、星，即指上引汉志中所言种种天象。六气效祥云云，大体与“怪云变气”之类对应。至鸟兽通灵，则已扩大至整个自然界，即古人广义之“天”。历代官史《五行志》中，充斥着大量瑞鸟出现、兽作人言、灵芝仙草、马生子、女化男、兽奸、山崩、雨血、河水逆流等的怪异记载，而且都被与社会的安危治乱联系起来。今天看来固然荒诞不经，其实皆与李淳风所述观念完全一致。最后的谣歌表异一说，为古代中国文化中颇具特色的现象，在古代，歌谣，特别是童谣，往往是乱世先兆，而童谣又经常与天象联系在一起。

以上所述，只是古代中国星占学理论中的天人合一图像。这种图像与儒家经典中天命天意之说相比，已是更为具体的一个层面。至于再下一个层面，即古之天学家如何依据具体天象而预言吉凶，所言又有哪些内容，则将在本书第五章中论之。

Ⅳ．天道与人道：为政之道

本节所述，虽未必与狭义的天学有直接关系，但至少也是理解古代中国天学必不可少的背景之一。

在中国传统文化中，“阴阳”这对观念几乎无所不在。它既是哲学理论中的基本概念，更是各种门类知识的表述系统中的基本结构。天地、男女、日月、阴阳……一系列概念都是对应的。进而，天地父而生万物、男女交而产后代，也可同样对应，先举早期材料数则以见一斑：

> 归妹，天地之大义也。天地不交而万物不兴。归妹，人之终始也。(《易·归妹》)
>
> 天地絪缊，万物化醇；男女构精，万物化生。(《易·系辞下》)
>
> 谷神不死，是谓玄牝，玄牝之门，是谓天地根。绵绵若存，用之不勤。(《老子》六章)
>
> 夫天地合气，人偶自生也；犹夫妇合气，子则自生也。(《论衡》卷十八自然篇)

玄牝，指天地万物所由化生之神秘生殖器官，合气指性交。这种对应模式，在古代中国，几乎可以被借用来表达所有领域内的知识（当然有许多是牵强附会的）。此处仅略述与本书主题有关的一个方面，即天道与为政之道的关系。古人在此事上的思路大体如下：

天象之吉凶是对人间政治修明与否的反应，而风雨寒暑等气象现象也是包括在天象范畴之内的；要风调雨顺，天地间的阴阳之气必须和谐，而天人是相互感应的，所以如果人间男女之间未能达到阴阳和谐，就会感应于“天”而破坏“祥和”，于是导致水、旱等自然灾害；故为政之道，必须特别注意阴阳和谐。试举若干史料以说明之：

《后汉书》卷九二荀爽传载爽“对策陈便宜”内容颇详，中有云：

> 臣窃闻后宫采女五六千人……百姓穷困于外，阴阳隔塞于内，故感动和气，灾异屡臻。臣愚以为，诸非礼聘、未曾幸御者，一皆遣出，使成妃合。一曰通怨旷，和阴阳。二曰省财用，实府库。三曰修礼制，绥眉寿。四曰配阳施，祈螽斯。五曰宽役赋，安黎民。此诚国家之弘利，天人之大福也。

荀爽认为汉桓帝后宫美女太多，致使内有怨女，外有旷夫，这就破坏了天地间祥和之气，所以灾异屡现。类似论点又可见《三国志》卷六一陆凯传载凯上孙皓之疏：

> 臣窃见陛下执政以来，阴阳不调，五星失晷……逆犯天地，天地以灾，童歌其谣。

陆凯认为这些都是孙皓政治黑暗导致的上天示警，他指责孙皓政治过失凡 20 款，其第五为：

> 今中宫万数，不备嫔嫱，外多鳏夫，女吟于中。风雨逆度，正由此起。

因认为帝王后宫太多，造成怨旷，会导致自然灾害，于是后来逢到水旱等灾，帝王又有遣放宫女，听其适人之举，以为禳救。《白居易集》卷五八请拣放后宫内人状云：

> 臣伏见自太宗、玄宗已来，每遇灾旱，多有拣放，书在国史，天下称之。伏望圣慈，再加处分；则盛明之德，可动天心，感悦之情，必致和气。

白居易是因大旱而请拣放宫人，但对于水灾也可同样处理，如《旧唐书》卷十四宪宗纪云：

> 元和八年，出宫女二百车，任所从适，以水灾故也。

人间怨旷之有干天和，在古人看来确实事关重大，故在儒家政治理论中，老百姓的男女匹偶问题时常被强调。比如班固整理的《白虎通》一书，是当时儒学中具有“钦定教义问答”性质的著作，其卷一上爵云：

> 庶人称匹夫者，偶也。与其妻为偶，阴阳相成之义也。一夫一妇成一室，明君人者不当使男女有过时无匹偶也。

对于这种观点，如果仅从增殖人口、发展生产力的角度去解释，就难免有文化虚无主义的倾向了。

为政之道中的和谐阴阳，含义甚广，令百姓不至怨旷太多只是一个方面。在儒学理论中还可看到更为抽象玄虚的观念，试举一例如次：董仲舒之言儒学，实已采入大量阴阳家之说，不能算纯儒了，但毕竟还是在历史上诸“大儒”之列的。他对于当时人们禳救水灾旱灾，有一段颇为精致而有趣的阐释，见《春秋繁露》卷三精华：

> 难者曰：大旱雩祭而请雨，大水鸣鼓而攻社，天地之所为，阴阳之所起也，或请焉，或怒焉者何？曰：大旱者阳灭阴也，阳灭阴者尊厌卑也，固其义也，虽太甚，拜请之而已，敢有加也？大水者阴灭阳也，阴灭阳者卑胜尊也，日食亦然，皆下犯上，以贱伤贵者，逆节也，故鸣鼓而攻之，朱丝而胁之，为其不义也。

其说之荒唐附会，在今日固不待言，不过以此见古人之重视阴阳和谐而已。

为政之道，法乎天道，而其中阴阳和谐竟被置于首位，这在今人确实不易想象和理解，《史记》卷五六陈丞相世家载陈平对汉文帝阐述宰相职责云：

> 宰相者，上佐天子理阴阳，顺四时，下育万物之宜，外镇抚四夷诸侯，内亲附百姓，使卿大夫各得任其职焉。

陈平强调宰相总率百僚，不应躬亲细事，故其所言，皆为宰相职责中之最重要者。而其中“理阴阳”置于首位，值得注意。此处所言理阴阳，当然不限于使百姓及时得到婚姻匹偶。理阴阳还包括前引《史记》所云修德、省刑、结和，乃至修救、修禳，董仲舒谈到的请雨止雨、雩祭攻社等也在其内。陈平所述宰相职责，是中国古代有代表性的看法。

紧接着理阴阳之后的是“顺四时”，这也是古人为政法乎天道和天人合一观念中的大节目。《春秋繁露》卷十一阴阳义云：

> 天亦有喜怒之气，哀乐之心，与人相副。以类合之，天人一也。春，喜气也，故生；秋，怒气也，故杀；夏，乐气也，故养；冬，哀气也，故藏。……与天同者大治，与天异者大乱，故为人主之道，莫明于在身之与天同者而用之，使喜怒必当义乃出。

此所言之“义”，并非正义或仁义之谓。而是指“合于时宜”，《春秋繁露》卷十一天容云：

> 人主有喜怒，不可以不时。可亦为时，时亦为义。喜怒以类合，其理一也。故义不义者，时之合类也。而喜怒乃寒暑之别气也。

对此解释甚明。这种“顺四时”的观念在古代中国广泛流传，并与历法、占卜、禁忌等许多数术理论有密切联系，对此将在本书第四章中论及。

第三章　天学与王权[1]

文化是包括一套工具及一套风俗——人体的或心灵的习惯，它们都是直接的或间接的满足人类的需要。一切文化要素，若是我们的看法是对的，一定都是在活动着，发生作用，而且是有效的。文化要素的动态性质指示了人类学的重要工作就在研究文化的功能。……这派学者深信，文化历程是有一定法则的，这法则是在文化要素的功能中。

——B.Malinowski[2]

Ⅰ.问题：天学在古代中国特殊地位之观察

甲　在历代官史中之特殊地位

《汉书》卷六二司马迁传载《报任少卿书》，其中谈到自己作《史记》之目的云：

[1] 在本书中，“王权”与“皇权”两词并无重大区别。只是在讨论早期情况及一般情况时较多使用前者，而讨论秦汉以后情况则有时使用后者。主要着眼于行文方便，并无深意。

[2] B.Malinowski：《文化论》，费孝通等译，中国民间文艺出版社（1987），14页。

凡百三十篇，亦欲以究天人之际，通古今之变，成一家之言。

对“究天人之际”一语，有的学者解释为：“从宇宙到人生，从自然到社会、政治，皆有所阐述。”[3]果真如此的话，《史记》将是一部百科全书式的著作了，但事实上并非如此。《史记》130卷，以今天的概念而论，真正称得上是阐述属于“宇宙”或“自然”范畴内事物的，只有如下五卷：

律书、历书、天官书、河渠书、扁鹊仓公列传

律书讲乐律、天象、节令、物候及其相互间的对应，历书专讲历法。天官书专讲星占学。河渠书讲水利。扁鹊仓公列传为名医传记。五者之中，言天学者竟居其三。如将标准再放宽一些，照顾到古人的观念，则还可以考虑另外三卷：

封禅书、日者列传、龟策列传

以上三卷或可算作与“宇宙”有关，然而以现代观点视之，则皆属“迷信”范畴，无法与天文学或水利学同日而语了。可见在《史记》中，宇宙与人生，或自然与社会政治之间，简直不成比例。那么司马迁的“究天人之际”，到底是什么意义呢？

再换一个角度来思考：如果将历书、天官书及律书中的有关内容视为现代意义上的天文学，就不可避免要面临这样一个问题：

在司马迁的时代，乃至此前很久，数学、冶金、纺织、建筑、农艺、物理等，许多知识都已高度发达，有的还与国计民生大有直接关系，如冶金、建筑等，司马迁为何独独厚爱于天文学？在《史记》的“八书”中，上面这么多学问都完全没有位置，天文学为何却独占了两

[3] 朱东润主编：《中国历代文学作品选》上编第二册，上海古籍出版社（1979），142页。

书以上的篇幅，一花独放？

如果这仅是司马迁一人的做法，那或许还可解释为司马迁因父子相传的职业（太史令）关系而性有偏嗜。但令人大为费解的是，司马迁的做法竟成为此后两千年间历代官史的传统模式。以《汉书》为例，与《史记》“八书”相当的部分是“十志”，兹将两者列出比较如下，先后各按两书原有顺序：

礼书	律历志
乐书	礼乐志
律书	刑法志
历书	食货志
天官书	郊祀志
封禅书	天文志
河渠书	五行志
平准书	地理志
	沟洫志
	艺文志

其中律历志为律书与历书的合并，礼乐志为礼书与乐书的合并，食货志约略相当于平准书，郊祀志相当于封禅书，天文志即天官书，沟洫志即河渠书。此外刑法、五行、地理、艺文四志为《汉书》新增。刑法志与艺文志内容甚明，此处可勿论。地理志基本上相当于今日人文地理学内容。值得注意者为五行志，这是专讲灾异、祥瑞的文献，其基本理论则仍是赏善罚恶的天人感应——政治昏暗则见灾异，政治修明则呈祥瑞。其中还包括大量与星占学有关的内容，大体也属于古人天学范畴之内。此后各史中，天文、律历、五行三志往往置于相邻各卷，唯三者先后稍有不同而已。二十五史中十八史有志，[4] 兹将此十八

[4]　此指该史成书时即有志者。其无志者，亦有后人为之补撰，此不论及。

史中天文、律历（如律与历分开则只列历）、五行三志的情况列表一览如下，三志先后仍按各史原顺序：

《史记》：	历书	天官书		
《汉书》：	律历志	天文志	五行志	
《后汉书》：	律历志	天文志	五行志	
《晋书》：	天文志	律历志	五行志	
《宋书》：	历志	天文志	符瑞志	五行志
《南齐书》：	天文志	祥瑞志	五行志	
《魏书》：	天象志	律历志	灵征志	
《隋书》：	律历志	天文志	五行志	
《旧唐书》：	历志	天文志	五行志	
《新唐书》：	历志	天文志	五行志	
《旧五代史》：	天文志	历志	五行志	
《新五代史》：	司天考			
《宋史》：	天文志	五行志	律历志	
《辽史》：	历象志			
《金史》：	天文志	历志	五行志	
《元史》：	天文志	五行志	历志	
《明史》：	天文志	五行志	历志	
《清史稿》：	天文志	灾异志	时宪志	

此十八史之各志，虽与《汉书》十志不尽相同，但前面所提到的诸如数学、物理、冶金、纺织、建筑、农艺，以及医学、炼丹术等，在各志中都完全没有位置，唯有“天学三志”独领风骚，且常居于各志之首。

司马迁之作《史记》，是要“成一家之言”的，说他对天学有偏嗜，似乎勉强可通，但此后各史都是官方修撰的，代表了最正统的史学和文化观点，为什么竟全都遵循《史记》的模式呢？这表明司马迁独重天学绝非他个人性有偏嗜，而是另有深刻原因的。那么这原因是什么?

研究中国古代科技史，门类繁多，数学、物理、化学、医学、农学、冶金、纺织、建筑……所有这些分支学科的史料，除了少数私家专著外，都要到浩如烟海的古籍中去零星搜觅，一部《梦溪笔谈》因其中材料稍多，就被学者们视若拱璧；唯有被视为天文学的这一分支与众不同，其史料可毫不费力地得之于皇皇官史之中，且其系统、丰富的程度，没有任何别的学科可以望其项背。这样一个惊人的事实，难道还不足以发人深省吗？它至少表明：在古代中国文化中，这门本书一再强调称之为“天学”的学问，有着极为特殊的性质和地位。

乙　古籍中所见上古政务中天学之特殊地位

《尚书》是儒家基本经典之一，今天大体可视之为上古政治文件或其转述、改编本的汇编。《尚书》第一部分为《虞书》,《虞书》第一篇为《尧典》。《尧典》篇的背景和作意，据《书序》说是这样的：[5]

> 昔在帝尧，聪明文思，光宅天下。将逊于位，让于虞舜，作《尧典》。

从《尧典》正文看，是记录了帝尧时期的为政之要，及尧指示安排关于考察、培养接班人舜的一些事务。《尧典》全文不过440字，其中谈尧之政绩约占一半篇幅，先将此225字分段录出如下：

> 帝尧曰放勋。钦明文思安安，允恭克让，光被四表，格于上下。克明俊德，以亲九族；九族既睦，平章百姓；百姓昭明，协和万邦。黎民于变时雍。

---

[5]《书序》为何人所作，历来众说纷纭，有孔子作、周秦间人作、史氏旧文、汉儒作等说。参见蒋善国:《尚书综述》，上海古籍出版社（1988），63—65页。但对本书的文化学讨论来说，此问题并不重要。

> 乃命羲和，钦若昊天。历象日月星辰，敬授人时。分命羲仲，宅嵎夷，曰旸谷，寅宾出日，平秩东作。日中星鸟。以殷仲春。厥民析，鸟兽孳尾。申命羲叔，宅南交，平秩南讹，敬致。日永星火，以正仲夏。厥民因，鸟兽希革。分命和仲，宅西，曰昧谷，寅饯纳日，平秩西成。宵中星虚，以殷仲秋。厥民夷，鸟兽毛毨。申命和叔，宅朔方，曰幽都，平在朔易。日短星昴，以正仲冬。厥民隩，鸟兽氄毛。帝曰：咨汝羲暨和，期三百有六旬有六日，以闰月定四时成岁。允釐百工，庶绩咸熙。

关于羲和，颇多未发之覆，今人又多误解，将于本章Ⅱ中详论。关于羲和叔仲分宅四方的真伪及含意，与此处讨论的主题关涉不大，先不具论。关于四仲中星，多年来一直是中外学者热衷研究的课题，但也不属本书直接讨论的范围。

这里要讨论的是，谈帝尧为政的225字中，关于天学事务竟占了172字，即76%。而第一段所述，又都是抽象的赞颂，第二段关于天学事务，却如此详细具体。一篇《尧典》，给人的印象似乎是：帝尧的政绩，最主要、最突出的就是他安排天学事务。这不是很奇怪吗？

再进一步考虑，如果《尧典》是因帝尧将禅位于舜而作，那么在这样重要的一份文件里，“正经事”为何反而不提？最高统治者要实行交接班了，国家大事，千头万绪，内政外交、军事经济等，《尧典》几乎都绝口不提，却大谈如何安排天学事务，这在现代人看来，不是太荒唐了吗？

是否可以猜测：现今所见的《尧典》只是残篇，还有许多谈论军政事务的部分佚失了呢？看来不可能。因为在《史记》卷一五帝本纪中，司马迁所记述的帝尧事迹，也只有两项具体内容：任命羲和等从事天学事务和禅位于舜，几乎就是《尧典》一文的改写。这说明，司马迁那时所知道的帝尧事迹，主要就只有这两项。退一步来说，如果帝尧百千政绩都湮灭无闻，唯独安排天学事务一项人们世代传颂，这至少说明：在古人心目中，帝尧的这项政绩比任何其他政绩都重要得多。

此外还可找到一些旁证。比如《史记》卷一五帝本纪载帝舜之摄政云:

> 于是帝尧老,命舜摄行天子之政,以观天命。舜乃在璇玑玉衡,以齐七政。

此“在璇玑玉衡,以齐七政”九字究竟何指,几千年来又引起无穷公案,但其具体内容与此处讨论的主题无关,只需明确其为天学事务即可。事实上这里司马迁又是据《尚书·舜典》改写的。“在璇玑玉衡,以齐七政”后倒是接着谈了一些别的政绩,但无论如何,第一项是天学事务,而且还直接与天命有关!

又如,在《易·系辞下》有一段关于远古文明发展史的简单化、理想化假说,其帝王系列是:庖牺(伏羲)——神农——黄帝、尧、舜,他们依次创立了文明社会中的许多事物和观念。其中第一位帝王庖牺氏的第一项贡献是:

> 古者庖牺氏之王天下也,仰则观象于天,俯则观法于地……

第一项竟又是天学!“仰则观象于天”,与“钦若昊天,历象日月星辰”以及“在璇玑玉衡,以齐七政”,显然全是同一种性质的活动。

如果这种活动真是现代意义上的天文学的话,那就太令人惊奇了:古代中国人心目中第一号的圣明帝王在位期间,除了关心天文学,竟然再没任何政绩值得一提了;那第二号圣明帝王摄政之初,竟然别的什么事都不管,首先亲自去从事天文学活动了;而文明的创始人伏羲的第一件功劳,不是去解决人民的衣食住行问题,却是去搞天文学!天文学对于古代中国人来说竟如此重要吗?

长期以来,流行着这样一种说法,认为古代中国是农业国,而农业需要天文学,所以古代中国人特别重视天文学。这种说法听起来似乎很有道理,其实只要稍加思索,就发现它漏洞百出,这里姑且先举几个问题如下：

如果农业需要天文学，那全世界几乎所有民族都有农业，在他们那里，是不是天文学都居有像古代中国文化中天学所居有的那样不可思议的特殊地位？

农业需要天文学，航海更需要天文学，古希腊人既有农业又极依赖航海，天文学在古希腊文化中有没有取得像古代中国文化中天学所居有的那样的特殊地位？比如在《荷马史诗》或希罗多德（Herodotus）《历史》中能找到多少天文学论述？

农业需要天文学，但“需要”到什么程度？绝大部分农民显然不懂天文学，他们靠什么种出庄稼？

历代官史中的“天学”三志，天文志专讲星占学，五行志专讲灾异、祥瑞，显然都与农业完全无关，为什么在正史中有如此的特殊地位？

历志或律历志中确有一部分与农业有关，但实际上只是极小的一部分，与农业有极为有限的一点关系，这一点将于本书第四章中详细论述。

农业与天文学有关，但农业显然还与诸如农具制造、育种、改良土壤、田间管理、水利等有着更为直接、更为密切的关系，为何这些方面的知识反而不受重视？

……

所有这些问题，归根结底都引导到同一个问题：古代中国的天学究竟是不是与现代意义上的天文学相同性质的学问？如果不是，那么它的性质是什么？

丙　天学在古代知识系统中的特殊地位

古人对知识系统的观念正确、合理与否，不在本书讨论的范畴之内。古人未必具有构造某种完备知识系统的自觉意识，这在一定程度上对今天的研究反而有利，因为这样有可能更真实地看到古人心目中重视的是哪些知识。可以选择几部在中国传统文化中影响较大、较为著名的著作来考察，看天学在其中居于什么地位。

《吕氏春秋》，可以看做是一部“准百科全书”式的著作。关于其背景与作意，《史记》卷八五吕不韦列传中有云：

> 吕不韦乃使其客人人著所闻，集论以为八览、六论、十二纪，二十余万言。以为备天地万物古今之事，号曰《吕氏春秋》。布咸阳市门，悬千金其上，延诸侯游士宾客有能增损一字者予千金。

所谓“备天地万物古今之事”，与司马迁的“究天人之际，通古今之变”是一样的。至于悬千金而征能增损一字者，自然别有用意，此处不必论，但吕氏对此书的自负还是可以推想的。

在这部“备天地万物古今之事”的著作中，天学的地位十分奇特。全书之前12卷，即所谓十二纪，依次为：

> 孟春纪、仲春纪、季春纪、孟夏纪、仲夏纪、季夏纪、孟秋纪、仲秋纪、季秋纪、孟冬纪、仲冬纪、季冬纪

十二纪中所论，大体不出政治、伦理和哲学范畴，但是每纪之首章，却都是关于天象、时令之说，姑举卷一孟春纪为例：

> 孟春之月，日在营室，昏参中，旦尾中。其日甲乙，其帝太皞，其神句芒。其虫鳞，其音角，律中太蔟，其数八……是月也，以立春，先立春三日，太史谒之天子曰：某日立春，盛德在木……乃命太史，守典奉法，司天日月星辰之行，宿离不忒，无失经纪，以初为常。

这一套说法在战国至秦汉之际极为盛行，《吕氏春秋》十二纪之首章，与《礼记·月令》《淮南子·时则训》大同小异，此外《大戴礼·夏小正》《管子·幼官》，以及长沙子弹库楚帛书丙篇，乃至云梦睡虎地秦简《日

书》中的有关部分，也都是同类性质的文献。这套说法本身，对于深入理解古代中国天学自然极为重要，将于本书第四章中详加探讨。此处需要注意者，则在《吕氏春秋》以之来统摄十二纪，足见其受重视的程度；同时，这些文献又是天学在古代政务中居特殊地位的另一表现方面。这当然与上一章所论及的古人关于为政“顺四时”的观念有联系，但是问题还要复杂得多。

《淮南子》大体可视为《吕氏春秋》的同类著作，不过年代略晚数十年而已。全书正文为二十“训”，显然也是备论“天地万物古今之事”的，先列出如次：

> 原道训、俶真训、天文训、坠形训、时则训、览冥训、精神训、本经训、主术训、缪称训、齐俗训、道应训、氾论训、诠言训、兵略训、说山训、说林训、人间训、修务训、泰族训

这种知识系统的格局，与《史记》八书、《汉书》十志颇有相似之处。其中天文训约略相当于《天文志》；时则训基本上是《吕氏春秋》十二纪首章的汇合，各章的某些内容后来也成为正史《律历志》中的组成部分。

此处需要注意的是，在《淮南子》的知识系统中，完全没有今天意义上的“科学技术”各科的地位。这绝非《淮南子》有什么特殊，而是古代中国人心目中知识系统的普遍情况。但是，唯独天学一门，常居于非常显赫的地位。如果将古代中国天学看成与现代意义上的物理学、化学等同样性质的天文学，则古代中国人之如此偏爱这门对日常物质生活几乎毫无功利可言的学问，不是太奇怪了吗？而且这一来，这门学问在古代中国知识系统中就会成为一个极明显的例外，完全无法与整个系统相协调了。

在古代中国巨大的文化遗产中，各种门类的著作浩如烟海，其中谈论现代意义上的科学技术的专著，可谓少之又少；有之，也几乎全为民间私家之作，在上层精英文化的知识系统中排不上号。对此不妨

举一个小而趣之例以见之，辛弃疾《鹧鸪天·有客慨然谈功名因追念少年时事戏作》有句云：

却将万字平戎策，换得东家种树书。

作者自伤老废，不得一展雄才。平戎策与种树书对举，是古人常用的修辞手法，想造成的效果是渲染自己不再关心军国大事，自降于农夫野老之列。平戎策当然是上层精英文化中的重要部分，“国之大事，在祀与戎”，《淮南子》所以有兵略训，谈兵也是传统士大夫的喜好之一；种树书之类的技术工艺则反是。《周礼·考工记》有幸侧身于经典之中，算是一个例外，但实际上也只是表面如此，它在上层精英文化的知识系统中并无地位。而天学却辉煌显赫，在上层精英文化的知识系统中领袖群伦，这现象背后究竟有着什么深层原因？

《吕氏春秋》或《淮南子》还只能算“准百科全书”式著作，而后世的类书，则今人已普遍称之为“中国古代的百科全书”了。以类书作为古代中国知识系统的标本加以考察，当具有很大的代表性。姑举较有代表性的三部类书之部类名目为例：

唐初编撰的《艺文类聚》，全书100卷，分为46部，部目如下：

天、岁时、地、州、郡、山、水、符命、帝王、后妃、储宫、人、礼、乐、职官、封爵、治政、刑法、杂文、武、军器、居处、产业、衣冠、仪饰、服饰、舟车、食物、杂器物、巧艺、方术、内典、灵异、火、药、香、草、宝玉、百谷、布帛、果、木、鸟、兽、鳞介、虫豸、祥瑞、灾异

其分类在今天看来有点不伦不类，在古人心目中也未为尽善，《四库全书总目》说它“丛脞少绪”。不过这里日常物质生活和百工技艺总算有了一席之地——当然与天学的地位仍不可同日而语。

宋王应麟辑《玉海》，分为二十一门：

> 天文、律历、地理、帝系、圣文、艺文、诏令、礼仪、车服、器用、郊祀、音乐、学校、选举、官制、兵制、朝贡、宫室、食货、兵捷、祥瑞

这里上层精英文化的味道更重些，更多地注意政治文化，而《艺文类聚》中那种“博物”趣味减少了。

再看清代的《古今图书集成》，分为 6 编 32 典，其目如下：

> 历象编，四典：
>
> 　　乾象、岁功、历法、庶征
>
> 方舆编，四典：
>
> 　　坤舆、职方、山川、边裔
>
> 明伦编，八典：
>
> 　　皇极、宫闱、官常、家范、交谊、氏族、人事、闺媛
>
> 博物编，四典：
>
> 　　艺术、神异、禽虫、草木
>
> 理学编，四典：
>
> 　　经籍、学行、文学、字学
>
> 经济编，八典：
>
> 　　选举、铨衡、食货、礼仪、乐律、戎政、祥刑、考工

与《艺文类聚》相比，部目并无多大不同。事实上，两千年间，中国人对知识系统的看法没有发生过本质的变化。

在上述三部类书中，天学都位于各部目之首。这并非巧合，现今所见的古代综合性类书，全都把“天部”列于首位。[6] 古人固然喜欢因循旧例，似乎其间并无深意，但当初开创此例，总应有其原因。这与

---

[6] 另有一些专门类书，因其不能像综合性类书那样作为古人知识系统的标本，自然不在论例。

《天文志》常居于正史各志之首，显然是同一原因。这一原因，在上古时本是大人君子们素所深知的；后来知之者渐少，但仍不乏其人；到了现代，在重重历史性误解之下，终于变得罕为人知了，非发微探秘，层层抽剥，绝难明其所以。

类书部目的设立，还与古代天学中某些神秘主义观念（仅是在现代人看来如此）有联系，比如宋代类书《太平御览》分为55部，系仿自北齐《修文殿御览》，而后者所以分为55部，据《太平御览》卷六〇一引丘悦《三国典略》云：

> 尚书右仆射祖珽等上言：……前者修文殿令臣等讨寻旧典，撰录斯书，谨罄庸短，登即编次。放天地之数，为五十五部；象乾坤之策，成三百六十卷。

所谓“天地之数”，见《易·系辞上》：

> 天数二十有五，地数三十，凡天地之数五十有五，此所以成变化而行鬼神也。乾之策二百一十有六，坤之策百四十有四，凡三百有六十。

原《三国典略》中引文“为五十五部”脱去后一“五”字，但据“天地之数”可补出。[7] 此类数字神秘主义在古代很盛行，此不过偶举一例而已。这种“数有神理”的观念，也与天学在古代中国的特殊地位有绝大关系。

丁　天学在古代数术中的特殊地位

由前述（本节甲）可知，古代中国天学主要由两部分组成，其一

[7]　胡道静:《中国古代的类书》，中华书局（1982），48页。

为星占，其二为历法。《吕氏春秋》十二纪之首章、《礼记·月令》以及《淮南子·时则训》中所论的那套学说，就属于古代历法之学的范畴。而这套学说又是古代数术之学的理论基础。

现今所能见的古代数术之学，在先秦时主要由被称为“阴阳家”者所讲论。这在当时是非常显赫重要的一派，司马谈“论六家之要指”，即置阴阳家于首位，以下依次为儒、墨、名、法、道家。据《史记》卷一三〇太史公自序所载，司马谈之论阴阳家有云：

> 尝窃观阴阳之术，大祥而众忌讳，使人拘而多所畏；然其序四时之大顺，不可失也。
>
> 夫阴阳四时、八位、十二度、二十四节各有教令，顺之者昌，逆之者不死则亡，未必然也，故曰“使人拘而多畏”。夫春生夏长，秋收冬藏，此天道之大经也，弗顺则无以为天下纲纪，故曰“四时之大顺，不可失也”。

司马谈的观点居然颇有点现代色彩——他对数术中的各种避忌之说，倾向于否认其真实性。不过他仍强调“四时之大顺，不可失也”。要注意这里所言之顺四时，并不像某些现代人想当然的那样，是所谓的政令不妨碍农时，如春天不要用兵以免妨碍春耕之类，而是另有其深刻哲学观念的，详见本书第四章。

先秦时的阴阳家，又可分为两途，其一即司马谈所论，仍离不开星占历法之天学；其二，李零论之云：

> 另一种是以齐鲁稷下学子邹衍、邹奭等人代表的“五德终始”说，它实际上是按往旧造说，仍然是脱胎于数术之学，只不过是把原始存在的数术之学哲学化了，提高为类似儒道等家的体系，《汉书·艺文志》把它列为“诸子略”阴阳类。[8]

[8] 《长沙子弹库战国楚帛书研究》，35页。

其说甚为有理。

西汉末，刘向、刘歆父子校皇家藏书，最后刘歆“总群书而奏其《七略》”，实即将当时的学术分为六大类。班固在《汉书 · 艺文志》中沿用此种分法，六大类依次为：

六艺略、诸子略、诗赋略、兵书略、数术略、方技略

六略之下又再分为 37 类。其中数术略下分为六类：

天文，22 家 419 卷
历谱，18 家 566 卷
五行，31 家 653 卷
蓍龟，15 家 485 卷
杂占，18 家 312 卷
形法，6 家 122 卷

用“数术”指称上述这些学问的做法，从此为后世沿用。此后四部分类之法兴起，至《隋书 · 经籍志》正式标出经、史、子、集四部，其中经部即汉志之六艺略，集部大致即诗赋略，子部则囊括了诸子、兵书、数术、方技四略，别出史部，为汉志所无。数术之名虽由此而降为子部下面一个子集的概念，且不再出现在各史《艺文志》或《经籍志》中，但在其他场合，仍广泛被使用。

下面以《汉书 · 艺文志》数术略下六类书籍作为个案标本，分析考察天学在古代数术中之地位。开首天文、历谱两类，其内容将分别于本书第五、四章详论，但此两类之为古代中国天学主体，已屡见前论，无烦重复，故以下仅需逐一分析五行、蓍龟、杂占、形法四类与天学间之相互关系。

五行。五行类下著录 31 家，其中由名称即可看出与天学有关者有如下数家：

《四时五行经》

《阴阳五行时令》

《钟律丛辰日苑》

《转位十二神》

《文解二十八宿》

由于书多亡佚，其余各家的内容似乎不易直接判断，但借助于旁的古籍中有关记载，仍可推断其大概，比如下面几家，就大体不出星占之学范围：

《天一》

《泰一》

《刑德》

天一为星名，《史记·天官书》载之，张守节《正义》云："天一一星；疆阊阖外，天帝之神，主战斗，知人吉凶。明而有光，则阴阳和，万物成，人主吉；不然，反是。"又《淮南子·天文训》云："天神之贵者，莫贵于青龙，或曰天一，或曰太阴。太阴所居，不可背而可向。"又云："天一原始，正月建寅，日、月俱入营室五度。天一以始建七十六岁，日、月复以正月入营室五度，无余分，名曰一纪。凡二十纪，一千五百二十岁大终，日、月星辰复始甲寅元。"无论哪一说，皆为星占或历术无疑。泰一又作太一，《史记·天官书》云："中宫天极星，其一明者，太一常居也。"《正义》谓："泰一，天帝之别名也。"刘伯庄云："泰一，天神之最尊贵者也。"司马贞《索隐》则引《春秋纬·合诚图》云："紫微，大帝室，太一精也。"此皆星占之言。又《易纬·乾凿度》卷下有云："太一取其数以行九宫，四正四维，皆合于十五。"则又为历术之学。关于刑德，亦可见《淮南子·天文训》："日为德，月为刑。月归而万物死，日至而万物生。"又《史记·天官书》云："日变修德，月变省刑。"足见也是星占之言。

除上述可由名称推断其内容者外，五行类下所著录的名家著作之大体内容及性质，还可由另一途径间接推知，即班固在每类书目之后所写的总结性跋语。关于五行，班固跋语全文如下：

> 五行者，五常之形气也。《书》云：初一曰五行，次二曰羞用五事。言进用五事以顺五行也。貌、言、视、听、思心失，而五行之序乱，五星之变作，皆出于律历之数而分为一者也。其法亦起五德终始，推其极则无不至。而小数家因此以为吉凶，而行于世，寖以相乱。

五行类之与天文类（星占）、历谱类密不可分，于此判然可见。这使人联想到《隋书·经籍志》中的做法，它的"子部"下列有14类，其中原汉志数术略下的类删减为三类：天文、历数、五行。值得注意，历代正史中诸志之首正是此三者（见本节甲所述）。

蓍龟。蓍龟类下著录15家，由各家书名及班固跋文中都不易看到这些著作与天学的联系。唯《周易明堂》一家或可稍见端倪——明堂是与天学有极密切关系的，详见本章Ⅲ。

杂占。杂占类著录18家，其中由书名可推断与天学有关者如下：

> 《黄帝长柳占梦》
> 《甘德长柳占梦》
> 《禳祀天文》
> 《请雨止雨》
> 《泰壹杂子候岁》
> 《子赣杂子候岁》

候岁即占岁。后四种与古代中国天学有关，已很明显，无烦多论。前两种看起来似乎与天学无关，其实不然。关键在占梦。在古代中国，占梦是与星占之学密切联系的——释梦需要用星占之法。此可引《周礼·春官宗伯》所载“占梦”之官的职掌为证：

> 掌其岁时，观天地之会，辨阴阳之气，以日月星辰占六梦之吉凶。一曰正梦，二曰噩梦，三曰思梦，四曰寤梦，五曰喜梦，六曰惧梦。

显而易见，该占梦之官必须既通历法，又能观天，且具备星占学之理论素养。

古人究竟如何以星占之学释梦，可引一则记载为个例以观察之，《史记》卷一二八龟策列传云：

> （宋元王）乃召博士卫平而问之曰：今寡人梦见一丈夫，延颈而长头，衣玄绣之衣而乘辎车，来见梦于寡人曰：我为江使于河，而幕网当吾路。泉阳豫且得我，我不能去。身在患中，莫可告语。王有德义，故来告诉。是何物也？
>
> 卫平乃援式而起，仰天而视月之光，观斗所指，定日处乡。规矩为辅，副以权衡。四维已定，八卦相望。视其吉凶，介虫先见。
>
> 乃对元王曰：今昔壬子，宿在牵牛。河水大会，鬼神相谋。汉正南北，江河固期，南风新至，江使先来。白云壅汉，万物尽留。斗柄指日，使者当囚。玄服而乘辎车，其名为龟。王急使人问而求之。
>
> 王曰：善。

此为褚先生闻之于“大卜官”而补记于《龟策列传》正文之后者，辞繁意陋，远逊于史迁文笔，且从星占学理论言之，其文学性记述中也有欠通之处，但作为古人以星占之学释梦的例证与个案，则已足够生动而有力。

此外还可注意《甘德长柳占梦》中甘德之名，甘德为秦汉之际著名星占学家（详见本章Ⅱ），也从另一侧面证明占梦确与星占之学有关。

附带指出，敦煌卷子中题为《解梦书》者颇多，计有伯三九〇八、伯二八二九、伯三一〇五、斯二二二二，又伯三一〇五《又别解梦书》一卷。其中以伯三九〇八最为完整。上述诸卷子之“天文章”、“天部”或“日月部”，去其重复，共有关于梦见天象之占辞 41 款。款数之多远远超出其他各章。兹略举几则占辞如次：

> 梦见流星者宅不安。（伯三九〇八）
> 梦见星，忧官事。（伯二八二九）
> 梦见日，所求皆吉。（伯三一〇五）
> 梦见日月照，富贵。（斯二二二二）
> 梦见北斗，有忧。（伯三一〇五）

此种占辞，与前述《周礼》《史记》中所载以星占之学释梦是不同的概念。以星占释梦，是指释梦之法，与梦中是否见天象无关，宋元王之梦，梦境中就没有任何天象，而卫平以星占之学释之。但卷子中《解梦书》以“天文章”等列于首位，且占辞又如此之多，则仍可视为占梦与天学大有渊源之痕迹。

此外，卷子伯三九〇八《解梦书》中又有“十二支日得梦章”，占辞 12 款；“十二时得梦章”，占辞 12 款；及“建除满日得梦章”，亦占辞 12 款，则又显然属于《周礼》中占梦之学的范畴了。三章各举占辞一款为例：

> 丑日梦者，主财入宅及喜悦。
> 酉时得梦者，客来。
> 开日得梦，主生贵子。

此即“掌其岁时，观天地之会，辨阴阳之气”也。

形法。形法类仅著录 6 家，多为相宅、相人、相刀剑及相畜之书，除第一种《山海经》外，余皆亡佚，无法判断其与天学有无关系。

综上所述，《汉书·艺文志》数术略六类之中，两类为天学，另两类与天学有极密切的联系，只有最小的两类未能直接看出是否与天学相关。因此李零认为此六类之中“天文历数之学是最主要的”，[9] 确实大有见地。进而言之，天学是数术的主干和灵魂，欲言数术，非通晓天学不可，至少在早期是如此。这可以由班固之言得到证实。班固在数术六类之后有总跋语，全文如下：

> 数术者，皆明堂羲和史卜之职也。史官之废久矣，其书既不能具，虽有其书而无其人。《易》曰：苟非其人，道不虚行。春秋时鲁有梓慎，郑有裨灶，晋有卜偃，宋有子韦。六国时楚有甘公，魏有石申夫。汉有唐都，庶得粗觕。盖有因而成易，无因而成难，故因旧书以序数术为六种。

明堂与天学之关系见本章Ⅲ。此处仅需先注意到，班固上文中所提及的羲和、梓慎、裨灶、卜偃、子韦、甘公、石申夫、唐都等人，无一不是古代著名的天学家（详细考证见本章Ⅱ）。可知天文、历谱、五行、蓍龟、杂占、形法六类数术之学，皆系由天学家专司其事，则古代数术之学以天学为主干与灵魂，已判然可见矣。

关于此点，还可找到更多的旁证。比如，刘向虽然博学，但毕竟未能精通一切，故他的校书工作，得到三位专家的协助，据《汉书·艺文志》记载称：

> 步兵校尉任宏校兵书，太史令尹咸校数术，侍医李柱国校方技。

数术书由太史令负责校理，正表明由天学家司掌数术的古代传统，至

---

[9] 《长沙子弹库战国楚帛书研究》，35 页。

两汉之际仍然保持——事实上竟保持到清代。

尽管这一情况后来逐渐有所改变（有些数术分支如占卜、相术等逐渐“庶民化”了），但天学在数术之学中的特殊地位依然如故。天学何以会在古代数术之学中居有如此特殊的地位，则必须与本节所提出的一系列天学特殊地位问题联系起来，方可寻求解答。

戊　天学家以及天学机构之特殊地位

十九世纪末，F. 屈纳特（Kühnert）在他那篇谈论中国古代历法性质的文章中用夸张的语调写道：

> 许多欧洲人把中国人看做是野蛮人的另一个原因，大概是在于中国人竟敢把他们的天文学家——这在我们有高度教养的西方人眼中是最没有用的小人——放在部长和国务卿一级的职位。这该是多么可怕的野蛮人啊！[10]

与西方文化背景相比，天学官员与天学机构在古代中国社会中的特殊地位，确实很容易令西方学者感到惊奇。类似上引屈氏之论还可发现很多，例如：

> （在中国）天文学家起了法典的作用，天文学家是天意的解释者。[11]
>
> 希腊的天文学家是隐士、哲人和热爱真理的人，他们和本地的祭司一般没有固定的关系；中国的天文学家则不然，他们和至

[10] F.Kühnert：Das Kalenderwesen bei d.Chineaen，Österreichische Monatschrift f.d.orient，Vol，14（1888），111. 译文引自李约瑟（J.Needham）：《中国科学技术史》第四卷，《中国科学技术史》翻译小组译，科学出版社（1975），2 页。

[11] W.Eberhard：The Political Function of Astronomy and Astronomers in Han China，收入费正清（J.K.Fairbank）编：Chinese Thought and Institutions，Chicago（1957），P.37—70。

> 尊的天子有着密切的关系，他们是政府官员之一，是依照礼仪供养在宫廷之内的。[12]

这些论述，对于相当大部分的现代中国人来说，或许又将引起惊奇和疑惑；但是这些论述却大体上与历史事实相符合，因而大体上不失为正确。

天学家与天学机构在古代中国社会中的特殊地位，首先表现在：天学机构是政府的一个部门，供职于其中的天学家是政府官员。上引屈氏之论已经明确提到这一点；德莎素也已明白此点，所谓“依照礼仪”供养天学家（即上引三氏所称之“天文学家”）于宫廷中，正是指天学家具有政府官员身份，由他们组成政府的一部分。这与帝王令其他方术之士供奉内廷，如汉武帝时之李少君、齐人少翁、栾大（《史记》卷二八封禅书），曹操时之甘始、左慈、东郭延年（《后汉书》卷一一二下甘始传），乃至清圣祖、世宗时之内廷烧炼方士（《世宗宪皇帝上谕内阁》卷七六、《世宗实录》卷九八等）之类，性质完全不同。后者有时虽然也被加以官爵，如少翁为文成将军、栾大为五利将军，但他们绝不构成政府机关的一部分，也不能侧身于正式官员之列——或者说，他们不是“依照礼仪”而为官的（至于以方术得宠幸而致高官，则性质已经改变，另当别论）。

天学家之为朝廷命官，在古代中国渊源甚早。《尚书·尧典》中即有帝尧任命天学官员之记载（已见本节乙所论），其是否确为帝尧时事、帝尧时代究竟距今多远，虽然都尚属可以争论之事，但《尚书·尧典》反映了天学家在上古时为朝廷重要命官，这一点终属可信。进一步的证据可见于《周礼》一书。《周礼》的成书年代，历来众说纷纭，疑古过甚风行之时，又常斥《周礼》为伪书。这方面较新的研究，有陈汉平据西周金文中所见官制而与《周礼》所言相参证，其结论谓：

---

[12] 德莎素（L. de Saussure）：Le Système Cosmologique des Chinois 一文所引，Revue Générale des Sciences Pures et Appliquées，Vol.32（1921），729。译文引自《中国科学技术史》第四卷，2 页。

《周官》(按即《周礼》) 内容有相当成分为西周官制之实录，保存有相当成分之西周史料。[13]

其说较为公允妥当。

《周礼 · 春官宗伯》所载之各种职官中，至少有如下六种明显与天学事务有关：

大宗伯之职，掌建邦之天神人鬼地示之礼，以佐王建保邦国。以吉礼事邦国之鬼神示，以禋祀祀昊天上帝，以实柴祀日月星辰……

占梦，掌其岁时，观天地之会，辨阴阳之气，以日月星辰占六梦之吉凶……

眡祲，掌十辉之法以观妖祥、辨吉凶。一曰祲，二曰象，三曰镌，四曰监，五曰闇，六曰瞢，七曰弥，八曰叙，九曰隮，十曰想。掌安宅叙降，正岁则行事，岁终则弊其事。

大史，掌建邦之六典以逆邦国之治。……正岁年以序事，颁之于官府及都鄙，颁告朔于邦国。闰月，诏王居门，终月，大祭祀，与执事卜日。戒及宿之日，与群执事读礼书而协事……

冯相氏，掌十有二岁，十有二月，十有二辰，十日，二十有八星之位，辨其叙事，以会天位。冬夏，致日；春秋，致月，以辨四时之叙。

保章氏，掌天星以志星辰日月之变动，以观天下之迁，辨其吉凶。以星土辨九州之地——所封封域，皆有分星，以观妖祥。以十有二岁之相观天下之妖祥。以五云之物辨吉凶水旱降丰荒之祲象。以十有二风察天地之和，命乖别之妖祥。凡此五物者，以诏救政，访序事。

[13] 陈汉平：《西周册命制度研究》，学林出版社（1986），214 页。

以上各官之级别、僚属等，也规定甚明：

> 大宗伯，卿一人。
>
> 占梦，中士二人，史二人，徒四人。
>
> 眡祲，中士二人，史二人，徒四人。
>
> 大史，下大夫二人，上士四人。
>
> 冯相氏，中士二人，下士四人，府二人，史四人，徒八人。
>
> 保章氏，中士二人，下士四人，府二人，史四人，徒八人。

由上可见，大宗伯职掌甚多，天学事务不过其中一个方面而已。在他之下，大史的级别较高，职掌也颇多；而占梦、眡祲、冯相氏、保章氏则为具体事务之负责人。

上述职官，是否真为西周时之真实情况，在此并不重要，此处不过视之为古时确有天学官员、天学机构之反映而已。而《周礼》所述官制，曾对后世政府机关之构成，产生过重大影响，则为无可怀疑之事。《周礼》六官之制，已基本包括了古代中国社会中央政府的结构，其中春官宗伯所辖各官，即为后世之礼部。两千年间，天学机构也一直在礼部领导之下。太史（大史）的职掌，本来包括王室文书的起草、策命卿大夫、记载军国大事、编史、管理星占、历法、祭祀等多项，后来这些职掌渐渐分出，归于别官。至魏、晋以降，太史成为天学机构的专职负责人，而相当于《周礼》中眡祲、冯相氏、保章氏的职官，则成为太史的下属官员。太史所领导的天学机构，其名称屡有变动，如太史监、太史局、司天台、司天监、天文院、太史院等，至明、清时，乃定名钦天监。

关于古代中国政府中天学机构的组成和规模，不妨选择一个有典型意义之个案以见一斑。唐肃宗乾元元年（758A.D.）时司天台的情况如下：

> 大监1人，从三品，

少监 2 人，正四品，

上丞 3 人，正六品，

主簿 3 人，正七品上，

主事 2 人，正八品下。

五官正 5 人，[14] 正五品上，

五官副正 5 人，正六品上，

五官灵台郎，正七品下，

五官保章正 5 人，从七品上，

五官挈壶正 5 人，正八品上，

五官监侯 5 人，正八品下，

五官司历 5 人，从八品上，

五官司辰 15 人，正九品下，

五官礼生 15 人，

五官楷书手 5 人，

今史 5 人，

漏刻博士 20 人，

典钟、典鼓 350 人，

天文观生 90 人，

天文生 50 人，

历生 55 人，

漏刻生 40 人，

视品 10 人。[15]

这里有一点应该特别指出：在认识天学家于古代中国社会中所处之特殊地位时，如果仅依据天学机构及其负责人的品级来做推断，那将不免谬以千里。这里有两种情况必须加以考虑：

---

[14] 春官正、夏官正、秋官正、冬官止、中官正。以下五官俱仿此。

[15] 参见王宝娟：唐代的天文机构，《中国天文学史文集》第五集，科学出版社（1989），277—287 页。

一、太史令的品级虽只在三、五品之间，但因为他是天意的解释者与传达者，天人之际的大奥秘他能够洞晓，他俨如帝师，故在某些政治上的重要关头，五品的太史令之言，可能比一品大员的话更有分量。

二、许多著名天学家深得帝王宠信，他们另任高官，并不担任天学机构中的官职；但是他们在天学事务中的发言权，远远超过太史令之类的天学官员。

第一种情况可举《宋书》卷二武帝纪中所载事为例，刘裕功高震主，篡晋已成不可阻挡之势，群臣乃向已封宋王之刘裕劝进，而刘裕假意推让：

> 于是陈留王度嗣等二百七十人及宋台群臣并上表劝进，上犹不许。太史令骆达陈天文符瑞数十条，群臣又固请，王乃从之。

这当然都是在演戏，中国历史上所有的窃国大盗都要演这样一场，但在这戏中，太史令骆达的作用，确实超出数百名王公大臣之上。“陈天文符瑞”者，昭示天命转归于宋，刘裕篡晋为深合天意也。

第二种情况，远者可举周大夫苌弘，他并不任太史之职，但多次进行重大星占活动，因而在当时政治活动中卷入甚深（详见本章Ⅱ甲）；稍后者可举北魏重臣崔浩，他是当时名震朝野的星占大家，那时太史令另有其人，但遇有重大天象出现时，如何解释，唯崔浩众望所归，能出来发言，《魏书》卷三五崔浩传云：

> （泰常）三年，彗星出天津，入太微，经北斗，络紫微，犯天棓，八十余日，至汉而灭。太宗复召诸儒术士问之曰：今天下未一，四方岳峙，灾咎之应将在何国？朕甚畏之，尽情以言，勿有所隐！咸共推浩令对……

崔浩传中这样的事例还有几次。关于崔浩之深受太宗（明元帝拓跋嗣）信任及以天学参与军国大事，传云：

> 太宗好阴阳术数，闻浩说《易》及洪范五行，善之，因命浩筮吉凶，参观天文，考定疑惑。浩综覈天人之际，举其纲纪，诸所处决，多有应验。恒与军国大谋，甚为宠密。

类似苌弘、崔浩之例，历史还可找出许多。

天学家何以能在政治中占有重要地位，表面看起来似乎只是因为他们懂得星占之学，而帝王又相信此学，但实际上还有更为深层的原因。至于天学家如何以星占推卜之学参与、左右军政大计，这方面的各种表现及具体情形，留待第五章中论之。在本章Ⅱ中亦可见到一些例证。

己　历代对私藏、私习天学之厉禁

古代中国的天学，既然在历朝官史中、在综合的知识系统中、在政务中、在数术中、在朝廷职官机构及政治运作中，都有如此重要的特殊地位，那它成为一门广泛受到提倡、鼓励的学问，似乎应该是很自然的事了——然而却恰恰相反：对广大公众而言，天学是一门被严厉禁锢的学问！对于民间私藏、私习天学书籍，历朝颁布过许多严厉的禁令。关于这些禁令，有些学者也曾偶有述及，但往往仅限于《万历野获编》之片言只语。其实史籍中关于此类禁令之记载甚多，下面姑列其较重要者若干条：

> （泰始三年）禁星气谶纬之学。（《晋书》卷三武帝纪）
>
> 诸玄象器物、天文图书、谶书、兵书、七曜历、太一、雷公式，私家不得有，违者徒二年。私习天文者亦同。（《唐律疏议》卷九）
>
> 诸道所送知天文相术等人凡三百五十有一，（太平兴国二年）十二月丁巳朔，诏以六十有八人隶司天台，余悉黥面流海岛。（《续资治通鉴长编》卷八十）
>
> （景德元年春）诏：图纬推步之书，旧章所禁，私习尚多，其申严之。自今民间应有天象器物、谶候禁书，并令首纳，所在焚

> 毁。匿而不言者论以死，募告者赏钱十万。星算伎术人并送阙下。（《续资治通鉴长编》卷五六）
>
> （至元二十一年）括天下私藏天文图谶、太乙、雷公式、七曜历、推背图、苗太监历。有私习及收匿者罪之。（《元史》卷十三世祖纪之十）
>
> （洪武六年诏：钦天监）人员永不许迁动，子孙只习学天文历算，不许习他业；其不习学者发南海充军。（《大明会典》卷二二三）
>
> 国初学天文有厉禁，习历者遣戍，造历者殊死。至孝宗弛其禁，且命征山林隐逸能通历学者以备其选，而卒无应者。（《万历野获编》卷二十历法）

观以上各条，其禁令之严酷程度，以现代人的常识来看，完全是不可思议、无法理解的。宋太宗将全国三百余名私习者拘送京师，除录用于司天台者外，其余竟全都“黥面流海岛”。对于如此骇人听闻的专制暴政，宋代士大夫中却不乏“谅解”者，如岳珂《桯史》卷一谈及此事时就认为“盖亦障其流，不得不然也”。至宋真宗，禁令更严，藏匿天学书籍而不“坦白”者竟有死罪；而且还鼓励告密之举，赏钱达十万之巨。明太祖的严酷更加不可思议：竟强迫天学家的子孙世袭其业。非官方天学家而私习天学，既有宋太宗“黥面流海岛”于前；官方天学家的后代而不习天学者，又有明太祖“发南海充军”于后，两相对比，堪称异曲同工！所有这些奇怪现象，应该如何解释？

再进一步分析上列七条记载，还可发现一个隐伏的规律。先看各条年代，依次如下：

> 泰始三年，267 A.D.，距西晋开国 3 年。
>
> 永徽二年，651 A.D.，距唐开国 33 年。[16]

---

[16]《唐律》指《永徽律》，颁于永徽二年。《疏议》颁于永徽四年。因上引者为律文正文，故系于永徽二年。

太平兴国二年，977 A.D.，距北宋开国 17 年。

景德元年，1004 A.D.，距北宋开国 44 年。

至元二十一年，1284 A.D.，距元灭宋 5 年。

洪武六年，1373 A.D.，距明开国 6 年。

国初，明朝初年。

不难发现，七条禁令都是在新王朝开国之后不久颁发的。这就引出一个问题：为何历朝都在其开国之初特别重视对于私藏、私习天学的禁令？

有的学者仅根据《万历野获编》中上引记载就做出推断说："这个禁令对天文学发展所起的阻碍、破坏作用超过了以往任何一个时代。明以前的统治者也禁止民间私习天文，却从未禁止过私习历法。"[17] 但根据上引各条记载，这个说法显然是错误的。景德元年的诏令中明明说"图纬推步之书，旧章所禁"，所谓"推步"，即指历法，此为古代公认的用法。又《唐律》所禁，就包括"七曜历"在内，后世因之。"七曜历"虽与星占关系极密且带外来色彩，但终有历法成分（参见本书第六章）。最后，由后文所论历法之性质，不难得知历法与星占（天文）本为同一性质之物，既禁私习天文，必然也会禁私习历法（但是要注意，"历法"与"历书"是两个不同概念，俱详第四章）。

关于私习天学禁令在理论上之适用对象，也可顺便在此稍做初步探讨，以明代的情况为例。万历年间，王公百官谈论历法居然成为时髦，且公然著书立说。郑世子朱载堉进献《圣寿万年历》《律历融通》两书，河南佥事邢云路作《古今律历考》《戊申立春考证》两书。身为礼部尚书的范谦则"利用职权"，屡次为这类私习历法的犯禁行为张目，他建议朱载堉之书"应发钦天监参订测试。世子留心历学，博通今古，宜赐敕奖谕"，得到皇帝批准（《明史》卷三一历志一），又上奏称：

[17] 中国天文学史整理研究小组:《中国天文学史》，科学出版社（1981），39 页。

> 历为国家大事，士夫所当讲求，非历士之所得私。律例所禁，乃妄言妖祥者耳。……乞以云路提督钦天监事，督率官属，精心测候，以成巨典。

竟主张让私习历法者来领导钦天监。这次建议皇帝未置可否，没有实现（《明史》卷三一历志一）。

在朱、邢之书问世之前，万历十二年（1584 A.D.），兵部职方郎范守己私自造了一架浑仪，这是公然干犯不准私习“天文”的禁令，比私习历法更为严重，但是观者如堵，范遂作《天官举正》一书，在序中为自己犯禁之举做辩护云：

> 或谓国家有私习明禁，在位诸君子不得而轻扞文网也，守己曰：是为负贩幺么子云然尔。昭皇帝亲洒宸翰，颁《天元玉历》于群臣，岂与三尺法故自凿枘邪！且子长、晋、元诸史列在学官，言星野者章章在人耳目间也，博士于是焉教，弟子员于是焉学，二百年于兹矣，法吏恶得而禁之？

这里范守己提出：关于私习天学的禁令，仅适用于下层群众，士大夫不在此列。这种说法渊源有自，至少可追溯到明仁宗（仅在位一年，1424 A.D.—1425 A.D.）时，即“昭皇帝亲洒宸翰……”之事。明沈节甫辑《纪录汇编》，其卷一二五摘抄王鏊《震泽长语》云：

> 仁庙一日语杨士奇等云：见夜来星象？士奇等对不知。上曰：通天、地、人之谓儒，卿等何以不知天？对曰：国朝私习天文，律有禁，故臣等不敢习。上曰：此自为民间设耳，卿等国家大臣，与国同休戚，安得有禁？乃以《天官玉历祥异赋》赐群臣。

此处《天官玉历祥异赋》，当即范守己所言之《天元玉历》。此外，范守己《天官举正》序提出的另一个问题看起来也很棘手：历代官史中的“天学三志”，本来就是星占历法的典型文献，朝廷禁止私习天学，却不能禁止士人读《史记》《汉书》。[18]

从表面上看，似乎“私习天学的禁令仅适用于下层群众而不适用于士大夫”的说法颇有根据。但如果就此下结论，仍然十分危险。仅就明代的情况而言，“国初学天文有厉禁”绝非虚语，兹举一个颇有说服力的例证如次，《明史》卷一二八刘基传云：

> （刘基）抵家，疾笃，以《天文书》授子琏曰：亟上之，毋令后人习也！

刘基是佐命元勋，开国时又是太史令（历志一作“太史院史”），他的后人，总该“与国同休戚”了。但刘基当明太祖一得天下，就跼高天，蹐厚地，临深履薄，唯恐不能免祸。他切诫子孙不要习《天文书》，正为免祸计。足见“国初学天文有厉禁”之可怕了。杨士奇等对仁宗称“臣等不敢习”，也是同样的原因。至孝宗时“弛其禁”而征山林隐逸之能通历学者，却“卒无应者”，也说明当初禁令之严酷。“无应者”未必是无通晓者，而是“无敢应者”也。

因此，大体上可以说，在中国古代，一直到明代前半叶，对私学天学基本上都是严禁的。至于这种禁令的实际效果如何，则属另一问题（详见本章Ⅳ）。但从明中期开始，这方面的禁令逐渐放松。仁宗、范守己的“士大夫官员特殊论”，正是这种放松的表现，是为朝廷政策法令前后不一致所设的托辞。

最后还应指出，从明代万历年间开始，耶稣会传教士接踵来华，将西方天文学引入中国天学事务，又得清初顺治、康熙诸帝信任，长

---

[18] 这是一个微妙的问题。仍以明朝事为例，程封《升庵遗事》：

> 武庙阅《文献通考·天文》，星名有“注张”，……顾问钦天监，亦不知为何星。内使下问翰林院，同馆相视愕然。慎曰：注张，柳星也。……因取《史记》《汉书》二条示内使以复。同馆戏曰：子言诚辩且博矣，不涉于私习天文之禁乎？

杨慎只引正史为证，似乎不算犯私习天文之禁。

期由耶稣会士领导钦天监，然而即便如此，仍未使天学在中国社会中的性质和地位发生根本改变。尽管有一个变化是颇为明显的，即天学不再是皇家的禁脔，[19]这可视为晚明潮流的继续，但在钦天监那里，天学的神圣性质与功能仍和前代无异。

至此，我们已对天学在古代中国之特殊地位做了六方面的观察，由此提出了一系列有待解答的问题。这些问题相互之间又是有着内在联系的。因此，对于古代中国天学的性质和功能，一个自洽的、较为全面的理论，或阐释系统，应该能够同时解答这一系列问题，并阐明这一系列问题相互之间的内在联系。

以下就是一个这样的尝试。

Ⅱ. 解答之上："昔之传天数者"——天学家溯源

欲探究天学在古代中国社会中何以会占据上节所述的特殊重要地位，较为可行的途径，是从了解古代司掌天学之人——天学家，最初究竟是何种人物来入手。史籍中能为此提供线索者见《史记》卷二七天官书：

> 昔之传天数者，高辛之前：重、黎；于唐、虞：羲和；有夏：昆吾；殷商：巫咸；周室：史佚、苌弘；于宋：子韦；郑则裨灶；在齐：甘公；楚：唐眛；赵：尹皋；魏：石申。

此为中国历史上第一份天学家名单，也是同类名单中最重要者。此后各史《天文志》及各种言天学之书，或有论及此事者，不过重述太史公之文，稍加增损而已。上述名单且追溯至上古时代，意义尤为重大。

---

[19] 江晓原：十七、十八世纪中国天文学的三个新特点，《自然辩证法通讯》10卷3期（1988）。

仔细观察，可以发现上述名单以巫咸为界，分为两部分：巫咸及其以上诸人，皆为上古传说中人物；巫咸以下诸人则大抵为先秦史籍中有确切记载可证，因而较为真实。太史公记载这一名单，大有深意。基于追根寻源的思路，以下分三步来详细考述此名单：先考述巫咸以下诸人，次专考巫咸其人，再次考述巫咸以上诸人。

考述之法，亦做新的尝试：不以考定事件、人物之真伪为己任，而是着眼于判明诸“传天数者”在历史上主要以何种面目呈现。[20]

甲　星占学家

史佚

《左传》提及史佚六次，依次列出如下：

> 且史佚有言曰：无始祸，无怙乱，无重怒。（僖十五年）
>
> 史佚有言曰：兄弟致美，救乏，贺善，吊灾，祭敬，丧哀，情虽不同，毋绝其爱亲之道也。（文十五年）
>
> 君子曰：史佚所谓毋怙乱者，谓是类也。（宣十二年）
>
> 史佚之《志》有之曰：非我族类，其心必异。（成四年）
>
> 史佚有言曰：非羁何忌？（昭元年）

《国语》提及史佚一次，见卷三周语下：

> 昔史佚有言曰：动莫若敬，居莫若俭，德莫若让，事莫若咨。

以上七则，同一模式，皆为援引史佚之政治格言。似乎无一语涉及“传天数”之事。但《史记》另载有史佚行事三则，先列如下：

[20] 为此，采用这样的做法：将有关重要古籍（如《左传》《国语》《史记》等）中对某人的所有记载全部列出加以考察、以避免现今不少史学著作中常见的对于史料“取我所需”“只知其一，不知其二”之弊。

（武王）命南宫括、史佚展九鼎保玉。（卷四周本纪）

史佚策祝，以告神讨纣之罪。（卷三二齐太公世家）

成王与叔虞戏，削桐叶为珪以与叔虞曰：以此封若。史佚因请择日立叔虞。成王曰：吾与之戏耳。史佚曰：天子无戏言。言则史书之，礼成之，乐歌之。于是遂封叔虞于唐。（卷三九晋世家）

史佚，《国语》韦昭注谓："周文、武时太史尹佚也。"太史之职与天学关系极密切，已见前述（本章Ⅰ戊）。司马迁列史佚于"传天数者"名单中，自然与这一因素有关。太史地位尊崇，殆类帝师，上举史佚政治格言，正与此种身份相符。或因史佚之政治格言特别有名，遂掩其旁的行事，而使其人特以格言名世。《史记》所载三事中，请封叔虞仍属政治格言类型；而"展九鼎保（宝）玉"及策祝告神两事，虽不属天学，却属与天学同一性质之事，其义至下文自见。

苌弘

《左传》共载苌弘八事，依次如下：

景王问于苌弘曰：今兹诸侯何实吉，何实凶？对曰：蔡凶。此蔡侯般弑其君之岁也。……岁及大梁，蔡复，楚凶。天之道也。（昭十一年）

苌弘谓刘子曰：客容猛，非祭也，其伐戎乎？……君其备之。（昭十七年）

春王二月乙卯，周毛得杀毛伯过而代之。苌弘曰：毛得必亡。是昆吾稔之日也。侈故之以，而毛得以济侈于王都，不亡何待？（昭十八年）

苌弘谓刘文公曰：……周之亡也，其三川震。今西王之大臣亦震，天弃之矣，东王必大克。（昭二十三年）

刘子谓苌弘曰：甘氏又往矣。对曰：何害，同德度义……君其务德，无患无人。（昭二十四年）

晋女叔宽曰：周苌弘、齐高张皆将不免。苌叔违天，高子违

人。天之所坏，不可支也；众之所为，不可奸也。（定元年）

卫侯使祝佗私于苌弘曰：闻诸道路，不知信否：若闻蔡将先卫，信乎？苌弘曰：信。蔡叔，康叔之兄也，先卫，不亦可乎？子鱼曰：以先王观之，则尚德也。……吾子欲复文、武之略，而不正其德，将如之何？苌弘悦，告刘子，与范献子谋之，乃长卫侯于盟。（定四年）

六月癸卯，周人杀苌弘。（哀三年）

以上八事中，昭十一年事显然为典型的星占学预言，无需多论。又因古代中国人之“天”常指整个大自然，故昭十八年预言毛得灭亡、昭二十三年据“三川震”而言胜负，都属“传天数”之事无疑。其余昭十七年、二十四年、定四年事，则皆为政治活动及建议。定元年、哀三年两则记载则涉及苌弘之死。

《史记》中除“传天数者”名单外，还有两处提及苌弘。一处见于卷二四乐书，记宾牟贾与孔子论乐，孔子自述“唯丘之闻诸苌弘，亦若吾子之言是也”；孔子适周而学乐于苌弘之事，亦见于《大戴礼记》中。另一处更为重要，见于卷二八封禅书：

是时苌弘以方事周灵王。诸侯莫朝周，周力少，苌弘乃明鬼神事，设射《狸首》。《狸首》者，诸侯之不来者，依物怪，欲以致诸侯。诸侯不从，而晋人执杀苌弘。周人之言方怪者自苌弘。

此处苌弘所施之“方”，为一种厌禳之术，即巫术也。由此苌弘又成为周人“言方怪者”之祖。后文将论及，“言方怪”实属与“传天数”同一性质。

又此处谓苌弘事周灵王。《史记》三家注中，裴骃《集解》引郑玄曰：“苌弘，周大夫。”张守节《正义》云：“苌弘，周灵王时大夫也。”但上引《左传》所载苌弘八事，皆在周景、敬两王时。此八事年代确切，情节分明，故苌弘为三朝老臣固然也有可能——据《左传》哀三年苌弘被杀上距灵王末年63年，但主要活动于周景、敬两王时似应无疑。此外，《左传》与《史记》对苌弘之死的记载也不相同。

关于苌弘的另一条重要记载见《淮南子 · 氾论训》：

> 昔者苌弘，周室之执数者也。天地之气，日月之行，风雨之变，律历之数，无所不通，然而不能自知，车裂而死。

据此则苌弘已是古代中国典型的天学家。

综上所述，苌弘其人精通星占、历法、乐律、厌禳诸学，在周王朝廷任大夫之职，并非专职天学官员，但却挟其学术积极参与政治活动，终因政治斗争而招致杀身之祸。其一生行事，与后世北魏崔浩极相类似。

此外，《汉书 · 艺文志》兵书略“兵阴阳”类中又列有“苌弘十五篇”。其书既已不存，班氏所见者是否后人伪托也不得而知。但“兵阴阳”也是与天学大有关系之事（参见本书第五章）。至于《庄子 · 外物》中苌弘“血化为碧”之说（《太平御览》卷八〇九引司马彪亦有此说），王嘉《拾遗记》卷三中苌弘“招致神异”等事，则已是神怪小说家言，此不具论。

子韦

关于子韦其人的行事，史籍中记载者颇多，但所记几全为同一件事，兹引其年代较早的一种，见《吕氏春秋》卷六制乐：

> 宋景公之时，荧惑在心，公惧，召子韦而问焉，曰：荧惑在心，何也？
>
> 子韦曰：荧惑者，天罚也；心者，宋之分野也。祸当于君。虽然，可移于宰相。
>
> 公曰：宰相，所与治国家也，而移死焉，不祥。
>
> 子韦曰：可移于民。
>
> 公曰：民死，寡人将谁为君乎？宁独死。

子韦曰：可移于岁。

公曰：岁害则民饥，民饥必死，为人君而杀其民以自活也，其谁以我为君乎？是寡人之命固尽已，子无复言矣。

子韦还走，北面载拜曰：臣敢贺君！天之处高而听卑，君有至德之言三，天必三赏君。今昔（夕）荧惑其徙三舍，君延年二十一岁。

公曰：子何以知之？

对曰：有三善言必有三赏，荧惑必三徙舍，舍行七星（宿），星一徙当七年，三七二十一，臣故曰君延年二十一岁矣。臣请伏于陛下以伺候之，荧惑不徙，臣请死。

公曰：可。

是夕，荧惑果徙三舍。

此事又见《淮南子·道应训》《论衡》卷四变虚篇，文字大同小异。从天文学常识而言，子韦故事的合理性颇成问题（比如火星一夕而“徙三舍”就断无可能），但子韦其人以典型星占学家面目出现于史籍中，则已无可疑。

值得注意，司马迁似乎对子韦故事十分重视。在《史记》中两次提及此事，且视之为真实之事。一次见卷十四“十二诸侯年表”，系于宋景公三十七年（480 B.C.），文曰：

荧惑守心，子韦曰“善”。

另一次见卷三八宋微子世家，文较简：

三十七年，楚惠王灭陈。荧惑守心。心，宋之分野也。景公忧之。司星子韦曰：可移于相。景公曰：相，吾之股肱。曰：可移于民。景公曰：君者待民。曰：可移于岁。景公曰：岁饥民困，吾谁为君！子韦曰：天高听卑。君有君人之言三，荧惑宜有动。于是候之，果徙三度。

司马迁自己是天学家，所以他将子韦故事改造得稍微合理一些——“徙三舍”变成“徙三度”，尽管火星一夜在天球上相对恒星背景移动三度仍不可能，但司马迁连“是夕”字样也删去了，如果数夕而移动三度，总算可以勉强讲得通。这些细节虽无多大意义，但太史公深信子韦故事之非妄言，则他心目中“传天数”究为何事，于此却可得一极明确的例证。[21]

此外，《汉书 · 艺文志》诸子略阴阳类共二十一家，其首家即《宋司星子韦》三篇。其书虽佚，其主旨尚可约略推知，班固阴阳类跋语云：

阴阳家者流，盖出于羲和之官敬顺昊天，历象日月星辰，今授民时，此其所长也。

是仍不外天学星占家者流。至于“羲和之官”、“敬授民时”等语，今人多有误解。前者可参见本节丙，后者将于本书第四章详论之。

裨灶

裨灶行事，集中见于《左传》，共六则：

裨灶曰：今兹周王及楚子皆将死。岁弃其次而旅于明年之次，以害鸟帑。（襄二十八年）

于是岁在降娄，降娄中而旦，裨灶指之曰：犹可终岁，岁不及此次也已。及其（伯有氏）亡也，岁在娵訾之口，其明年乃及降娄。（襄三十年）

夏四月，陈灾。郑裨灶曰：五年，陈将复封，封五十二年而

[21] 子韦的上述故事还可与一系列类似记载一起，揭示出另一层天学意义，将于本书第五章中述及。

遂亡。子产问其故，对曰：陈，水属也，火水妃也，而楚所相也。今火出而火陈，逐楚而建陈也。妃以五成，故曰五年。岁五及鹑火而后陈卒亡，楚克有之，天之道也，故曰五十二年。（昭九年）

春王正月，有星出于婺女。郑裨灶言于子产曰：七月戊子，晋君将死。今兹岁在颛顼之虚，姜氏任氏实守其地，居其维首，而有妖星焉，告邑姜也，邑姜，晋之妣也……（昭十年）

冬、有星孛于大辰。……郑裨灶言于子产曰：宋、卫、陈、郑将同日火。若我用瓘斝玉瓒，郑必不火。子产弗与。（昭十七年）

宋、卫、陈、郑皆火。……裨灶曰：不用吾言，郑又将火。郑人请用之，子产不可。……亦不复火。（昭十八年）

以上各事，都属典型的星占学预言。裨灶似乎特别熟悉木星运动，前四事皆据此立论。其立论之法，则或故神其说，或牵强附会。如襄三十年事，本不过预言伯有氏将在十一年后灭亡，但不直说，而是引入岁星运行、十二次等星占学专业概念以表达之。又如昭十年事，天象为女宿出现新星，欲预言晋君将死，似乎毫不相干，乃由二十八宿而十二次（玄枵之次跨女、虚、危三宿），由十二次而颛顼（《尔雅·释天》：玄枵，虚也，颛顼之墟也），由颛顼而姜氏任氏，由姜氏而邑姜，由邑姜而晋之先妣，终及于晋君。此种论证方式，以今人视之，殆类梦臆；然而古代天学家“传天数”、言天道之大学问，确实如此，在古人看来并非虚妄。

甘公·唐昧·尹皋·石申

前述史佚、苌弘、子韦、裨灶四人，年代较远，却仍有颇多事迹可考；而甘、唐、尹、石四人活动于战国时代，年代较近，可考事迹反而甚少，故合论于此。

《史记》“传天数者”名单提及甘公处，裴骃《集解》引徐广之言曰：

或曰甘公名德也，本是鲁人。

张守节《正义》则引《七录》云：

楚人，战国时作《天文星占》八卷。

《汉书·艺文志》数术略后跋语中亦有“六国时楚有甘公”之语。而司马迁名单则将甘公归于齐。或者也可解释为本是鲁人，而后仕于楚或齐。

甘公行事，尚可于《史记》中考见一则，见卷八九张耳陈余列传：

张耳败走，念诸侯无可归者……甘公曰：汉王之入关，五星聚东井；东井者秦分也，先至必霸。楚虽强，后必属汉。故耳走汉。

此处《集解》引文颖之言曰：“善说星者甘氏也。”从此事看，甘公正是最典型的星占学家。当时烽火连天，兵戈万里，秦失其鹿，四方共逐，在此逐鹿场上之二三流角色如张耳者，如何能够利用其有限资本（供其支配的军事力量、其本人的影响力、号召力等），看准时机，投机得当，自求多福，实在不是一个容易解答的课题。此等场合正是星占学家大显身手的用武之地。甘公以其老年的智慧，亲见六国之亡、暴秦之昙花一现的政治经验，为张耳指点了一条明路。张耳投奔汉王后，“汉王厚遇之”。司马迁在《史记·天官书》中所描述的战国时代情形：“争于攻取，兵革更起，城邑数屠，因以饥馑疾疫焦苦，臣主共忧患，其察机祥、候星气尤急”，在秦汉之际无疑又再现一次。甘公张耳之事正是这种情形的一个典型例证。

魏人石申，或作石申夫，行事未见记载。《史记》“传天数者”名单提及石申处，《正义》引《七录》云：

石申，魏人，战国时作《天文》八卷也。

甘、石齐名，汉人常并称之，如《史记·天官书》云：

> 故甘、石历五星法，唯独荧惑有反逆行；逆行所守，及它星逆行、日月薄蚀，皆以为占。

此处“历（厤）”字宜注意，作动词用，犹步也，描述推算也。描述推算五星运动正是古代历法中重要内容。甘、石已掌握一定水准的行星运动理论，其用途则仍在星占。又《汉书》卷二六天文志云：

> 古历五星之推，亡逆行者，至甘氏、石氏《经》，以荧惑、太白为有逆行。

其说与《史记》稍异。

关于甘、石著作，汉以后古籍常加称引。其可怪者，《汉书·艺文志》数术略下天文类、历谱类竟未著录任何甘、石著作。仅杂占类著录一种：“《甘德长柳占梦》二十卷。”以星占家而作占梦之书，在古时固属正常，已见前论。而自东汉以降，对甘、石著作的记载反而转多。许慎《说文解字》中出现《甘氏星经》之名；《后汉书》卷十二律历志中有《石氏星经》之称；梁阮孝绪《七录》谓甘公作《天文星占》八卷、石申作《天文》八卷；至《隋书》卷三四经籍志三乃称“梁有石氏、甘氏《天文占》各八卷”，又著录石氏《浑天图》《石氏星经簿谶》《甘氏四七法》等书;后两书《旧唐书》卷四七经籍志下亦著录，题“石申甫撰”及“甘德撰”。

甘、石星占著作目前可能尚有部分内容留存，主要见于唐瞿昙悉达所编《开元占经》，其中有甘氏、石氏、巫咸氏三家大量星占占辞及恒星表。又有唐萨守真《天地祥瑞志》、唐李风《天文要录》残抄本，现皆藏于日本，其中亦有甘、石、巫咸三家星占遗文。三氏星占之书一同留存，并非偶然，此事与西晋初太史令陈卓的工作有渊源，《晋书》卷十一天文志上云：

> 后武帝时，太史令陈卓总甘、石、巫咸三家所著星图……以为定纪。

此外另有《甘石星经》一种，见于《说郛》《汉魏丛书》《道藏》等丛书中，题“汉甘公、石申著”，殆后人伪托无疑。

关于甘、石遗书之真伪及成书年代，中外学者竞相考证，言人人殊。[22] 此处但明其书皆为星占学专著即可。唯有一事值得稍加申论：学者多从甘、石遗书之年代（据其中恒星位置以岁差原理推得，但仍多歧见）以推论甘、石其人之生活年代，而遗书年代又难以确认，遂每言甘公为“战国时代人”，时间跨度长达几世纪之久。其实由上引《史记》中甘公为张耳作星占预言事，已可确定甘公生当战国末年，至楚汉相争时仍有活动。此与甘氏遗书中星表年代较此更早也不矛盾，因星经之占辞、星表之数据，自然皆可承自前代。

唐昧、尹皋二人，未见事迹记载。推而论之，当不外甘、石之同类人物。[23]

以上八人，为《史记》“昔之传天数者”名单后半部分。由考论结果可见，此八人或为著名专业星占学家，如子韦为宋景公之“司星”，甘、石以星占学名世；或为精擅星占学之政治要人，如裨灶为郑国大夫，而《左传》载其行事六则，无一不是星占预言之事，又如苌弘亦为大夫，不仅精通星占，更及于厌禳方怪之术；亦有专业天学官员，如史佚为太史，却以政治格言名世。由此可知，古时“传天数者”并不限于专职天学官员，只要身为朝廷官员而又精于星占之学，皆有可能负担“传天数”、言天道之职责。

---

[22] 较新出的综述可见潘鼐：《中国恒星观测史》，学林出版社（1989），第二章。

[23]《史记·天官书》云：“而皋、唐、甘、石因时务论其书传，故其占验凌杂米盐。”可证。

又此八人之中，唯甘、石二人可能尚有著作残编流传至今。[24]关于甘、石星占著作在古代中国天学中的地位，可参见《晋书》卷十一天文志上所论，在复述了《史记》“传天数者”名单后云：

> 其巫咸、甘、石之说，后代所宗。

考之古代星占学文献，保存于《开元占经》等古籍中归于甘、石、巫咸三氏名下者，确属主流、正统作品。

还有一事值得注意，《汉书·艺文志》数术略末总跋语前已引述（见本章Ⅰ丁），班固明确指出：

> 数术者，皆明堂羲和史卜之职也。

他眼界又高，感叹后世“其书既不能具，虽有其书而无其人”，勉强许其“庶得粗略”之“其人”如下：

> 春秋时鲁有梓慎，郑有裨灶，晋有卜偃，宋有子韦。六国时楚有甘公，魏有石申夫。汉有唐都。

将此七人与《史记》“传天数者”名单后半部相比，大体相似。只是去掉了我们在上面考述中找不到行事记载的唐眛、尹皋，以及年代不在班固所论范围内的史佚、苌弘；增入的梓慎、卜偃二人，在《左传》等书中也有事迹可考，纯是裨灶、子韦的同类人物，唐都为汉人。两份名单的巧合，背后大有深意。这至少告诉我们，在古代，星占学家同时也是数术专家，在上述苌弘事迹中，已可看到明显例证。而这又可统归于天学之下——“明堂羲和史卜之职也”。至于为何会如此，天

---

[24] 李凤《天文要录》残抄本中除甘、石、巫咸三家星官外，另有黄帝、陈卓、苌弘三家，其中归于苌弘者为 12 官 53 星。但李书既晚出（成书于 664 A.D.），苌弘年代又较甘、石更早，则其与巫咸、黄帝类似，为托引无疑。

学在古代中国文化中的精义究竟何在，明堂与羲和的真正性质又如何，对于这一系列问题，必须沿着《史记》“传天数者”名单继续上溯，才有可能获得解答。

乙　巫咸与巫觋

司马迁“昔之传天数者”名单以巫咸为界，分为前后两部分，巫咸的地位，至为关键。而且巫咸其人，就其存在言之，在传说与可信之间；就其性质言之，在具体人物与抽象概念之间。迷雾重重，却又为理解古代中国天学真原所必不可少。因此单独加以详细考释与分析。

巫咸为何被置于“传天数者”之列？一个最浮面的解释，似乎就是将巫咸与《开元占经》《天文要录》《天地祥瑞志》等书中归于他名下的恒星及星占系统联系在一起。然而这样的解释完全无法成立。在《史记》名单中，巫咸被列为“殷商”时代——这是古籍内所有关于巫咸记载中年代最晚的一说，但现代学者以传世“巫咸星表”推算其年代，乃更远在殷商之后。[25] 归于某人名下的恒星表年代较其人活动年代更早，是正常的，因星表可承自前代；而归于某人名下的恒星表年代较其人更晚，则是不可能的，因为在发现岁差现象之前，[26] 古人无法预知千百年后的恒星坐标。因此欲明巫咸之谜，必须另觅考察途径。

古籍中关于巫咸的记载甚多，归纳起来，大体可分为两个系统，依次论之如下：

系统 A

系统 A 的神话色彩较浓。然而，其说虽似荒诞不经，单独一二则，颇难信据，但合而观之，却透出许多重要信息。仿前之法，先录九条

[25]《中国恒星观测史》，116—117 页。

[26] 希腊人发现岁差在公元前二世纪（Hipparchus），中国人发现岁差在公元四世纪（虞喜）。

记载如次：

> 昔黄神与炎神争斗涿鹿之野，将战，筮于巫咸。巫咸曰：果哉而有咎。(《太平御览》卷七九引《归藏》)
>
> 巫咸，尧臣也，以鸿术为帝尧之医。(《太平御览》卷七二一引《世本》)
>
> 昔殷帝太戊使巫咸祷于山河。(《太平御览》卷七九〇引《外国图》)
>
> 巫咸作筮。(《世本·作篇》)
>
> 巫咸作铜鼓。(《世本·作篇》)
>
> 神农使巫咸主筮。(《路史》后纪三)
>
> 巫咸，古神巫也，当殷中宗之世。(《楚辞·离骚》王逸注)
>
> 巫咸国在女丑北，右手操青蛇，左手操赤蛇。在登葆山，群巫所从上下也。(《山海经·海外西经》)
>
> 有灵山，巫咸、巫即，巫朌、巫彭、巫姑、巫真、巫礼、巫抵、巫谢、巫罗十巫，从此升降。百药爰在。(《山海经·大荒西经》)

综合以上各条，至少可明了两点：

一、巫咸之身份。为人筮吉凶、以“鸿术”为帝医、“祷于山河”，此三种行事，全属上古时巫觋之本职工作。“作筮”则将巫咸视为筮法之创立者。“作铜鼓”也可归入“祷于山河”一类，甚至与医也有某种关系。[27] 故王逸径指巫咸为“古神巫也”，信乎不谬。

二、巫咸之时代。各条中言及年代者五条，却有四种不同说法：黄帝时、神农时、帝尧时、殷中宗（即帝太戊，又作大戊）时。可以设

---

[27] 铜鼓在古代记载中常与祀神相联系。如唐许浑《送客南归有怀》有句云：“瓦樽留海客，铜鼓赛江神。”又宋方信儒《南海百咏》有云：“石鼓嵯峨尚有文，旧题铜鼓更无人，宝钗寂寞蛮花老，空和楚歌迎送神。”等。《宋史·蛮夷传》则有贵州少数民族有病不求医，“但击铜鼓沙锣以祀神鬼”的记载。

想，巫咸作为一个传说中人物，其年代已无法确定。故《世本》宋衷注直谓“巫咸不知何时人”。

由此看来，将巫咸视为一个近于虚构的概念化人物，即“古神巫”之代表或化身，似乎最为合理。这可在《山海经》上引两条记载中获得支持：所谓“巫咸国”“十巫”等，大可视为上古巫觋阶层之缩影。而十巫之首，正是巫咸，可见他（她？《国语》卷十八楚语下：在男曰觋，在女曰巫）确被视为神巫的代表。

系统 B

系统 B 的神话色彩较少，但从中推得的结论却可以与系统 A 相呼应。系统 B 可据《史记》中记载为主线加以论述。《史记》中除“传天数者”名单外，另有三处记载巫咸之事。卷三殷本纪云：

> 帝太戊立伊陟为相。亳有祥桑谷共生于朝，一暮大拱，帝太戊惧，问伊陟。伊陟曰：臣闻妖不胜德，帝之政其有阙与？帝其修德！太戊从之，而祥桑枯死而去。伊陟赞言于巫咸。巫咸治王家有成，作《咸艾》，作《太戊》。

前面一段所述太戊“修德”胜妖的故事与巫咸有何关系，不易判断，但前人多将此事与巫咸一起论述。至于“巫咸治王家有成”，看来是古代广泛流行的故事。《史记》卷三四燕召公世家云：

> 成王既幼，周公摄政，当国践祚，召公疑之……周公乃称：汤时有伊尹，假于皇天；在太戊时，则有若伊陟、臣扈，假于上帝，巫咸治王家；在祖乙时，则有……于是召公乃悦。

这里巫咸是作为古时辅国贤臣的典范之一被周公称引的。此事又见《尚书·君奭》：

> 在太戊时则有若伊陟、臣扈格于上帝，巫咸乂王家。

相传《君奭》正是周公为释召公之疑，为自己不得已摄政进行辩护而作的。

巫咸“治王家有成”，究竟表现在何处？此可参见《尚书·咸有一德》：

> 伊陟相大戊，亳有祥桑谷共生于朝，伊陟赞于巫咸，作《咸乂》四篇。

看来伊陟劝太戊“修德”胜妖之事确实与巫咸有关，实际情况可能是：巫咸向伊陟提供了对“桑谷共生于朝”现象的数术阐释（裴骃《史记集解》引孔安国云：祥，妖怪也），这本是他作为王室巫觋的职责所在。

特别值得注意的是《史记》第三处对巫咸之事的记载，卷二八封禅书在复述了太戊修德以消祥桑的故事之后有云：

> 伊陟赞巫咸，巫咸之兴自此始。

对此司马贞《索隐》云：

> 案《尚书》，巫咸殷臣名，伊陟赞告巫咸。今此云：“巫咸之兴自此始”，则以巫咸为巫觋。然《楚辞》亦以巫咸主神。盖太史公以巫咸是殷臣，以巫接神事，太戊使禳桑谷之灾，所以伊陟赞巫咸，故云巫咸之兴自此始也。

司马贞已认识到如果将巫咸看成一个具体的历史人物，则“巫咸之兴自此始”这句话就难以讲通，只有将巫咸理解成巫觋的共名，问题才能解决。然而他又去不掉巫咸为殷臣的成见，结果曲为之说，难以自圆。

近人丁山支持巫咸为巫觋共名之说，并谓甲骨文中的“咸”或

“巫戊”都是指巫咸，他引六条卜辞为证，兹转录其五条如下：[28]

> 癸亥卜，贞，王宜咸，亾尤。
>
> 庚子卜，贞，㞢于咸，七月。
>
> 丁丑卜，今来乙酉，㞢于咸，五宰。七月。
>
> 辛未，五令弱伐，元，咸戊。
>
> 贞，㞢于咸戊。

他又引《庄子·应帝王》“郑有神巫曰季咸”、《离骚》“巫咸将夕降兮”、秦惠王《诅楚文》“皇天上帝及丕显大神巫咸”等语为证，推论：

> 戊为庙号，则咸亦官名，或神名，盖与周官“司巫”同其性质，故太史公不以巫咸为人名，而以为巫觋之共名。……是甲骨文所见“巫帝”，当是巫咸死则配天之名，也即是巫觋们所供养的祖师大神。[29]

其说甚为有理。

将巫咸理解为巫觋之共名，与前面由系统A推出的将巫咸理解为古神巫代表或化身的结论，正相一致。由此又可合理解释系统A中对巫咸年代有四种异说的问题：黄帝时也好，神农时也好，帝尧时也好，殷中宗时也好，何代没有巫觋？

合A、B两系统而观之，或可做出如下推论：在殷帝太戊时，有一巫名咸者，极为著名，于是巫咸一名成为上古巫觋之化身或代表，亦即成为巫觋之共名。其情形恰与后世言医术则曰黄帝岐伯，称名医则曰扁鹊华佗，极相类似。

星占学家列为“传天数者”，尚不难理解，巫觋何以也在“传天数

---

[28] 丁山：《中国古代宗教与神话考》，上海文艺出版社（1988），186页。

[29]《中国古代宗教与神话考》，186页。

者”之列？这一疑问，正可将问题引向深处。沿着“传天数者”名单继续上溯，就会逐渐明朗。

丙 巫觋与通天

前引《山海经》中关于巫咸的两段记载，其意义远不止说明巫咸为巫这一点。特别重要的是，这两段记载触及了上古中国文化中极其重大的观念——通天。本书第二章 I 中曾谈到古代中国关于天地间物质通道的记载，登葆山、灵山之类，即上古神话传说中的“天梯”，而所谓“群巫所从上下”，所谓“十巫从此升降”，正是指巫觋进行天地之间的沟通。袁珂释“十巫从此升降”云：

> 即从此上下于天，宣神旨、达民情之意。灵山，盖山中天梯也。诸巫所操之主业，实巫而非医也。[30]

又释开明之东六巫神话云：

> 此经（《山海经 · 海内西经》）诸巫神话要无非灵山诸巫神话之异闻也。故郭璞注以为“皆神医也”；然细按之，毋宁曰皆神巫也。此诸巫无非神之臂佐，其职任为上下于天、宣达神旨人情，至于采药疗死，特其余技耳。[31]

其说确具真知灼见。上古巫医同源，群巫升降之所既“百药爰在”，则巫咸以“鸿术”而为帝医，自不过其余事而已。

至此已不难明白，通天之人为谁——以巫咸为代表之上古巫觋也。据此以考察“昔之传天数者”名单之前半部分，则其中未发之覆，遂

---

[30] 袁珂：《山海经校注》，上海古籍出版社（1980），397 页。

[31]《山海经校注》，302 页。

能次第显现而真相大白。

重·黎

古籍中关于重、黎的记载甚多，与子韦的情形相仿，所记大体为同一事。兹择其中性质、风格相互间相去甚远之三种古籍所载，录之如下：

> 皇帝哀矜庶戮之不辜，报虐以威，遏绝苗民，无世在下，乃命重、黎，绝地天通，罔有降格。(《尚书·吕刑》)
>
> 大荒之中，有山名日月山，天枢也。吴姖天门，日月所入。……颛顼生老童，老童生重及黎，帝令重献上天，令黎邛下地，下地是生噎，处于西极，以行日月星辰之行次。(《山海经·大荒西经》)
>
> 及少皞之衰也，九黎乱德，民神杂糅，不可方物。夫人作享，家为巫史，无有要质。民匮于祀，而不知其福。烝享无度，民神同位。民渎齐盟，无有严威。神狎民则，不蠲其为。嘉生不降，无物以享。祸灾荐臻，莫尽其气。颛顼受之，乃命南正重司天以属神，命火正黎司地以属民，使复旧常，无相侵渎，是谓绝地天通。其后，三苗复九黎之德，尧复育重，黎之后，不忘旧者，使复典之。以至于夏商，故重、黎氏世叙天地，而别其分主者也。……宠神其祖，以取威于民曰：重实上天，黎实下地。(《国语》卷十八楚语下)

三书所载，皆为重、黎“绝地天通”一事，而以《国语》最详。类似《国语》中的记载，又先后见于《史记》卷二六历书、卷一三〇太史公自序等处。所谓“绝地天通”，即重、黎受命断绝天地间的通道。《国语》“少皞之衰也”以下长段描述，为上古时代巫术盛行、人神交通之场景。天为神所居，地为人所处，交通人神与沟通天地，实一义也。故曰重“司天以属神”而黎“司地以属民”也。所谓“夫人作享，家为巫史”，指交通天地人神之巫术普遍流行，大有世俗化趋势，故帝颛顼采取断然措施，将实施此种巫术之权垄断起来。所谓“重献上天”“黎邛下地”，献训为举，邛训为抑，压也，[32]举上天，压下地，正是“绝地天通”之举的形象描述。

关于“绝地天通”之举的真实意义，后人多不能明了，至今人杨向奎始揭其秘：

> 那就是说，人向天有什么请求向黎去说，黎再通过重向天请求。这样，是巫的职责专业化，此后平民再不能直接和上帝交通，王也不兼神的职务了。……国王们断绝了天人的交通，垄断了交通上帝的大权。[33]

其说至为精当。这段上古社会演变史，虽以近似神话之面目呈现，但当时实况，即使稍有变形，或当大致与杨氏所述相去不远。

对于重、黎的家族、身世、他们在什么时代，究竟居什么官，乃至重、黎究竟是两人还是一人，古人有过大量争论。[34]这些争论在今日看来，大部分已成胶柱鼓瑟之说，意义不大，但毕竟也是事出有因的，比如《史记》卷四十楚世家云：

> 楚之先祖出自帝颛顼高阳。……高阳生称，称生卷章，卷章生重黎。重黎为帝喾高辛居火正，甚有功，能光融天下，帝喾命曰祝融。共工氏作乱，帝喾使重黎诛之而不尽，帝乃以庚寅日诛重黎，而以其弟吴回为重黎后，复居火正，为祝融。

这就与司马迁自己在《史记》卷二六历书中的记载明显不一致了；与前引《国语》上的记载，细节上也不能吻合。对于本书的论题而言，这

---

[32]《山海经校注》，403—404 页。

[33] 杨向奎：《中国古代社会与古代思想研究》上册，上海人民出版社（1962），164 页。

[34] 近人汪荣宝撰《法言义疏》，在《重黎》篇之首，搜录这些争论极为浩博，见《法言义疏》下册，中华书局（1987），309—317 页。

类争论中的细节远不如“出现争论”这一事实本身那么重要。这使人联想到前述关于巫咸是人名还是官名、是具体人物还是抽象的“共名”之争。如果巫咸可以视之为上古通天神巫的抽象化身，则重、黎当可理解为一个巫觋家族，[35] 他们是古代专业化通天巫觋的始祖或首席代表。《国语》云“重、黎氏世叙天地”，《史记》云“以其弟吴回为重黎后”，正是此意。至于一人两人、是官是名等争论，在此并不重要。

羲和

关于羲和，古有一人、二人（羲、和）、两氏四人（羲仲、羲叔、和仲、和叔，出《尚书·尧典》，已见本章Ⅰ乙所引）等说，因无关此处讨论主题，以下不对此多加区分。古籍中言及羲和处甚多，兹仍先列举有关其身份行事之记载如次：

> 乃命羲和，钦若昊天，历象日月星辰，敬授人时。（《尚书·尧典》）
>
> 重、黎之后，羲氏、和氏世掌天地四时之官。（同上孔安国传）
>
> 重即羲，黎即和，尧命羲、和世掌天地四时之官，使人神不扰，各得其序，是谓绝地天通。言天神无有降地，地祇不至于天，明不相干。（《尚书·吕刑》孔安国传）
>
> 绍育重、黎之后，使复典天地之官，羲氏、和氏是也。（《国语》卷十八楚语下韦昭注）
>
> 有羲和之国，有女子名曰羲和，方浴日于甘渊。羲和者，帝俊之妻，生十日。（《山海经·大荒南经》）
>
> 羲和，盖天地始生，主日月者也。故《启筮》曰：空桑之苍苍，八极之既张，乃有夫羲和，是主日月，职出入，以为晦明。（同上郭璞注）
>
> 颛顼受之，乃命南正重司天以属神，命火正黎司地以属民，

[35] 司马迁在《史记》卷一三〇太史公自序中认为重、黎是司马氏的祖先，《汉书》卷六二司马迁传也采用此说。

使复旧常，无相侵渎。其后三苗服九黎之德，故二官咸废所职，而闰余乖次，孟陬殄灭，摄提无纪，历数失序。尧复遂重黎之后，不忘旧者，使复典之，而立羲和之官。明时正度，则阴阳调，风雨节，茂气至，民无夭疫。(《史记》卷二十六历书)

或问：南正重司天，北正黎司地，今何僚也？曰：近羲，近和。孰重？孰黎？曰：羲近重，和近黎。(《法言·重黎》)

重、黎之为专业通书巫觋既如前述，则由上列各条可知，羲和作为其后任（甚至可能是后裔），其身份与重、黎相同，已无疑义。所谓“掌天地四时之官”“典天地之官”，与“绝地天通”为同一事，即为帝王专司沟通天地人神之职也。羲和为通天巫觋既明，则《山海经》中之羲和神话亦有义理可言：既是“在男曰觋，在女曰巫”，则羲和身为女子，于理亦无不可。帝俊与此有通天彻地之能的女巫结婚，正可视为上古王巫结合之遗迹。而生十日、浴日乃至“主日月”之类，亦不外“掌天地四时”之象征也。

明确羲和与重、黎身份完全相同之后，再转而重温《尚书·尧典》中“乃命羲和，钦若昊天，历象日月星辰”等语，方可获得更深刻的理解。其语表面上虽颇有“科学”色彩，好像是谈历法问题，其实仍是指通天事务。关于历法在古代中国文化中的性质与功能，留待本书第四章详论，此处仅从关于羲和职掌的记载出发略做考察分析，亦可稍明其理。《汉书·艺文志》中两次言及此事：

阴阳家者流，盖出于羲和之官，敬顺昊天，历象日月星辰，敬授民时。

数术者，皆明堂羲和史卜之职也。

是羲和所掌之事在班固眼中为何，已判然可知矣。所谓“历象日月星辰，敬授民时”，大抵即古人“选择”之学，即见于清人集前此之大成、卷帙浩繁之《钦定协纪辨方书》中的种种学问（详下文第四章）。

而今人每将此誉为“数理天文学”等，未免大违古人本意。更有甚者，许多现代论者因昧于古代“天文”、历法之性质，遂将羲和（若果有其人的话）与现代天文学家等量齐观，羲和竟以“古代天文学家”为世人所知。而由上述考察可知，这类观念皆与历史事实相去甚远。

丁山对于羲和之事曾有大胆的推测阐释：

> 《尧典》“乃命羲和，钦若昊天，历象日月星辰，敬授民时”那几段测天观象故事，也该是耶和华上帝创造宇宙神话的变相；所谓“尧天舜日”，也只是儒者所信仰的创造宇宙大神。……《尧典》所传羲仲、羲叔、和仲、和叔，以宇宙论观之，仍然是如《山海经》所谓日母、月母；以时令言之，应与句芒、祝融、蓐收、玄冥相似，也可视为四季之神。[36]

其说未必完全妥当，但就对上古神话之精神上的理解、把握而言，也不无可取之处。

又长沙子弹库楚帛书乙篇有云：

> 曰女娲，是生子四□，是襄天践，是格参化。……襄晷天步。……未有日月，四神相隔，乃步以为岁，是惟四时。[37]

细玩其文，似颇能参证上引丁山之说。李零论之云：

> 伏羲和女娲所生四子，在帛书中，这四子是主要角色。他们是四位从远古一直到夏、商，世代相袭、掌守天地之职的神官，被称为“四神”。……从各方面看，他们显然应当就是古书中的重、黎或羲、和四子。重、黎或羲、和四子是巫史之祖，古人说“数

---

[36]《中国古代宗教与神话考》，79—80页。

[37] 释文据：《长沙子弹库战国楚帛书研究》，64页。

> 术家”是出于“羲、和史卜之职”，他们在帛书中有这样重要的地位，与帛书出于数术家之手是分不开的。[38]

推测“四神”即重、黎家族或羲和（采两氏四人之说）家族，虽缺乏进一步的证据，但也颇近于理。

昆吾

昆吾其人的身份行事不易考定，《左传》共提到昆吾三次，列出如下：

> 王曰：昔我皇祖伯父昆吾。（昭十二年）
>
> 苌弘曰：毛得必亡，是昆吾稔之日也。（昭十八年）
>
> 卫侯梦于北宫见人登昆吾之观，被发北面而譟曰：登此昆吾之虚，绵绵生之瓜……（哀十七年）

苌弘预言毛得必亡，有“是昆吾稔之日也”之语，稔训为“恶贯满盈”，似乎昆吾未得善终（苌弘自己也是如此）。又《山海经·大荒西经》云：

> 有三泽水，名曰三淖，昆吾之所食也。

由上引各条，无法判定昆吾为何等人物。唯一稍能见出头绪者见《史记》卷四十楚世家：

> 帝乃以庚寅日诛重黎，而以其弟吴回为重黎后……吴回生陆终，陆终生子六人，坼剖而产焉。其长一曰昆吾……六曰季连，芈姓，楚其后也。昆吾氏，夏之时尝为侯伯，桀之时汤灭之。

[38]《长沙子弹库战国楚帛书研究》，32 页。

楚国王室的始祖是昆吾之弟，所以楚灵王称昆吾为“我皇祖伯父”，而昆吾又是重、黎的后裔。由于重、黎氏是“世叙天地”的世袭专业通天巫觋，昆吾既为其后裔，则很可能也“克绍箕裘”，这或许是司马迁将昆吾列入“昔之传天数者”名单的原因。又，司马迁既认为重、黎是司马氏的祖先，则昆吾也是司马氏的祖先了，而司马迁父子对于自己祖先“传天数”的功业极其珍视，《史记》卷一三〇太史公自序云：

> 太史公执迁手而泣曰：余先周室之太史也。自上世尝显功名于虞夏，典天官事。后世中衰，绝于予乎？汝复为太史，则续吾祖矣。今天子接千岁之统，封泰山，而余不得从行，是命也夫！命也夫！

封禅泰山，本是帝王通天的盛举，司马谈身为太史，竟未能躬逢其盛，更未能行其“典天官事”之职责，难怪他要痛心疾首了。这或许也是司马迁不忘将远祖昆吾叙入“传天数者”行列的原因之一。

再进而论之，由昆吾的世系不难推知，楚国王室的先祖可以追溯到重、黎——上古专职通天巫觋的首选家族，这倒是上古王巫不分、王巫合一的例证了。再推论下去，楚国巫风特盛，看来也是渊源于此。

由上甲、乙、丙三小节，已将《史记》“昔之传天数者”名单自后半部至前半部逐一考论完毕。考论结果，可简单归纳为：

名单前半部分为上古时代专司交通天地人神之巫觋。

名单后半部分为春秋战国时代之著名星占学家。

名单大致是按人物年代先后排列的。

关于名单中人物的身份行事，如前面所声明的那样，并无意于计较其是否为真人真事，而是着眼于判明诸人物在历史上以何种面目呈现出来。其面目既已如上述，则所谓“传天数者”名单之意蕴，也可得而言：

十余人既列入同一名单，则诸人必有某种共同之处；此共同之处为何？可一言以蔽之曰：通天。传天数者，即专司通天事务之人物。在此名单中，历史演进之迹也判然可见——古代的星占学家，正是由上古通天巫觋演变而来。这一演变，显然伴随着一个分工日益明细的过程，对此后面还将见到更多的证据。但到此为止，已可毫不勉强地指出：古代天文星占之学，即属上古通天之术，太史观星测候，不啻巫觋登坛作法。

Ⅲ．解答之中：灵台、明堂与通天事务

古代中国天学家（或即星占—历法学家）系从上古时专职巫觋演变而来，而这些巫觋之首要职责为沟通天地人神，由此不能不忆及前述《山海经》中十巫从“灵山”上下于天地之间的记载（本章Ⅱ乙）。群巫交通天地之处为“灵山”，而后世天学家观星测候之处恰被称为“灵台”，两名相合，绝非偶然。

灵本作“靈”，其下赫然有“巫”字，此与“筮”下之“巫”、医（醫，亦作“毉”）下之“巫”，都表明其事与巫有关。然而灵之与巫，关系尤为密切，《说文》一上云：“灵，巫，以玉事神。”《楚辞·九歌·东皇太一》有“灵偃蹇兮姣服”句，王逸注：“巫也”；又《云中君》有“灵连蜷兮既留”句，王逸注尤能说明问题：

> 楚人名巫为“灵子”。

是灵、巫简直可视为一物。袁珂注灵山十巫升降故事时推测说“灵山，疑即巫山”，[39] 极而言之，若将古之灵台称为“巫台”，实质上也无不可。因灵台本是巫觋作法通天之坛场，而非现代意义上科学家探索自然之机构。

今人常将灵台目为现代天文台的前身，如仅就其上有人观天这一

---

[39]《山海经校注》，396 页。

点而言，似乎也不能算错，但两者截然不同之根本性质，却因此而完全混淆起来。况且古时其上有人观天之处尚多，如城楼、山岗、屋脊等，若仿此推论，难道这些处所都可视为天文台的前身？关于灵台的性质及其用途，古人本已言之甚明，比如：

> 天子有灵台者，所以观祲象、察气之妖祥也。（《诗·大雅·灵台》小序郑笺）
>
> 灵台，观台也，主观云物、察符瑞、候灾变也。（《晋书》卷十一天文志上）
>
> 占云物、望气祥，谓之灵台。（《诗·大雅·灵台》小序孔疏引颖子容《春秋释例》[40]）
>
> 乃经灵台，灵台既崇。帝勤时登，爰考休征。三光宣精，五行布序。习习祥风，祁祁甘雨。百谷溱溱，庶卉蕃芜。屡惟丰年，于皇乐胥。（《后汉书》卷七十下班固传载班固《灵台诗》）

无不表明灵台为进行星占学活动之所。

灵台又被称为观星台、司天台等，为皇家天学机构之表征。在古代传说中，虽尚有清台、神台等名，但以灵台之名最为正统、常用。东汉张衡作有《灵宪》一书，本为典型的星占学著作，论者常谓不得其命名之义。其实，灵者，灵台也；宪者，宪则、法则也，故《灵宪》者，犹如《星占纲要》或《天文要论》也。由其书现存内容来看，正是如此。[41]

---

[40] 颖子容《春秋释例》，颖子容为颖容之误。《后汉书》卷一〇九颖容传：“颖容字子严，陈国长平人也。博学多通，善《春秋左氏》。……著《春秋左氏条例》五万余言。”《春秋左氏条例》即《春秋释例》。《隋书》卷三二经籍志一有《春秋释例》十卷，题“汉公车征士颖容撰”。

[41]《灵宪》之文，都仅指《后汉书》卷二十天文志上刘昭注文中所引的一段。吕子方曾提出该段只是《灵宪》一书中的片段之说，见吕子方：《中国科学技术史论文集》上册，四川人民出版社（1983），273—295页。其说证据尚不充分，但只要将现存《灵宪》之文与其他星占学著作相比较，前者只是一部书的开头部分，十分明显。

在古代，灵台又经常与明堂联系在一起。先举《后汉书》中所载东汉诸帝祭祀活动若干条为例：

> 是岁（中元元年）初起明堂、灵台、辟雍及北郊兆域，宣布图谶于天下。（卷一光武帝纪下）
>
> （永平）二年春正月辛未，宗祀光武皇帝于明堂。帝及公卿列侯始服冠冕衣裳玉佩绚屦以行事。礼毕，登灵台，使尚书令持节诏骠骑将军三公曰：今令月吉日，宗祀光武皇帝于明堂以配五帝，礼备法物，乐和八音，咏祉福，舞功德，其班时令，勑群后，事毕，升灵台，望元气，吹时时律，观物变。（卷二明帝纪）
>
> （建初）三年春正月己酉，宗祀明堂，礼毕，登灵台，望云物，大赦天下。（卷三章帝纪）
>
> （永元）五年春正月乙亥，宗祀五帝于明堂，遂登灵台，望云物，大赦天下。（卷四和帝纪）

东汉诸帝将明堂与灵台建于一处，并且每祀明堂后必登灵台，实与当时的流行观念相一致。汉儒普遍认为明堂与灵台有密切关系，其争论只在于两者为同一建筑物与否。兹引主张为同一建筑物之说两则为例：

> 明堂即太庙也。天子太庙，上可以望气，故谓之灵台；中可以序昭穆，故谓之太庙；圆之以水，似辟，故谓之辟雍。古法皆同一处，近世殊异，分为三耳。（《诗·大雅·灵台》小序孔疏引卢植《礼记注》）
>
> 太庙有八名，其体一也。……告朔行政，谓之明堂；……占云物、望气祥，谓之灵台。（同上引颖容《春秋释例》）

由上引东汉诸帝祭祀记载可知，汉儒之说已被官方采纳实施（取明堂与灵台为两建筑物之说）。此是否为“古法”固难论定，但至少在汉代，灵台与明堂被认为有密切关系甚至即同一建筑物，却是事实无疑。

至于李约瑟引苏熙洵（W.E.Soothill）之说，谓“灵台从一开始便是明堂中必不可少的一部分”，[42]则未免稍失武断。[43]

关于明堂，古籍中论述甚多，但绝大部分论述都集中于明堂的建筑形制、尺寸规模等方面，并热衷于将各种有关数据以数字神秘主义的方式加以附会。而对于明堂的基本性质，则很少论及，有之，或当以《白虎通》所论较为重要，而且完整。《白虎通》为东汉朝廷钦定之儒学标准“教义问答”，其卷二下辟雍云：

> 天子立明堂者，所以通神灵，感天地，正四时，出教化，宗有德，重有道，显有能，褒有行者也。

据其说，则立明堂之目的，首在通天，次在为政。此两者密不可分，下文就将看到，通天实为为政之本（本章Ⅳ）。其他关于明堂性质的说法，如《逸周书》卷六明堂解（此篇为后人据《太平御览》卷五三三引《周书·明堂》而补入者）所谓“明堂，明诸侯之尊卑也”（《礼记·明堂位》亦有同样说法）、前引颖容《春秋释例》所谓“告朔行政，谓之明堂”等，也应从通天与为政的关系去理解，方可得其真义。[44]

丁山曾指出明堂之说颇晚出，虽有远至神农时的明堂传说，“实则明堂一词，不见《诗》《书》，也不见两周金文，但见于晚周诸子及儒家的传说”。[45]果如其说，则明堂之见于古籍记载，晚于灵台。灵台本

[42]《中国科学技术史》第四卷，44页。

[43] 东汉灵台遗址已被发掘，见中国社会科学院考古研究所洛阳工作队：汉魏洛阳城南郊的灵台遗址，《考古》1978年第1期。证明东汉之灵台与明堂确为两幢建筑物，但属同一组，即张衡《东京赋》所云明堂“左制辟雍，右立灵台”。王世仁的研究又认为：东汉之灵台是与明堂相似的建筑物，见王世仁：明堂形制初探，《中国文化》研究集刊第4号，复旦大学出版社（1987）。

[44]《隋书》卷六八宇文恺传引《黄图》云明堂有“通天台”，又引《礼图》云“于内室之上起通天之观”，皆可证明堂与通天之关系。

[45]《中国古代宗教与神话考》，448页。

是通天之所，故与明堂有关的种种天学内容，可视为通天之学的发展，主要表现为在形式方面更趋精致。

明堂经常被与时令、历法等联系在一起。比如：

> 昔者神农之治天下也，神不驰于胸中，智不出于四域，怀其仁诚之心，甘雨时降，五谷蕃植。春生夏长，秋收冬藏，月省时考，岁终献功，以时尝谷，祀于明堂。(《淮南子·主术训》)
>
> 太初元年，十一月甲子朔旦冬至，天历始改，建于明堂，诸神受纪。(《史记》卷一三〇太史公自序)

所谓“诸神受纪”，司马贞《索隐》引虞喜《志林》云：“改历于明堂，班之于诸侯。诸侯群神之主，故曰诸神受纪。”这与前述“告朔行政，谓之明堂”正相一致。而最完备的一套想法可见于《礼记·月令》，其中记述了天子如何逐月改换他在明堂中的居处，录出如下：

> 孟春之月，天子居青阳左个。
> 仲春之月，天子居青阳太庙。
> 季春之月，天子居青阳右个。
> 孟夏之月，天子居明堂左个。
> 仲夏之月，天子居明堂太庙。
> 季夏之月，天子居明堂右个。
> 中央土，天子居太庙太室。
> 孟秋之月，天子居总章左个。
> 仲秋之月，天子居总章太庙。
> 季秋之月，天子居总章右个。
> 孟冬之月，天子居玄堂左个。
> 仲冬之月，天子居玄堂太庙。
> 季冬之月，天子居玄堂右个。

其中出现的十三个室名，都被认为是明堂这一建筑中的不同房间。[46]但这至多也不过是一套想法而已，没有什么证据能表明古代帝王真的曾这样每月搬迁一次。是否真有过这样的明堂建筑物，也缺乏实物证据。此外"居"字是否作"居住"讲，也不无问题。但此"明诸侯之尊卑"的祭祀、行政重地明堂，在古人心目中与时令、历法密切相关，则已明显可知。苏熙洵在《明堂：早期中国王权之研究》一书中还曾指出明堂与罗马教皇宫邸有相似处，后者也被认为与历法有关。[47]不过此两者之间的相似，究竟有无本质上的意义，抑或只是形式上如此，则颇成疑问，聊备一说自然也无不可。

在古人心目中，通天的观念及手段，大致有一个演进的过程。在较原始的神话中，表现为物质性的天地通道，即前述之灵山、登葆山、"天地之中"之类。但因这样的通道毕竟并不存在，所以有关的神话传说也不会长久盛行。然而，关于天地人神之间可以而且必须进行交通的信念却一直保持不变。由于不再借助于灵山之类的物质通道，可以称之为精神性的。这种精神性的天人交通，由某些巫觋专司其职。灵台和明堂，就是天人交通的庄严象征物。

通天与通神，两者实为一义。神总是被认为居于天界，这在古代世界各民族的观念中几乎没有例外。古代中国人的赏善罚恶、道德至上的天，虽是人格化的，却并无一神教中的上帝意味，这个天，可以说是由受祭祀的种种神祇所构成。而且其中的诸神不像奥林比斯山上的众神那样整天勾心斗角，在凡间大打"代理人战争"——中国的诸神大体上遵守共同的价值标准和道德规范。这一点确实使古代中国的专职通天巫觋们免去了许多无谓的复杂问题。再进而言之，通天与祭祖也是有密切联系的。一些功业盛大的祖先被尊为神，享受祭祀。把帝王之死称为"龙驭上宾"，正是这种观念的反映。死去的帝王也将上升天界。东汉诸帝在明堂里"宗祀光武皇帝"，就是一例。所以在灵台

[46] 可参看明王圻《三才图会》宫室卷一中的"周明堂图"。

[47] W.E.Soothill: The Hall of Light; A Study of Early Chinese Kingship, Lutterworth, London（1951）.

观天也好，在明堂祭祀也好，总而言之，以灵台—明堂（两者是否为同一幢建筑物在这里无关宏旨）为象征的整套事务，其本质可一言以蔽之，即交通天地人神。

交通天人的手段，具体来说也有多种。观测星象，以占吉凶，这是最明显的，也最容易理解；为政顺乎天时，本来也是古人通天的要义之一，但今人对此已多误解，将于第四章详论之；而另外一些通天手段，因年代久远，古义隐晦，已极少为人所知，然而却同样为理解古代中国天学本质所不可或缺，都将于后文论及。

到此为止，已可隐约感到，古人通天之学，与王权之间有着某种重大关系。这种关系，仅按今天的一般常识来看，当然是难以想象的。然而古代世界、特别是古人心目中的世界，以及这个世界运作的机制，本来就常与今人的认识大相径庭。作为例证，姑引一则西方学者近年研究玛雅文明所得的新发现如次：

> 那时的玛雅上层人物，现已肯定，多将主要精力放在时间和时间的推移上。他们运用时间……作为一种延伸到永恒、以便使他们同自己真实和虚幻的祖先联系起来的工具，由此而提供合法性的统治基础，并成为王族血统明显的主题和象征渗入到玛雅人艺术之中。[48]

交通祖神能够提供统治的合法性，这是很值得注意的。在古代中国，通天通神与王权之间的关系究竟如何？只有揭破这层关系，本章 I 中所陈述的大量问题才有可能获得合理的解答。

[48] Science and the Future Year Book, 1988. 转引自《大自然探索》9 卷 1 期（1990），137 页。

Ⅳ.解答之下：垄断通天手段为王权之依据与象征

甲 《诗·大雅·灵台》发微：通天者王

《诗·大雅·灵台》或许是古籍中最早记载灵台的篇章。此诗涉及古代中国天学史上一大隐秘，古人有疑而未能解，今人则因常不知不觉以现代之心度古人之腹，有时武断而自信，连疑亦不复存在矣。该诗首章如下：

> 经始灵台，经之营之，庶民攻之，不日成之。

今人对于此章，通常看到的都是“可见至少二千五百年以前，中国已有了天文台”之类。[49]然而，周文王为何要建灵台？这个问题今人已不再注意。

所谓“庶民攻之，不日成之”，显然是征用民工，人海战术，搞“工程会战”以赶建灵台。为什么要如此？小序云：

> 《灵台》，民始附也。文王受命而民乐其有灵德，以及鸟兽昆虫焉。

“民始附”者，可理解为政权粗具规模。但周文王此时只是诸侯身份，按“礼”他是不可以拥有灵台的，孔颖达疏引公羊说云：

> 天子有灵台，以观天文……诸侯卑，不得观天文，无灵台。非天子不得作灵台。

然而文王作为“不得观天文”的诸侯，竟聚众赶工建造灵台，岂不是

[49] 陈遵妫:《中国天文学史》第四册，上海人民出版社（1989），1671页。

越礼犯上之举？孔颖达疏中已经意识到这个问题，但周文是古之圣主，断不可以窥窃神器、觊觎大宝之事“诬”之（践天子位、出任官职等，都是别人强烈要求的结果，自己则屡辞不就，最后不得已才为君或做官，中国传统思想中的圣贤无不如此），于是孔疏设法作一些解释弥缝，但终于不得要领。

前面已经表明，灵台是观星察气、占卜吉凶之所，也即专职通天巫觋仰测天意、交通天人的神圣坛场，有着重大的象征意义。由此出发，不难探明周文王赶造灵台的真正用意。董仲舒《春秋繁露》卷十一王道通三云：

> 古之造文者，三画而连其中，谓之王。三画者，天、地与人也；而连其中者，通其道也。取天、地与人之中以为贯而参通之，非王者孰能当是？

若以此为造字之说，似有穿凿附会之嫌（也未必全无道理），但董仲舒所依据的观念，实为上古政治思想之要义所在。“通其道”即交通天地人神，能够交通天地人神的人方能为王。

对于古代中国社会中通天与王权之间的关系，张光直曾做过深入研究。他主要是通过对夏、商、周三代考古文物的考察分析。得出其结论：

> 通天的巫术，成为统治者的专利，也就是统治者施行统治的工具。“天”是智识的源泉，因此通天的人是先知先觉的，拥有统治人间的智慧与权利。《墨子·耕柱》：“巫马子谓子墨子曰：鬼神孰与圣人明智？子墨子曰：鬼神之明智于圣人，犹聪耳明目之与聋瞽也。”因此，虽人圣而为王者，亦不得不受鬼神指导行事。……占有通达祖神意旨手段的便有统治的资格。统治阶级也可以叫做通天阶级，包括有通天本事的巫觋与拥有巫觋亦即拥有通天手段

的王帝。事实上，王本身即常是巫。[50]

他对《国语》中所载帝颛顼使重、黎绝地天通之事非常重视，由此强调通天手段必须加以垄断，方可获得王权：

> 古代，任何人都可借助巫的帮助与天相通。自天地交通断绝之后，只有控制着沟通手段的人，才握有统治的知识，即权力。于是，巫便成了每个宫廷中必不可少的成员。[51]
>
> 通天地的各种手段的独占，包括古代仪式的用品、美术品、礼器等的独占，是获得和占取政治权力的重要基础，是中国古代财富与资源独占的重要条件。[52]

这些观点颇具说服力，证之古史，畅然可通。但是令人稍感奇怪的是，关于古代巫觋的通天手段，张光直在他的著作中似乎从未将目光投向古代天学的广泛领域；他所探讨的通天手段主要是青铜礼器以及其上的动物纹样等方面。然而由本章前两节（Ⅱ、Ⅲ）的讨论显然可知，灵台、明堂及这类建筑所象征的整套天学事务，是更为直接、更为重要得多的通天手段。[53]

通天者之所以能够由此获取统治资格，诚如张光直所言，是因为他们“先知先觉”，因为他们所通之天“是智识的源泉”，那么他们依靠怎样的机制来成为先知先觉者呢？上天的知识又怎样体现呢？答案既简单又明显：靠天学。各种星占著作中的大量占辞，就是上天所传示的知识，其中有着关于战争胜负、王位安危、年成丰歉、水旱灾

---

[50] 张光直:《考古学专题六讲》，文物出版社（1986），107 页。

[51] 张光直:《美术 · 神话与祭祀》，辽宁教育出版社（1988），33 页。

[52]《考古学专题六讲》，11 页。

[53] 将这点与前述玛雅上层人物交通祖神之事联系对比，也是意味深长的。祖神总是居于天界，所谓“在天之灵”；时间的推移也必然会与天学发生联系，在中国，这就是历法历术之学所处理的课题。

害……几乎一切古代军国大事的预言。[54]历法以及与此有关的各种数术归根结底也有着同样的性质和功能（参见本书第四章）。掌握着星占历法等奥秘的巫觋——重、黎、羲和、巫咸以及作为他们后任的古代天学家——就是先知先觉者，他们服务于某帝王，就使该帝王获得了统治的资格和权利。帝尧的政绩为何仅有任命天学官员一项，帝舜摄政之初为何别的事全不管，先去“在璇玑玉衡，以齐七政”，原因就在于此。相比之下，青铜礼器及其所代表的各种祭祀活动，作为通天通神的工具和手段而言，在提供“先知先觉”这一点上却明显隔了一层。

传说中的九鼎——王孙满和楚子的著名对话即因此而起——作为通天礼器的代表，在张光直的著作中受到重视。但是，作为通天坛场的灵台重地，其上陈列着的各种观天测天仪器，如浑仪、相风、漏刻之类，同样也是通天礼器，与九鼎实为同一性质、同一级别。这又可联系到前述古代知识系统中天学的特殊地位，举例来说，在《北堂书钞》《渊鉴类函》《艺文类聚》等类书中，上述诸天学仪器被与玉玺、节钺、绶带等物列为一类，而后者都是用来表征权力、地位的。关于天学仪器在皇家器物中的位置，不妨另举两例。金人攻陷汴京时，将北宋皇家器物席卷一空，《宋史》卷二三钦宗纪云：

> 凡法驾、卤簿、皇后以下车辂、卤簿、冠服、礼器、法物、大乐、教坊乐器、祭器、八宝、九鼎、圭璧、浑天仪、铜人刻漏、古器、景灵宫供器、太清楼秘阁三馆书、天下州府图及官吏、内人、内侍、技艺工匠、娼优，府库畜积为之一空。

浑天仪被劫，曾给南宋政权的天学事务带来很大麻烦。[55]这是一例。另一例可举清乾隆二十四年成书的《皇朝礼器图式》，书中所著录的皇朝

[54] 本书作者另有对古代中国星占学的较系统的分析，见江晓原:《星占学与传统文化》，上海古籍出版社（1991）、广西师范大学出版社（2004），第三、四章。在本书第五章中亦将略加论述。

[55] 整研组:《中国天文学史》，34—35 页。

礼器中，包括了灵台——即现在北京建国门的古观象台上以及宫廷中陈列的大小天学仪器，甚至西洋人赠送的演示哥白尼（Copernicus）日心宇宙模型的“七政仪”也包括在内。这些都表明，古人确实是将天学仪器与九鼎之类的礼器等量齐观的。推而论之，若后者是古人通天之用，则与之同性质同级别的天学仪器又何尝不是通天之用？而且更直接得多。这也可作为上古帝王依靠天学通天以牟取政治权威的旁证之一。

现在再回到文王赶建灵台之事上来，问题已经很清楚明白：周文王对商天子已起了不臣之心，他倚仗自己的实力，以“不得观天文”之诸侯的身份而公然擅自建造灵台，目的在于打破商天子对通天手段的垄断，进而染指按理只有商天子独占的统治权威。当时的“中央”竟未能对他施以武力讨伐或制裁，想必是被他用美女玉帛迷住了眼，或是力不从心，只得听之任之了。

前人似乎从未将文王建灵台事与《史记》卷四周本纪中一段记载联系起来。这段记载前文已引过（第二章Ⅱ），但因其重要，这里再重温一次：

> 九年，武王上祭于华。东观兵，至于盟津。……是时，诸侯不期而会盟津者八百。诸侯皆曰：纣可伐矣。武王曰：女未知天命，未可也。乃还师归。

称兵谋反，公然呼吁推翻中央政府，企图改朝换代，这样的事何等重大？看殷墟甲骨卜辞，殷人一举一动都要占卜，求问天心神意，则孟津之会这样的大事，没有“先知先觉”者依据天意进行指导是不可能的。然而八百诸侯，没有人知道天命，只有周武王一人知道。他说现在还不行，大家就回去了。为什么在天命问题上，周武王的发言权比八百诸侯都大（那时姬发自己也不过是一个诸侯）？原因很简单：因为此时周武王已拥有通天手段——文王赶工建造的灵台正屹立在周原的高地之上，掌握着通天奥秘而又效忠周王父子的巫觋（比如姜太公之类）班底正在台上观天测星，预告着天命的转移。这番神秘庄严的景象，象征着一个新的强大政治权威已在西部崛起。商纣对通天手段的垄断已被打破，他的统治正在日益失去其合法性，不可避免从动摇走向崩溃。

《诗·大雅·灵台》背后所隐藏的历史故事，大致就是如此。

由此再回过头去看古代中国天学家和天学机构的特殊地位（本章Ⅱ戊），以及几千年来皇家专营天学事务的强大传统，就非常容易理解了。因为拥有天学机构对于确立统治权是必不可少的，所以在中国历史上，即使只是金瓯一片的小朝廷，也不忘记建立它自己的钦天监。

乙　天命之确立与天学之禁锢

由上面的讨论已经可知：掌握通天手段是获取统治权的必要条件，而天学是各种通天手段中最直接、最重要者，所以企图夺取统治权的人必须先设法掌握通天手段以便享有天命，之后方能确立其王权。那么，靠什么方式向世人昭示某人已获得天命，并且得到世人的确认呢？这就要靠星占学家发现和指出天——包括整个自然界——呈现的一些征兆并加以解释。这些征兆及其对应的解释正是古代星占学著作中的重要内容。在这些征兆中，狭义的天象（即古人所说的“天文”）自然占据最突出的位置。历史上最受称颂的天命转移、改朝换代之事是武王伐纣，周人又是历史上最早系统地大讲天命的集团，因此古籍中记载的关于武王伐纣时的天象也最多。这些天象未必都是后人附会编造的，其中可能有不少是周朝太史们郑重其事地记载下来而流传后世的。下面举出一些：

> 昔武王伐殷，岁在鹑火，月在天驷，日在析木之津，辰在斗柄，星在天鼋。（《国语》卷三周语下）
>
> 武王伐纣，东面而迎岁，至汜而水，至共头而坠，彗星出而授殷人其柄。（《淮南子·兵略训》）

惟一月壬辰，旁死霸，若翌日癸巳，武王乃朝步自周，于征伐纣。(《汉书》卷二一律历志下引《周书·武成》)

粤若来三月，既死霸，粤五日甲子，咸刘商王纣。(同上)

文辞虽简，内容甚丰，包括了当时日、月和行星的位置，[56]还有当时出现的一颗彗星及其方向，后两则记载了武王起兵之前一日和戮纣之日的月相。

以后又出现过不少关于改朝换代时的天象记载，显然是仿自武王伐纣天象记录的，其中所记年代古远者多系后人附会。也稍举几例如下：

元年冬十月，五星聚于东井，沛公至霸上。(《汉书》卷一高帝纪)

齐桓公将霸诸侯，五星聚于箕。(《宋书》卷二十五天文志三)

禹时星累累若贯珠，炳焕如连璧，帝命验曰：有人雄起，戴玉英，履赤矛。(《太平御览》卷七引《孝经纬钩命诀》)

孟春六旬，五纬聚房。后有凤凰衔书，游文王之都。书又曰：殷帝无道，虐乱天下，星命已移，不得复久。灵祇远离，百神吹去。五星聚房，昭理四海。(今本《竹书纪年》卷七)

这类天象记载，多非实录。有些学者据此以现代天文学方法回推计算，试图解决一些年代学问题，往往误入歧途。[57]

除了狭义的天象，被古人认为能兆示天命的还有许多其他景象。

---

[56] 王小盾最近得出一项有趣的新发现：曾侯乙墓出土箱盖上的龙虎二十八宿图，暗含许多细节，恰为对《国语》所载武王伐纣天象之对应描写。见王小盾:火历质疑，载《中国天文学史文集》第六集，科学出版社（1994），112—151页。

[57] 黄一农曾指出一些这样的事例，见黄一农：A Study on Five Planets Conjunction in Chinese History, Early China, vo1.15（1991）. 详细情况请参阅江晓原、钮卫星:《回天——武王伐纣与天文历史年代学》，上海人民出版社（2000）。

古籍中此类记载甚多，下面仅举成汤伐桀、武王伐纣各一则为例，因该两事是历史上天命转移的典范，后世种种征伐篡弑，几乎都引“汤武革命”为榜样：

汤乃东至于洛，观帝尧之坛。沉璧退立，黄鱼双踊，黑乌随之，止于坛，化为黑玉。又有黑龟并赤文成字。言夏桀无道，汤当代之。梼杌之神见于邳山。有神牵白狼，衔钩而入商朝。金德将盛，银自山溢。（今本《竹书纪年》卷五）

及纣杀比干，囚箕子，微子去之，乃伐纣。度孟津，中流，白鱼跃入王舟，王俯取鱼，长三尺，目下有赤文成字，言纣可伐。王写以世字，鱼文消。燔鱼以告天，有火自天，血于王屋，流为赤乌，乌衔谷焉。谷者纪后稷之德，火者燔鱼以告天，天火流下，应以告也。（今本《竹书纪年》卷七）

今本《竹书纪年》被认为是伪书，也有人认为其内容当有所本，未必纯出后人伪造。但“白鱼入舟渡孟津”之类的传说，恐怕是早已有之的，至迟在秦汉之际，可能已流传颇广。因为陈胜起事时所用手法，很像是对武王白鱼入舟之事的模仿，《史记》卷四八陈涉世家云：

乃丹书帛曰“陈胜王”，置人所罾鱼腹中。卒买鱼烹食，得鱼腹中书，固以怪之矣。又间令吴广之次所旁丛祠中，夜篝火，狐鸣呼曰：“大楚兴，陈胜王。”卒皆夜惊恐。旦日，卒中往往语，皆指目陈胜。……陈涉乃立为王，号为张楚。

武王有白鱼入舟，且鱼上有文，陈胜也搞鱼腹之书；武王鱼上是“赤文”，陈胜的鱼腹书也是“丹书”，模仿的痕迹十分明显。而且，陈胜如果真是有意模仿武王伐纣的传说，那这种传说应是广为流传的才行，否则如仅是陈胜一人知道的冷僻典故（况且陈胜也远不是饱学之士），就不易起到惑众、暗示的效果。

需要特别指出，这些兆示天命的“符瑞”，即使不是狭义的天象，仍属天学家讲求的“专业范围”之内，这只要看古代各种星占专著文献即可知。古代天学家经常要讲的大奥秘之一就是所谓“符命”，符命者，兆示天命转移或归属之符瑞也。这在历代官史之《五行志》中常可见到。《宋书》更在《五行志》外别立《符瑞志》，《南齐书》别立《祥瑞志》，《魏书》有《灵征志》，其中此类记载尤多。关于天学家讲求符命与改朝换代之关系，可举杨坚代周时事为例，《隋书》卷十七律历志中：

> 时高祖作辅，方行禅代之事，欲以符命曜于天下。道士张宾揣知上意，自云玄相，洞晓星历，因盛言有代谢之征。又称上仪表非人臣相，由是大被知遇，恒在幕府。

这类事例和记载史不绝书，几乎都是武王伐纣时符命之说的翻版。

还应指出，“符命”与古人常说的“符瑞”或“祥瑞”是有区别的。古人心目中的祥瑞极多，从某些天象的出现（很少。古代中国天学家赋予星占学意义的大部分天象都被视为上天对人间政治黑暗的警告和谴责），到麒麟、凤凰、灵龟、黄龙、白鹿、“九尾之狐”等动物的出现，乃至灵芝出、嘉禾生、甘露降之类，都属祥瑞之列。但这些一般仅被视为政治修明，所谓“尧天舜日”的表征，并不具有天命转移、改朝换代的意义。

张光直曾指出：

> 经过巫术进行天地人神的沟通是中国古代文明的重要特征；沟通手段的独占是中国古代阶级社会的一个主要现象；……从史前到文明的过渡中，中国社会的主要成分有多方面的、重要的连续性。[58]

---

[58]《考古学专题六讲》，13 页。

这个连续性之说是对古代中国文化性质的一个极其深刻的见解。它可以从许多对古代中国文化的研究成果中获得支持。而且，随着中国文化史研究的深入进行，这一见解的正确性和预见性还将进一步显现。从周文王建造灵台打破殷王对通天手段的垄断以牟取政治权威，到历朝官营天学事务的强大传统；从武王伐纣时白鱼入舟的传说，到后世改朝换代时新君“以符命曜于天下”，都是张光直所说连续性的表现。

由此遂容易理解历代官史中“天学三志”为何会占有如此显要的地位（本章Ⅰ甲）：“天学三志”，一言以蔽之，不外通天之学而已；一代之史纪一代之兴亡，而此一代所以兴、所以亡之故，在古人思想深处，追根溯源，当即天命之转移；而天命之成立与转移，直接与该朝代所掌握的通天手段——通天之学相联系，故以“天学三志”记述之。

由此更可对历代为何严禁民间私习、私藏天学图籍（本章Ⅰ己）获得深入理解。天学是通天之学，是最重要的通天手段；而垄断通天手段是获得政治权威、确立王权的必要条件（当然不是充分条件，确立王权还需要经济、军事实力以及“有德”之类，自不待言）；如果天学秘籍在民间广泛流传，平常人都可得而习之，则何啻“夫人作享，家为巫史”——人人皆可通天，将无垄断可言，统治者的政治权威也就无从谈起了。可见禁锢天学，实为施行统治的题中应有之义。

这里还有一个问题：历代都要重申天学之禁，是否说明这类禁令的效果有限、私习始终不绝？固然，文化方面的禁令无论怎样严厉，终不能使受禁对象绝对消失，看始皇帝之焚书坑儒，虽造成文化浩劫，但所禁之书并未绝迹，暴秦政权自己倒二世而亡，即可知矣；然而历代皇朝之所以屡申天学之禁，其中另有原因。

本章Ⅰ己曾指出，历代往往于开国之初严申私习天学之厉禁，这一现象，单看一两条记载无法发现，必将多条记载合而观之，乃能发现其中呈现之规律。这一现象并非偶然。天学既为通天手段，这一手段的垄断又与王权密不可分——在上古，可说是王权的来源；至后世，乃演变为王权的象征。则每至改朝换代之际，新崛起者自必“窥窃神器”，另搞自己的通天事务以打破旧朝对此的垄断，从而牟取新的政治权威，周文王之建灵台，即其先例。当此四方逐鹿之时，必有私习天学者应时而起，挟其术各投效有意问鼎之新主。这些人对旧朝而言固然是罪犯，在新朝则成为“佐命功臣”。所以历史上诸开国雄主身边，常有此类人物为之服务，较著名者，如吴范之于孙权，张宾之于杨坚，李淳风之于李世民，刘基之于朱元璋，等。然而青史留名，主要限于成功者，但当时群雄逐鹿，成则为王，败则为寇，失败者——其数量远较成功者为多——身边，同样会有此类人物。于是，旧朝所力图垄断的通天之学，遂经历一段扩散过程。至新朝打下江山之后，天下一统，自然又转而步旧朝后尘，尽力保持本朝专制垄断之特权。各朝开国之初常要严申私习天学之禁，其根本原因即在于此。因此可以说，在古代中国，天学对于谋求统治权者而言为急务，对于已获统治权者而言为禁脔。历代严禁私习天学的种种措施，说到底，都不外上古传说中帝颛顼命重、黎“绝地天通”事的翻版。

在天命之确立与天学之禁锢问题中，历法也是一大关键。关于历法的性质及功能等将于下章详论，但有一点可先于此处阐明。历代私习天学之禁令中都包括历法，已见前述（本章 I 己），至于何以要禁止私习历法，则只要明白历法与星占同为通天之学（详见下章），似乎已可由上述禁止私习天学的论述中获得解释。然而稍加思考，此中还另有转折。

星占之类的天学秘籍可以深藏皇家图书秘阁中，不让民间私习，但历法却是要颁行天下之物，人人得见，怎能禁止私习？这里首先有个概念的具体区分问题。严格说来，朝廷颁行天下的是“历书”（至于今日称之为“日历”之物，则只能称为“历谱”，其内容远远少于“历书”），而所谓“历法”，应是指编制历书之法——其中包括许多数理天文学知识。古人为行文方便，往往统称曰“历”或“历术”。朝廷固然禁止私习历法，但尤其严禁私造历书。《万历野获编》云“习历者遣戍，造历者殊死”，已可见后者之罪明显重于前者。更有力的证据可见于今存之明代《大统历》，其刊本封面上皆盖有一木戳，上有文如下：

> 钦天监奏准印造大统历日，颁行天下。伪造者依律处斩。有能告捕者，官给赏银五十两。如无本监历日印信，即同私历。

私自造历的事未必能绝对禁绝，古人常说“民间小历”，就说明了这一点。但至少从理论上说，这种行为是朝廷明令禁止的。

再进一步考察，明《大统历》封面木戳之文中“伪造者依律处斩”一语大堪玩味。伪造者，以另一种历取代独尊之《大统历》也。即使“伪造”之历完全是《大统历》的翻版，但“如无本监历日印信，即同私历”，仍免不了“依律处斩”。可见问题的关键，在颁历之权。

王家颁历于天下之说，由来甚久。《尚书·舜典》中历来聚讼盈庭的“在璇玑玉衡，以齐七政”之句，也可能正是王家颁历的滥觞。汉儒所谓天子“告朔行政，谓之明堂”，《汉书·艺文志》所说“故圣王必正历数，以定三统服色之制”云云，也即此意。最明显则莫过于《周礼·春官宗伯》所载太史之职：

> 正岁年以序事，颁之于官府及都鄙，颁告朔于邦国。

即后世钦天监造历颁行天下。历法既为通天手段中最重要者之一，则此历法由天子所颁赐（钦天监必须“奏准”方得颁行），而天下诸侯臣民共遵用之，即象征此通天手段为天子所独有。这与王者垄断通天手段之理完全吻合。此处又要提到张光直的论断：

> 王帝不但掌握各地方国的自然资源，而且掌握各地方国的通天工具，就好像掌握着最多最有力的兵器一样，是掌有大势大力的象征。[59]

通天是统治权的来源，各方国诸侯得以在当地为君，当然也有他们的

---

[59]《考古学专题六讲》，109 页。

通天工具。然而他们的统治权并非王权，故他们的通天工具并非自己所独占，乃是中央天子所掌握而颁赐予他们的。张光直虽未悟颁历于天下为帝王掌握通天工具的明显例证之一，但他从青铜艺术研究中得出的上述论断依然完全正确。

颁历之权的意义既明，古代中国社会中一些今人看来颇为奇怪的现象遂可获得较为合理的解释。比如，在古代，“奉谁家正朔”从来就是表明政治态度的“大是大非”问题。前朝遗民为表示不忘故国、不与新朝合作，就拒绝使用新朝纪年;而地方性政权奉了谁家“正朔”——从理论上说就是采用了那一政权颁行的历法，即意味着臣服于该政权、承认该政权的“正统”地位了，至少在表面上是如此。采用哪一部历法在今天看来似乎只是一个技术问题，应该是谁的历法准确合理就用谁的，但在古人心目中，“颁告朔于邦国”的重大政治意义是十分清楚的，这确是一个大是大非的政治问题，准确与否之类的技术问题在这里几乎完全没有地位——只有同一政权下改进历法时才考虑技术问题。

民间私自造历在理论上是违法的，但实际上古代的民间“小历”也颇有流传，这一现象如只从朝廷禁令效果未必十分好、小历有适合民间要求等方面去解释，终欠深入和完备。事实上，私造小历只要不自比于朝廷颁布的“官历”“大历”之伦，即不在“名分”上侵夺官历的正统独尊之权，朝廷对它们网开一面，在理论上并无困难。况且，小历常以民间《通书》之类的推卜占筮之书组成部分的面目出现，[60]对于这类书，朝廷的禁令更为宽大，有时还将其划出应禁范围之外。[61]

丙 数术与皇家天学

天学为古代中国各种阴阳数术的灵魂和主干，已见前述（本章 I 丁）。之所以如此，其中原因经过上文有关论述，也已不难求得。古代

[60] 参见王立兴：关于民间小历，《科技史文集》（十），上海科学技术出版社（1983），45—68 页。

[61] 安平秋、章培恒主编:《中国禁书大观》，上海文化出版社（1990），29 页。

中国天学本是通天、通神之学，其主要奥妙在于能使人“先知先觉”；而各种阴阳数术，其功能同样在使人先知，只是所知内容各有不同：由星占所知为军国大事，如王朝兴亡、战争胜负、年成丰歉等，由历法所知为天地运行之时节，使古人得以顺乎天时而行其政，而由阴阳数术所知者则较小，主要是个人穷通祸福、日常吉凶宜忌、住宅葬地风水之类。而阴阳数术又与历法有千丝万缕的关系（参见下章）。另一方面，在古人心目中，穷通祸福、吉凶宜忌之类的事，即令不是由鬼神主之，至少也为鬼神知之，从这一意义上来说，阴阳数术同样是通天通神之学。因此，天学在各种数术中成为灵魂与主干，本是顺理成章之事。[62]

阴阳数术，名目繁多，散在民间，至今仍有许多遗迹可寻，近年且有重新兴盛之势。因而给人的印象是：即使星占历法是皇家禁脔（许多现代学者也并不明白此点），但阴阳数术毕竟是平民大众的“专利”。然而事实并非如此。与阴阳数术本身以天学为灵魂和主干的情况相对应，阴阳数术在皇家天学事务中也占有重要的一席。

至迟在汉代，阴阳数术已归入天学机构的职掌范围之内，《后汉书》卷三五百官志二云：

> 太史令一人，六百石。本注曰：掌天时星历，凡岁将终，奏新年历。凡国祭祀、丧、娶之事，掌奏良日及时节禁忌。凡国有瑞应、灾异，掌记之。

其下刘昭注引《汉官仪》尤能说明问题：

> 太史待诏三十七人，其六人治历，三人龟卜，三人庐宅。四

[62] 比如《钦定协纪辨方书》卷十二云：

> 司天之职，首重气候。推昼夜永短以辨寒暑之进退，察经纬躔舍以识中星之推移，皆所以奉天而为协纪之本。

即为一例，将天学视为各种阴阳选择术之“本”。

人日时，三人易筮，二人典禳，九人：籍氏、许氏、典昌氏各三人，嘉法、请雨、解事各二人，医二人。

将太史令之下这些属员名目与《汉书 · 艺文志》中的数术略对照起来，天学家之兼掌阴阳数术这一点更加了然。

皇家天学机构兼掌阴阳数术不仅在汉代已成制度，而且在汉代人看来，此事是古已有之。试举班固、张衡二人的论述为例：

数术者，皆明堂羲和史卜之职也。(《汉书 · 艺文志》数术略跋语)

圣人明审律历，以定吉凶，重之以卜筮，杂之以九宫，经天验道，本尽于此。或观星辰逆顺，寒燠所由，或察龟策之占、巫觋之言，其所因者，非一术也。(《后汉书》卷八九张衡传载衡请禁绝图谶疏)

所谓“明堂羲和史卜”，即由上古巫觋演变而来之天学家，班固明言数术为天学家之职。张衡主张禁绝图谶，但他将图谶之说与“圣人”的天学及数术区分开来，后者在他看来仍是正轨常途。班、张二人皆为东汉著名学者，其观点有很大的代表性。

御用天学机构兼掌阴阳数术的传统，此后为历代王朝所继承，直至清代仍是如此。姑以清初情形为例：钦天监分历、天文、漏刻三科，历科掌推算天象及编历，天文科掌星占，漏刻科的职掌则是：

相看营建内外宫室、山陵风水，推合大婚，选择吉期，调品壶漏，管理谯楼，郊祀候时，兼铺注奇门出师方向。[63]

[63]《汤若望奏疏》卷四，台北故宫博物院藏本。转引自黄一农：择日之争与“康熙历狱”，日本东京大学：《中国——社会と文化》第六期（1991）。

可见风水选择乃至奇门遁甲之类，都已包括在内。

考察皇家天学与阴阳数术之间的密切关系，一个极生动有力的例子是清代的《钦定协纪辨方书》。此书集当时流传在世各种门派源流的阴阳数术之大成，凡36卷，收入《四库全书》子部术数类阴阳五行之属。值得注意的是参与此书编纂工作的人员情况：有“总理”两人，系两位挂名的亲王；“总裁”四人：张照、梅瑴成、何国宗、进爱，其中梅、何皆为清代著名天学家，进爱为时任钦天监监正（满人）；下有具体分工参加编撰者33人，全都是钦天监现任官员。这有力地说明，阴阳数术被视为钦天监天学官员的业务之一部分。

阴阳数术讲求个人穷通祸福、日常吉凶宜忌等事，似乎无关于军国大政，但穷通祸福、吉凶宜忌的问题，平民百姓固然有，帝王后妃、达官贵人也同样有；解决这些问题，同样要靠通天通神，所以皇家天学机构理所当然应将这方面的职责承担起来。《钦定协纪辨方书》前有乾隆御制序，很能说明其间的情况与理论。序中有云：

> 然则举大事，动大众，协乎五纪，辨乎五方，以顺天地之性，岂无寸分节解以推、极其至精至微之理者欤？其支离蒙昧，拘牵谬悠之说，乃术士之过，而非可因噎而废食者也。钦天监旧有选择《通书》，刻于康熙二十二年，其书成于星官之手，因讹袭谬，见之施行，往往举矛刺盾。……夫协纪辨方者，敬天之纪、敬地之方也。一作止、一语默，天地实式临之，况其大乎！如曰如是则吉，如是则凶，如是则福，如是则祸，则明者所弗道也，虽然，敬不敬之间，吉凶祸福随之矣。

阴阳数术，流派众多，且术士多喜标榜师门，相互矛盾，即所谓“支离蒙昧，拘牵谬悠之说”，乾隆认为这只是术士之过，并非数术本身不好。编纂这部《协纪辨方书》，就是为了将各家数术参考折中，整理综合，形成一个“钦定”的标准本。乾隆序中的结论很明白：具体的数术之说未必全可凭信，但“正确”的数术是存在的，也是应该遵从的，这是敬天地的表现。敬天地者得福而吉，不敬者招祸而凶。这与古人顺天之命、顺天之时的思想完全是一脉相承的。

是否可以认为：阴阳数术虽然也是皇家天学机构所掌握，但平民百姓同样可以共享呢？从总的情况来看，大致可以这样说。然而有一点必须强调：如果谁将阴阳数术带上政治色彩，或作为政治活动的工具，那就与私习天学一样要遭到严惩。先看《礼记 · 王制》中所载：

> 执左道以乱政，杀。
>
> 假于鬼神、时日、卜筮以疑众，杀。

郑玄注云：

> 左道，若巫蛊及俗禁。
>
> 今时持丧葬、筑盖、嫁取、卜数文书使民倍（背）礼违制。

所说之事，大抵即古人常说的“妖言惑众”，这是一个古代中国下层平民和失意贵族起事谋反时常用的方法。有人将上引《礼记 · 王制》之说解释成禁止用数术骗人敛财，可能受了孔颖达疏中错误说法的影响，或是只将《礼记》文句孤立来看，而未能考虑到此事的政治意义与背景。其实《礼记》所云，可参照《唐律疏议》中有关条款获得正确理解，见其书卷十八贼盗之第八款：

> 诸造妖书、妖言者，绞。（原注：造，谓自造休咎及鬼神之言，妄说吉凶，涉于不顺者）传用以惑众者亦如之。（原注：传，谓传言；用，谓用书）

妖言惑众，要处绞刑。这里所谓的“惑众”，都是有政治色彩的，故曰“涉于不顺”，殆近于“革命宣传”。

正因如此，有时帝王下禁书令时，干脆将阴阳数术书与星占历法等天学书一并列入，比如《魏书》卷七上高祖纪云：

> （太和）九年春正年戊寅诏曰：图谶之兴，起于三季，既非经国之典，徒为妖邪所凭。自今图谶秘纬及名为《孔子闭房记》者一皆焚之，留者以大辟论。又诸巫觋假称鬼神，妄说吉凶，及委巷诸卜非坟典所载者，严加禁断。

关于《孔子闭房记》，有人认为是一种纬书，也有人认为是一种房中术书，其书已佚，究为何书已不得而知。而后几句所指，则显然为阴阳数术之书无疑。北魏孝文帝深慕汉族文化，他的上述诏令并非孤立事件。史籍中的记载表明，从公元三世纪初至十世纪中叶约750年间：

> 谶纬十次被禁，天文书籍六度被锢，阴阳术数类图书三遭厄运，佛经道书两逢劫难，老庄与兵书也各有一次险恶经历。[64]

谶书，据张衡的说法是“立言于前，有征于后，故智者贵焉，谓之谶书”（《后汉书》卷八九张衡传），是专讲符命，属于“先知先觉”为王者通天夺权服务之书，今已几不可见。纬书尚存不少，观其内容，恰能成为天学书与数术书的中间桥梁，三者实属同一性质。上项统计极能说明问题：帝王之禁书，主要是禁此三类书。归根结底，仍是垄断通天手段之具体措施。至于佛书道经遭劫，那是源于宗教斗争，又当别论。

当然，与星占历法之类天学书相比，阴阳数术书毕竟“大众化”得多，对后者的禁令即使有，也不那么严厉，比如上引北魏孝文帝禁书诏中，谶纬书是“留者以大辟论”，是死罪；数术书却只是“严加禁断”而已。所以就总的情况而言，阴阳数术在古代长期广泛流传于民间，一般也没有什么风险，只要不用以“妖言惑众”即可。

---

[64]《中国禁书大观》，31页。

Ⅴ.小结及余论

天学在古代中国社会文化中占有特殊地位，本章Ⅰ考察分析了这种特殊地位的六方面表现：

甲、在历代官史中的特殊地位。

乙、古籍所见在上古政务中的特殊地位。

丙、在古代知识系统中的特殊地位。

丁、在古代数术中的特殊地位。

戊、天学家及天学机构之特殊地位。

己、历代对私习天学之厉禁。

并且特别指出：这六方面都是旧有理论或传统说法难以做出令人满意的解释和说明的，而这六方面相互之间又有不少内在联系。如欲对这六方面做出全面的、自洽的解释和说明，必须另辟蹊径。

从《史记·天官书》中的“昔之传天数者”名单入手，以先秦两汉重要古籍为主，对其中有关该名单中人物的记载作“地毯式”搜检和分析，考察该名单中人物以何种面目呈现出来。由于该名单对于古代中国天学家而言具有代表意义，因此考察该名单所得的结论也就具有相当普遍的意义。这一结论是：

古人心目中的天学家——“传天数者”，最早是上古时代专司交通天地人神的巫觋，此后分工渐细，乃演变成专职的星占学家。而且，无论是上古通天巫觋还是后世星占学家，他们都是只服务于王家的。

天学家的起源及其所扮演的社会文化角色既已判明，乃进而探讨灵台——它既是天学家工作之所，也是王家天学机构的象征之物——的起源及其所扮演的社会文化角色，所得结论竟恰好与关于天学家的上述结论平行而且相互呼应：

灵台本是上古巫觋作法通天的神圣坛场。它又常与明堂联系在一起，后者不仅也是通天之所，又是天子接见诸侯、分别尊卑、发号施令的行政之所。与天学家仅服务于王家这一点相对应，灵台及其所代表的天学机构和天学事务，也始终只是王家独有之物。

在上述两项结论的基础上，遂可进入问题的最核心、最关键之处，即天学与王权的关系：

垄断的、独占的通天手段，在上古是王权的来源。到后世成为王权的象征。因此，如果谁对天学——古代中国最重要的通天手段——的垄断被打破，就意味着他的王权受到挑战并且被削弱了；反之，如果谁试图建立新的王权，则拥有自己的通天手段是他的当务之急。《诗·大雅·灵台》所咏周文王建造灵台之事背后的千年文化隐义，由此豁然明朗，得到充分的阐释。而天命的确认（也就是王权的确立），除了依靠经济、军事实力和“有德”之类的道德优势之外，最根本的政治资本即拥有独占的通天手段。因此，天学在谋求王权者为急务，在已获王权者为禁脔，这在中国漫长的古代社会历史上一直如此，只不过在早期可能表现得更直接、更明显一些。

此外，以天学为灵魂、为主干的阴阳数术，虽然广泛在民间留传，但它同时仍是皇家天学机构专门司掌的学术及事务之一部分。阴阳数术同样是通天通神的学问，但它与王权的关系相对天学而言要疏远一些，故垄断的情形相对也松缓一些。不过，如果将阴阳数术用于政治斗争，则仍将受到朝廷的严惩。

基于上述诸结论，本章 I 中所论天学在古代中国社会文化中特殊地位的六方面表现，即可同时得到完全自洽的阐释。简言之：甲、乙、丙三方面都肇因于天学对于确立王权的必要性和重要性；丁，根本原因在于数术也是通天通神之学，而天学是最重要的通天之学，而且数术始终是由“传天数者”执掌的；戊、己两方面，则显然肇因于为确立王权而对天学的垄断与争夺。

在本章的理论阐释中，张光直关于独占通天手段和王权之关系的学说扮演了重要角色。在这个问题上，张光直的贡献是奠基性的、开创性的。但是他的目光完全没有触及古代中国文化中最直接、最主要的通天手段——天学。然而，文化是一种综合体，只要深入探索下去，从不同的角度出发都有可能接触并且揭示其核心观念。张光直的卓越之处恰恰在于：他仅从偏锋支路出发（对于通天的手段和工具而言，现在看来像青铜礼器及其上的动物纹样之类，无论如何不能算是最直接、最主要的），竟能正确地揭示古代中国文化的核心观念，这不能不说是天才的表现。他的学说只有一根“青铜支柱”，竟然就已如此坚固，如此富有启发性和建设性，简直可以说是文化史研究上的一大奇迹。

现在，通过本章的探讨，阐明天学的根本性质——通天之学，以及天学作为古代中国文化中最直接、最主要的通天手段，它是如何与王权交互作用、密不可分。这样，不仅为张光直的学说提供了一根远较“青铜支柱”更为坚固的理论支柱（不妨名之曰“天学支柱”），而且也为进一步研究探索古代中国天学的政治、文化功能及其发展，初步开辟了一条全新的道路。这条道路是否一定能带来令人满意的收获或正确的结论，固然尚未可必，但无论如何，尝试一条新路，对于学术研究来说，至少总是有其价值的。

第四章　历：性质、源流及文化功能

天文的内容十分丰富。它对未来的预测总是正确无误的……总之，学习天文的目的是预卜凶吉。研究历法也出于同一目的。

——昂苏尔 · 玛阿里[1]

Ⅰ. 历：性质之疑问

甲　历法 · 历谱 · 历书

日常生活中所见的月份牌之类，称为历谱。此物古已有之，比如山东临沂银雀山西汉墓出土竹简中有汉武帝元光元年（134 B.C.）历谱。历谱初时仅排有每月日期、每日干支及个别历注，后来由简趋繁，于每日下加注大量吉凶宜忌等内容，篇幅数十倍于最初之历谱，遂演变为历书。典型的历谱与历书（如元光元年历谱与宋宝祐四年会天历书）之间区别极为明显，不会产生概念上的混淆。[2]

问题出在“历法”一词。这是今人常用的说法。从表面上看，该

[1] 昂苏尔 · 玛阿里：《卡布斯教诲录》，张晖译，商务印书馆（1990），141—142 页。

[2] 两极之间当然有中间型，但笔者发现：在历谱与历书之间，可以给出一种明确区分两者的技术判据，详见本章Ⅲ甲。

词应是指编制历谱、历书之法，但这样理解只能是部分正确。今人通常将历代官史中《律历志》或《历志》所载内容（律部分自然除外）称为历法，而这些内容中的大部分，可以说与历谱或历书的编制并无关系；或者说，这些内容中的大部分并非编制历谱历书所需要。这将于本章下节中详论。此外，今人又常将历谱、历书也称为历法，使情况变得更为复杂。而古人往往将历法、历谱或历书统称为“历”或“历术”，虽较含混，从概念上来说倒反而无懈可击。

为了便于针对问题进行讨论，本书仍按今人通常的习惯意义使用“历法”一词，即用“历法”指称历代官史中《律历志》或《历志》中所记载的有关内容。但需要特别指出，这与现代日常生活中所见月份牌之类的东西是相去绝远的不同概念。

至于历谱与历书，则由上所述，可以做明确区分。在以下的讨论中，将具注历称为历书，而将历日及干支等简单的表格成分称为历谱。一份历书中必含有历谱成分，而一份历谱则还不足以称为历书。

乙　古今所论历法性质之迥异

在现代的流行论述中，古代中国的历法似乎是一项纯粹科学活动的产物，它被称为数理天文学，与被斥为迷信的星占学对立起来，视为“两条路线”。有时更将星占学这条线淡化到可以忽略不计的地步，从而强调历法这条线，比如：

> 古人观测天象的主要目的在于洞察自然界的现象，发现它的规律；从而决定一年的季节，编成历法（注意此处即为用“历法”混指历谱之例——引者），使农事能够及时进行。……中国古代天文学史，实际上可以说就是历法史。[3]

[3] 陈著:《中国天文学史》，1394 页。

这段论述是古代中国历法为农业服务之说的典型代表，关于此说，将在本章Ⅱ中深入剖析。至于古人观天的“主要目的”究竟为何，本书前几章中已略有论述，在第五章中还将做进一步的论证。此处仅注意上面引文中所表达的对古代中国历法性质的论断即可。

如古代历法在今人心目中是一种为农业生产服务的科学活动的话，那它在古人看来却具有完全不同的性质和功能，稍举古代有代表性之论述数则为例：

盖黄帝考定星历，建立五行，起消息，正闰余，于是有天地神祇物类之官，是谓五官，各司其序，不相乱也。民是以能有信，神是以能有明德。民神异业，敬而不渎，故神降之嘉生，民以物享，灾祸不生，所求不匮。(《史记》卷二六历书)

尧复遂重、黎之后，不忘旧者，使复典之，而立羲和之官，明时正度，则阴阳调，风雨节，茂气至，民无夭疫。年耆禅舜，申戒文祖云：天之历数在尔躬！舜亦以命禹。由是观之，王者所重也，(同上)

历谱者，[4]序四时之位，正分至之节，会日月五星之辰，以考寒暑杀生之实。故圣王必正历数，以定三统服色之制，又以深知五星日月之会，凶阨之患，吉隆之喜，其术皆出焉，此圣人知命之术也。(《汉书》卷三十艺文志数术略历谱类跋)

夫历有圣人之德六焉：以本气者尚其体，以综数者尚其文，以考类者尚其象，以作事者尚其时，以占往者尚其源，以知来者尚其流。大业载之，吉凶生焉，是以君子将有兴焉，咨焉而以从事，受命而莫之违也。(《后汉书》卷十三律历志下)

然则观象设卦，扐闰成爻，历数之原，存乎此也。……至乎寒暑晦明之征，阴阳生杀之数，启闭升降之纪，消息盈虚之节，皆应躔次而无淫流，故能该浃生灵，堪舆天地。(《晋书》卷十七

[4] 班固此处所云“历谱”，即历法之意，观其下文可知。

律历志中）

虽然有不少套话虚文，将真义掩映其中，但还是不难看出，这些论述的意见与前引昂苏尔 · 玛阿里教子之说颇相一致：历法是预知“凶阨之患，吉隆之喜”的“圣人知命之术”。而且还能上格天心，邀神降福，以致“该浃生灵，堪舆天地”。“堪舆”一词，早见于《淮南子 · 天文训》：“堪舆徐行”，《汉书 · 艺文志》数术略五行类有《堪舆金匮》十四卷，颜师古注引许慎云：“堪，天道；舆，地道也”，可知“该浃生灵，堪舆天地”即前引董仲舒“取天、地与人之中以为贯而参通之”之意。[5] 故古人心目中的历法，与前引班固对“天文”的看法（“圣王所以参政也”）一样，仍是通天通神的手段。

由此可知，对于古代历法的性质及功能，古今学者之见大相径庭。孰是孰非，并非“厚古薄今”“古为今用”之类的价值判断所能轻易解决。结论只能在心平气和、摈除成见偏见的研究讨论之后得出。

同时，对于古今论述的权重，也应有清醒的认识。上引五则古人历论，其作者本身大多为当时著名学者，又是精通历学之人，如果说他们对当时自己熟悉的事物之性质都毫无认识，而千百年后置身于完全不同之文化氛围中的现代人倒反而能轻易把握这些事物的性质，恐怕无论如何不能算持平之论。故今人而欲探讨古代事物，总不免处于勉为其难之境，救之之道，在于尽可能广泛了解先哲的有关论述及见解，并尊重而理解之，再进而分析之。如果已有先验之结论存于胸中，为证成此一结论，不惜将先哲之论断章取义，或加曲解，撷取片言只语以勉强立论，则正如陈寅恪昔日所云“其言论愈有条理系统，则去古人学说之真相愈远”[6] 也，更何况其立论之法又下于此者乎！

---

[5] 后世以堪舆名风水之术，不过偏取“舆，地道也”之意。

[6] 陈寅恪：冯友兰《中国哲学史》上册审查报告，《金明馆丛稿二编》，上海古籍出版社（1950），247 页。

Ⅱ. 历法性质与功能之探讨

甲　典型历法之内容

将历法理解为“判别节气，记载时日，确定时间计算标准等的方法”，即编制历谱之法，在现代大体正确，但对古代中国历法而言，并非如此。因为编制历谱是颇容易完成的课题，比如阳历，只要初步掌握太阳周年视运动即可，如是阴历（纯阴历，如伊斯兰教之《圣历》），则只需了解月相盈缺规律；中国古代使用的阴阳合历稍复杂一点，也只要基本掌握日、月运动规律即可。但古代中国的历法，上述内容只占很小一部分，而绝大部分内容与编制历谱无关。对此可取有代表性之典型历法以考察之。

中国传统历法的历史可以上溯到很早，但第一部留下完整文字记载的历法为西汉末年之《三统历》，这被认为系刘歆根据《太初历》改造而成。就基本内容而言，《三统历》实已定下此后两千年中国历法之大格局。故不妨先对《三统历》的结构、内容略做考察。该历载于《汉书》卷二一律历志下，大体可分六章，依次如下：

第一章为数据，称为“统母”。共有数据 87 个，其中三分之二左右与行星运动有关。这些数据都是后面各章中运算时需要用到的。许多数据都被附会以神秘主义之意义，比如十九年七闰之十九，是“合天地终数”而来（《易 · 系辞上》：天一，地二，天三，地四，天五，地六，天七，地八，天九，地十），而“朔望之会百三十五”则是“三天数二十五，两地数三十”而得（《易 · 系辞上》：天数二十有五，地数三十），等。

第二章曰“五步”。依次描述五大行星之视运动规律，将每星分为“晨始见”“顺”“留”“逆”“伏”“夕始见”等不同阶段，给出每阶段持续时间，及每阶段中行星之平均运动速度。

第三章曰“统术”。推求朔日、节气、月食等与日、月运动有关之项目。此章与编制历谱有关。

第四章曰“纪术”。系与前两章有关的补充项目。

第五章曰“岁术”。推算太岁纪年及有关项目，将十二次与二十四节气进行对应，给出二十八宿之每宿度数等资料。

第六章称为“世经”。是据《三统历》对上古至西汉末诸帝王所作之年代学研究。这部分实际上已不属历法范围，至多只能算历法之应用而已。

可知在《三统历》中，与编制历谱直接有关的，主要只是第三章中的一些内容，在整部历法中所占比例甚小，位置也不是最重要的。

再以著名的《大衍历》为例考察之。

《大衍历》于唐开元十五年（727A.D.）由释一行编成，此为中国历史上最重要的几部历法之一。由于该历的结构成了此后历代传统历法之楷模，考察该历结构就更易收举一反三之效。《大衍历》在结构上对前代历法做了改进和调整，划分为七部分，兹据《旧唐书》卷三四历志三所载（《新唐书》卷二八历志四上亦载，但较简），依次略述如次：

步中朔第一。步发敛第二。此两章篇幅特别短小，步中朔6节，步发敛仅5节。前者主要推求月相之晦朔弦望等内容，后者推求“七十二候”（二十四节气与物候、卦象之对应）、“六十卦”“五行用事”等项。该两章为编制历谱及历注所需要。

以下五章，则为该历之主体：

步日躔第三，共9节。专门讨论太阳视运动，其深入程度及所追求之精度，皆已远远超出编制历谱之需，主要为研究交食预报服务。

步月离第四，共21节。因月运动远较日运动复杂，故节数篇幅亦远多于上章。此章专门研究月球运动，其目的与上章同，主要亦是为预报交食提供基础。

步轨漏第五，也有14节之多。专研究与授时有关之各类问题。

步交会第六，多达24节。专门讨论日食、月食及与此有关之种种问题。这是需要以第三、四两节所讨论之知识及方法为基础的。

步五星第七，也多达24节。研究五大行星运动，篇幅繁多，其深入、细致程度及所用方法，皆已远过于《三统历》中的“五步”。

由对《三统历》与《大衍历》结构内容之观察，可知其主要成分为对日、月、五大行星运动规律之研究，其主要目的则在于提供预推此七大天体任意时刻位置之方法及公式，至于编制历谱，特其余事而已。这一结论对于古代中国历法而言，可以普遍成立。

乙　“历法为农业服务”说质疑

认为古代中国历法“为农业服务”的说法，在近代长期广泛流传，几至众口一词，毫无疑问。本章Ⅰ乙已引述过一则有代表性的说法，兹再引述一则有国际影响的说法为例：

> 对于农业经济来说，作为历法准则的天文学知识具有首要的意义。谁能把历法授予人民，他便有可能成为人民的领袖……这一点对于在很大程度上依靠人工灌溉的农业经济来说，尤为千真万确。[7]

这样的说法初听起来似乎颇有道理，但实际上很难经得起推敲。问题首先就出在对历法内容的想当然的假定上——想当然地将古代的历法与今天的月份牌混为一谈。月份牌（历谱）上有着日期和季节、节气，而农民播种、收割是要按照时令的，所以历法是为农业服务的。理论上的逻辑似乎就是这么简单。

然而，传统历法的内容既已如本节甲所述，则讨论历法与农业之关系已有了合理的基础。历法是研究日、月、五星七大天体之运行规律及其预推之法的，故只需考察此七大天体与农业之关系，问题即可明白。

先看月球与行星，这两类天体的运行情况与农业生产有无关系？

---

[7] 《中国科学技术史》第四卷，45 页。

如果这里的“关系”是指物质世界中确实存在的或者说是物理的联系，那显然迄今为止还只能做出完全否定的答案。如果说在未来某一天人类科学知识的高度发展或许会发现其间有联系，那么以古代的知识水平而论，当然不可能发现这种联系。除非在古代星占学理论中，人们才能找到行星与农业之间的虚幻关系，不妨举一例如下，《开元占经》卷二十引石氏云：

> 太白与岁星合于一舍……岁星出左，有年；出右，无年。合之日以知五谷之有无。

但这种联系，显然不是现代“历法为农业服务”说主张者所愿意引以为据的，可以置之不论。

再看七大天体中余下的一个——太阳与农业生产的关系如何？两者之间确实有关系，但是，古代历法中研究太阳运动的部分与农业生产的关系，仍大有做进一步讨论的必要。以下分为五点述之：

中国是农业古国，因此“历法为农业服务”“天文历法起源于农业生产的需要”之类的说法听起来似乎颇为顺理成章，然而从迄今所知的史料证据来看，关于太阳运动的研究恰恰在古代中国历法诸成分中发展得极为迟缓。例如，早在古希腊时代，希腊天文学家（注意：不是星占学家！）就已能以太阳运动表作为基准，借助月球作中介来测定恒星坐标，而中国在十几个世纪之后，却还要以恒星为基准，借助月球和行星作中介来测定太阳位置。[8] 又如，与古代巴比伦相比，中国对太阳周年视运动不均匀性的掌握可能迟了一千年以上。[9] 值得注意的是，中国在月运动和行星运动理论方面的发展却不那么迟缓。仅仅这一情况，就已对“历法为农业服务”说构成了严重威胁。此其一。

---

[8] 江晓原：中国古代对太阳位置的测定和推算，《中国科学院上海天文台年刊》1985 年号。

[9] 江晓原：The Solar Motion Theories of Babylon and Ancient China.Vistas in Astronomy, Vo1.31（1988）.

古代历法中唯一与农业生产有关的部分是对二十四节气的推求，这是根据太阳在黄道上的周年视运动而来。完整的二十四节气名称，迄今所知最早见于西汉初年的《淮南子·天文训》，其中部分名称则已见于先秦典籍。但何时出现某些节气名称，并不足以证明此时对太阳运动已能很好掌握。而在秦汉时代，农业生产早已发生并进行了好几千年之久了——中国的农业生产早在新石器时代早期就已达相当水准，[10]那时当然不存在历法。有的学者指出：有了节气之后，“各种生物、气候现象都可以用节气作标准，它们的发生、活动等时间就有了相对的固定”，[11]但反过来不难设想，根据生物、气候现象同样可以大致确定某些节气。现今所见二十四节气名称中，有二十个直接与季节、气候及物候有关，正强烈暗示了这一点。无论如何，太阳周年视运动是一个相当复杂、抽象的概念，即使到了今天，也还只有少数与天文学有关的学者能够完全弄明白；顾炎武虽有“三代以上，人人知天文”的著名说法，但他所举的例证都只是星名而已，况且妇人小儿即使嘴里会吟诵某一星名，并不等于她（他）们能在星空中将其指认，至于太阳周年视运动这样的抽象概念，自然更毋论矣。专职的司天巫觋们当然掌握着比妇人小儿们远为高深的天学知识，但他们的知识也必须有足够的时间（以千百年计）来积累，不能靠“天启”而得。而另一方面，初民们直接观察物候，显然要容易得多，这对巫觋或妇人小儿都不例外。在传世的历法中，逢列有二十四节气表时，常将“七十二候”与之对应，附于每节气之下，比如《大衍历》中就是如此。这也暗示了二十四节气的来源与先民观察物候大有关系。此其二。

二十四节气体系成立之后，固然有指导农时的作用，但对节气推求之精益求精，则又与农业无关了。古人开始时将一年的时间作二十四等分，每一份即为一个节气，称为“平气”；后知如此处理并不能准确反映太阳周年运动——此种运动有不均匀性，乃改将天球黄道

[10] 杜石然等：《中国科学技术史稿》，科学出版社（1982），10—11 页。

[11] 整研组：《中国天文学史》，94 页。

作二十四等分，太阳每行过一份之弧，即为一节气，因太阳运行并非匀速，故每一节气的时间也就有参差，不再如“平气”时之为常数了，此谓之“定气”。但指导农时对节气的精度要求并不高，精确到一天之内已经完全够用。事实上，即使只依靠观察物候，也已可以大体解决对农时的指导，故“定气”对指导农时来说意义已经不大，至于将节气推求到几分几秒的精度，那对农业来说更是毫无意义。此其三。

自隋代刘焯提出“定气”，此后一千年间的历法皆用“定气”推求太阳运动，却仍用“平气”排历谱，这一事实又一次有力说明精密推求节气与农业无关。节气对农时的指导作用，当然必须通过历谱来实现，历学家在“定气”之法出现之后仍不用以注历，说明日常生活（包括农人种地）中无此必要。此其四。

西汉初年出现了完整的二十四节气体系（姑认为全部名称的出现标志着该体系的形成），隋代又将节气推求之法发展到“定气”，至清初用“定气”注历，使一般民众对节气的了解更臻精确，但是迄今为止，研究中国古代农业史的专家们却从未发现汉、隋或清代的农业生产有过任何因历法发展而呈现的飞跃。这也说明“历法为农业服务”之说中，即令是真有其事的二十四节气部分，以往对其作用也在很大程度上言过其实了。此其五。

综上所述，情况已非常明白：古代中国历法中对月运动、行星运动的大量研究与农业完全无关；对太阳运动的研究，与农业生产的关系也极其有限。古人对日运动之深入研讨，目的在于精确推算和预报交食——这是古代中国大多数历法中最受重视的部分。因为一部历法的精确程度，往往通过预推交食来加以检验；而交食（尤其是日食）的星占学意义在各种天象中也是极为重要的。[12]

前已谈及的著名历法《大衍历》，共七章 103 节，其中与编排历谱有关的内容不过 5%；如果说“历法为农业服务”之说还有正确成分的话，那这种正确成分所占的比例也就是 5% 而已。

---

[12] 较详细的论述及事例可见：《星占学与传统文化》，第三章第一节。

丙　“观象授时”与“四时大顺”

“历法为农业服务”说多年虽然被视为天经地义，但论述此说的学者们却始终只能在中国浩如烟海的古籍中找到一句话来作证据，即所谓“观象授时”。对这样一个重要问题的论断只能靠如此一句话来支撑，已经够虚弱了；更何况对这句话的理解也大成问题，因而根本无法成为“历法为农业服务”说的证据。

“观象授时”语出《尚书·尧典》：

> 历象日月星辰，敬授人时。

多年来，“敬授人时”一直被想当然地解释成“安排农事活动”，于是成为“历法为农业服务”的证据。但是，这样的解释有什么根据呢？却从未见有指出者。通观《尚书·尧典》全篇，无任何一语言及农业生产，因此将“敬授人时”解释为“安排农事”，至少在上下文中就完全没有根据。再退一步看，整部《尚书》中有没有哪一篇讨论了农业生产或农事安排呢？也没有。《尚书》是一部上古政治文献集，讲的都是天命转移、立国为政之事，农事安排之类的事务根本就不在这一层次之中，自然不会在其中被谈到。因此将“敬授人时”解释为“安排农事”，也无法与《尚书》所呈现之背景氛围相吻合。

所谓“敬授人时”，正确的理解应是“人事之时”，即安排重大事务日程表。在古代，统治阶级最重要的“人事”是宗教、政治活动，农事安排纵然在“万机”之中有一席位置，也无论如何不可能重要到凌驾于一切别的事务之上，以致可以成为“人时”的代表或代名词。为了说明古代统治者们的“人时”之大致情况，以及此“人时”何以需要历法知识来加以“敬授”，可于古籍中引述两则有代表性的材料以考察之：

第一则见于《礼记·月令》。《礼记·月令》逐月记载着天子一年之中应该按时参加的活动及下令进行的活动。从形式上看，可能稍有理想化色彩，未必完全是古代情形的实录，但类似的“人时”记载也见于《吕氏春秋》十二纪以及《淮南子·时则训》等古籍中，故至少仍可代表秦汉间流行的看法。为省篇幅，下面仅录出这些活动中最重要的那部分——天子亲自参加者：

孟春　立春之日，天子亲帅三公九卿诸侯大夫以迎春于东郊。
　　　天子乃以元日祈谷于上帝。
仲春　玄鸟至之日，以太牢祠于高禖，天子亲往。
　　　天子乃鲜羔开冰，先荐寝庙。
　　　上丁，命乐正习舞，释菜，天子乃帅三公九卿诸侯大夫亲往视之。
季春　天子乃荐鞠衣于先帝、荐鲔于寝庙。
　　　天子为谷祈实。
　　　择吉日大合乐，天子乃帅三公九卿诸侯大夫亲往视之。
孟夏　立夏之日，天子亲帅三公九卿大夫以迎夏于南郊。
　　　天子乃以彘尝麦，先荐寝庙。
　　　天子饮酎，用礼乐。
仲夏　天子乃以雏尝黍，羞以含桃，先荐寝庙。
季夏　无
孟秋　立秋之日，天子亲帅三公九卿诸侯大夫以迎秋于西郊。
　　　天子尝新，先荐寝庙。
仲秋　天子以犬尝麻，先荐寝庙。
季秋　天子乃厉饰执弓挟矢以猎。
　　　天子乃以犬尝稻，先荐寝庙。
孟冬　立冬之日，天子亲帅三公九卿大夫以迎冬于北郊。
　　　天子乃祈来年于天宗。
仲冬　无
季冬　天子亲往，乃尝鱼，先荐寝庙。
　　　天子乃与公卿大夫共饬国典，论时令，以待来岁之宜。

严格地说，“农事安排”在上面所列的事务中并无地位。“为谷祈实”“尝黍”“尝稻”之类，虽然可以说在概念上和农业沾了一点边，但显然绝不能等同于“农事安排”。

在古代统治者的“人时”中，祭祀是一项极重要的事务，且与日期有密切关系，确实需要用到历法知识（不止于历谱）。对此可引《钦定协纪辨方书》卷十二所列皇家祭祀项目及日期为例。这是清代的情形，但与前代相比，并无很大不同，取此为例，不过因其较为详尽，且已经过整理并为“钦定”，比较真实可靠而已。全部项目如下：

正月上辛日：祈谷于上帝。
冬至：大祀天于圜丘。
夏至：大祀地于方泽。
春分卯时：祭大明于朝日坛。
秋分酉时：祭夜明于夕月坛。
四孟月朔时：享太庙。
孟春月朔日：祭太岁、月将之神。
岁暮：祫祭太庙，祭太岁、月将之神。
仲春、仲秋上丁日：祭先师孔子。
仲春、仲秋上戊日：祭社稷坛。
仲春、仲秋择日：祭关帝庙、黑龙潭龙神、昭忠寺、定南武庄王、恪禧公、勤襄公、文襄公、贤良祠。
仲春、仲冬上甲日：祭三皇庙。
季春巳日：祭先蚕祠。
季春亥日：祭先农坛。
清明霜降前：祭历代帝王庙。
六月二十三日：祭火神庙。
季秋择日：祭都城隍庙。

大部分祭祀项目都规定了明确日期，这当然要按照历谱；有几项是“择日”，未定具体哪一天，则更需要用到“选择”之术（参见本章Ⅲ）。

上引两则材料，实际上可以说已为“观象授时”的真义做了相当形象，同时也相当准确的注解。

除了上述较为具体的层面之外，“敬授人时”还有另一层面，即所谓“为政顺乎四时”，亦即司马谈所论阴阳家的“序四时之大顺”。这类说法较早见于《礼记·月令》《吕氏春秋》十二纪、《淮南子·时则训》等篇中，三者文字大同小异，姑引《吕氏春秋》卷一孟春为例：

> 孟春行夏令，则风雨不时，草木早槁，国乃有恐；行秋令，则民大疫，疾风暴雨数至，藜莠蓬蒿并兴；行冬令，则水潦为败，霜雪大挚，首种不入。

一年十二月，每月皆有类似说法。对于此种说法的含义，高诱注云：

> 春，木也，夏，火也。木德用事，法当宽仁，而行火令，火性炎上，故使草木槁落，不待秋冬，故曰天气不和，国人惶恐也。
>
> 木仁，金杀，而行其令，气不和，故民疫病也。金生水，与水相干，故风雨数至，荒秽滋生，是以藜莠蓬蒿并兴。
>
> 春阳，冬阴也，而行其令，阴乘阳，故水潦为败，雪霜大挚，伤害五谷，春为岁始，稼穑应之不成熟也，故曰首种不入。

依五行立说，其理论不难理解。但四时之令究竟何指，高诱并未详说，因为这种观念在汉代广泛流行，高诱显然认为是众所周知，无烦多讲。对此可举董仲舒之言以说明之。《春秋繁露》卷十三四时之副云：

> 天之道，春暖以生，夏暑以养，秋清以杀，冬寒以藏。……圣人副天之所行以为政，故以庆副暖而当春，以赏副暑而当夏，以罚副清而当秋，以刑副寒而当冬。庆赏罚刑，异事而同功，皆王者之所以成德也。庆赏罚刑与春夏秋冬以类相应也如合符，故

曰王者配天。……四政者，不可以易处也，犹四时不可易处也。故庆赏罚刑有不行于其正处者，《春秋》讥也。

又同书卷十二阴阳义云：

天人一也……与天同者大治，与天异者大乱。故为人主之道，莫明于在身之与天同者而用之，使喜怒必当义乃出，如寒暑之必当其时乃发也。

所谓“当义乃出”，义作“合时”讲。天时之寒暑与人主之喜怒，在董仲舒笔下是密切对应的，故为人主者不可“喜怒无常”，否则政令不当，国家就要陷于混乱。同书卷十一天容云：

人主有喜怒不可以不时。可亦为时，时亦为义。喜怒以类合，其理一也。故义不义者，时之合类也。而喜怒乃寒暑之别气也。

所有这类说法，通常都强调政令与寒暑季节的对应，而这仍属“敬授人时”的范畴。

综上所述，所谓“观象授时”或“敬授人时”，其本义绝不是指“安排农事”，而是指依据历法知识，安排统治阶级的重大政治事务日程。至于将“观象授时”引作“历法为农业服务”之说的证据，实际上可以说是因为后者已成先入之见，由此造成对前者的误解，再将此已被误解之前者引为后者的证据。这事实上落入循环论证。

丁　历法与星占：历法的主要用途

古代中国历法致力于研究日、月和五大行星的运动规律，远远超出了编制历谱历书的需要，而且其中绝大部分内容与农业无关，俱如上述。这样就产生一个重大问题：历法究竟有什么用途？

这个问题对于“历法为农业服务”说的主张者而言，似乎是不存在的。但有些天文学史专家已经隐约感觉到“为农业服务”尚不足以解释历法的用途，于是试图提出一些别的解释，例如：

> 我国古代的历法还包含更丰富的天文学内容，例如，有关日、月食和五大行星运动的推算等。这些天象的推算不但是由于我国古代对天文学的重视，而且也是由于它们是验证历法准确性的一个重要手段。……从一定程度上来说，我国古代的编历工作，可以说是一种编算天文年历的工作。[13]

上面这段论述提的解释有两条：一、中国古代重视天文学；二、历法推算七政运行是由于七政运行是验证历法准确性的重要手段。然而不难发现，这两条解释都是极为勉强的，实际上并不能有效解释历法的用途。“重视天文学”是一个非常重大的断言（assertion），它首先需要做大量社会学和文化史的论证才能成立，而这些论证比解释历法用途这一问题处在更广泛的层次上，应该是解释了历法用途之后的后续问题。第二条解释虽然从纯逻辑的角度看是可通的，但显然已离题：历法有某某内容是因为这些内容可用以验证历法，这并未超出历法自身；换言之，历法之所以有推算七政的内容，是因这些内容是历法自身所需，这实际上已经离开了历法的用途问题。

面对历法的用途问题，理论上有两种选择：

第一种，承认历法没有什么用途，或者说没有什么服务对象，仅仅出自探索自然奥秘的好奇心。这种情况在古代希腊科学及现代科学中固然极为常见，但在古代中国却迄今未发现类似的传统，同时在史料上也找不到支持这种选择的证据。相反，学者们倒是早就注意到古代中国各种知识的强烈的致用性。

第二种，承认历法有实际用途，或者说有一个服务对象。如果找

[13] 整研组：《中国天文学史》，71 页。

到了这样的对象，自然也就否定了前一种选择，这类似于数学上的“存在性证明”。

事实上的确存在着这样一个服务对象。

古代中国历法全力研究日、月、五大行星这七个天体的运行规律，最根本的目的可归结为如下两项：

推算、预报交食（日食、月食）。

推算、预报行星运动。

以下先考察古代对交食和行星运动两类天象之重视，次略述古代中国经典星占学理论中该两类天象星占意义之重大，最后结合史事实例说明推算交食及行星运动对于星占活动之必不可少，由此揭示历法为星占服务这一历史事实，从而对历法的用途问题做出合理解答。

古人重视交食天象，最著名的例证之一见于《尚书·胤征》所载：

> 惟时羲和颠覆厥德，沈乱于酒，畔官离次，俶扰天纪，遐弃厥司。乃季秋月朔，辰弗集于房，瞽奏鼓、啬夫驰、庶人走，羲和尸阙官，罔闻知，昏迷于天象，以干先王之诛。政典曰：先时者杀无赦，不及时者杀无赦，今予以尔有众奉将天罚……

此即著名的“书经日食”。关于《胤征》篇的年代以及这次日食的真实性，历来多有争论；欲以现代天文学手段回推此次日食来做验证，也因不确定因素太多而无法定论。但对于由此事来讨论古代对日食之重视而言，上面这些问题显然无关紧要。羲和（其身份及性质已见本书第三章Ⅱ丙）因沉湎于酒，未能对一次日食做出预报，这一失职行为竟有杀身之罪！况且还援引古之政典，有“先时者杀无赦，不及时者杀无赦”之语，若古时真有此典（预报日食发生之时太早或太迟——即使以天为单位——就要“杀无赦”），未免十分可怕。虽然从后代有关史实来看，这两句话大致是言过其实的，但古人之重视日食却无疑问。

如认为“书经日食”属于传说时代，尚难信据，则还可举较后的史事为例。比如《汉书》卷四文帝纪所载汉文帝“日食求言诏”云：

> 朕闻之：天生民，为之置君以养治之，人主不德，布政不均，则天示之灾以戒不治。乃十一月晦，日有食之，谪见于天，灾孰大焉！朕获保宗庙，以微眇之身托于士民君王之上，天下治乱，在予一人，唯二三执政，犹吾股肱也。朕下不能治育群生，上以累三光之明，其不德大矣。今至，其悉思朕之过失，及知见之所不及，匄以启告朕。

汉文帝相信日食是上天对他政治还不够修明所呈示的警告（“文景之治”已是后人经常称道的楷模了），因此诏请天下臣民对自己进行批评，指出缺点过失。此事承先启后，尚有另一层重要的文化意义，留待本书第五章中讨论。此处仅先述古人将日食视为上天示警的观念，这一观念在古代中国普遍为人们所接受。所谓示警，意指呈示凶兆，如不及时抢救（挽救之法下文即将论及），则种种灾祸将随后发生，作为上天对人间政治黑暗的惩罚。以下姑引述经典星占文献中有关材料若干则为例：

> 日为太阳之精，主生养恩德，人君之象也。……日蚀，阴侵阳，臣掩君之象，有亡国。（《晋书》卷十二天文志中）
>
> （日食）又为臣下蔽上之象，人君当慎防权臣内戚在左右擅威者。（《乙巳占》卷一日蚀占）
>
> 凡薄蚀者，人君诛之不以理，贼臣渐举兵而起。……其分君凶，不出三年。（同上）
>
> 无道之国，日月过之而薄蚀，兵之所攻，国家坏亡，必有丧祸。（同上）
>
> 日蚀，必有亡国、死君之灾。（同上）
>
> 人主自恣不循古，逆天暴物，祸起，则日蚀。（《开元占经》卷九引《春秋纬运斗枢》）

君喜怒无常，轻杀不辜，戮无罪，慢天地，忽鬼神，则日蚀。（同上引《礼纬斗威仪》）

日蚀所宿，国主疾，贵人死。（同上引《河图纬帝览嬉》）

日蚀之下有破国，大战，将军死，有贼兵。（同上引《荆州占》）

类似的占辞极多，不必多引。需要指出的是，上述占辞中所反映的观念（以及所有星占学著作中所反映的类似观念），并非仅限于星占家、天学家或方术之士持有，而是广泛为古代中国的知识阶层所坚信。上引汉文帝求言诏即为例证之一，在本书第五章还可见到更多的例证。这种观念当然是深深植根于天人合一与天人感应的哲学之中的。

日食既为上天示警之凶兆，天子臣民自然不能束手以待，而是要采取挽救措施去“回转天心”。《史记》卷二七天官书所言最能说明问题：

日变修德，月变省刑，星变结和。……太上修德，其次修政，其次修救，其次修禳，正下无之。

“修德”是最高境界，较为抽象；且不是朝夕之功，等到上天示警之后再去“修”就嫌迟了，《乙巳占》卷一日蚀占有云：

犹天灾见，有德之君，修德而无咎；暴乱之王，行酷而招灾。

可为“太上修德”作脚注。“其次修政”就较切实可行一些，汉文帝因日食而下诏求直言，可以归入此类。再其次的“修救”与“修禳”，才是为中人以下说法，有完全切实可行的规则可循。故每逢日食，古人的当务之急是进行禳救。在天子，有撤膳、撤乐、素服、斋戒等举动；在臣民，则更有极为隆重的仪式。而且，即使有昏君自居“有德”，他通常也不敢忽视这些举动和仪式——“正下无之”，连禳救也不修，那就坐等亡国，自己死于非命。

对于古人为日、月交食而举行的禳救仪式，如果不稍做考察，就无法真正理解古代的历法为何不惜花费如此之多的篇幅和精力去研究交食规律。为此引述有关史料若干则以分析之：

日有食之，天子不举，伐鼓于社；诸侯用币于社，伐鼓于朝，礼也。（《左传》昭十七年）

汉仪：每月旦，太史上其月历，有司侍郎尚书见读其令奉行。其正朔前后二日，牵牛酒至社下，故以祭日。日有变，割羊以祭社，用救日变，执事者长冠，衣绛……行礼如故事。（《晋书》卷十九礼志上）

自晋受命，日月将交会，太史乃上合朔，尚书先事三日，宣摄内外戒严。挚虞《决疑》曰：凡救日蚀者，著赤帻，以助阳也。日将蚀，天子素服避正殿，内外严警；太史登灵台，伺候日变便伐鼓于门；闻鼓音，侍臣皆著赤帻，带剑入侍；三台令史以上皆各持剑立其户前；卫尉、卿驱驰绕宫，伺察守备，周而复始。亦伐鼓于社，用周礼也。又以赤丝为绳以系社，祝史陈辞以责之。勾龙之神，天子之上公，故陈辞以责之。日复常，乃罢。（同上）

各府设阴阳学正术，州设典术，县设训术……率阴阳生，主申报雨泽、救护日月诸务。（《续文献通考》卷六十）

由以上各条、特别是《晋书》所载可知，为日食而进行的禳救活动十分盛大隆重，而且不只京师如此，各地也要举行（当然简单一些）。这样的活动，如果等到日食在天上呈现时再组织进行是根本不可能的，所以必须预报，在日食发生之前三日就要开始准备和安排。考虑到地方上也要进行禳救活动（救护日月），这种预报很可能还要事先传达到各地。

至此，已不难理解古代历法为何要致力于精确预报交食，历法中“步交会”（以及为此服务的“步日躔”“步月离”）部分的服务对象也已找到。由此还可从一个重要侧面体会到古代中国历法广泛的文化功能。

关于古人之预报日食，还可举一个较为生动的例子进一步说明之，事见《太平广记》卷七六：

> 唐太史李淳风校新历，太阳合朔当蚀，于占不吉。太宗不悦曰：日或不食，卿将何以自处？曰：如有不蚀，臣请死之。及期，帝候于庭，谓淳风曰：吾放汝与妻子别之。对曰：尚早。刻日指影于壁，至此则蚀。如言而食，不差毫发。

此为小说家言，不过用以说明预报日食在古人心目中何等事关重大，还是十分生动有力的。李淳风是唐代的传奇人物，他在唐太宗、高宗时任太史令，曾著《法象志》七卷，《晋书》及《隋书》的《天文志》《律历志》《五行志》也全出于李淳风之手。上面故事中所云“校新历”，指李淳风所造的《麟德历》。至于“如有不蚀，臣请死之”的说法，则显然是小说家的言过其实了，事实上，古人对于预报了日食而到时又未发生这种情况的反应，是大出于今人意想之外的，将于本书第五章论之。

这里附带谈一下月食。与日食相仿，月食也被视为上天示警的凶兆，只是不如日食那样严重而已。比如《乙巳占》卷二月蚀占云：

> 月蚀尽，光耀亡，君之殃。
>
> 月生三日而蚀，是谓大殃，国有丧。……十五日而蚀，国破，灭亡。
>
> 春蚀，岁恶，将死，有忧。夏蚀，大旱。秋蚀，兵起。冬蚀，其国有兵、丧。

又如同书卷二月蚀五星及列宿中外官占云：

> 月在危蚀，不有崩丧，必有大臣薨，天下改服，刀剑之官忧，

衣履金玉之人有黜。

类似占辞也有很多。

月食也有禳救之说，姑引几条记载为例：

鼓人掌教六鼓四金之音声。……救日月，则诏王鼓（郑注：救日月食王必亲击鼓者，声大异）。(《周礼·地官司徒》)

男教不修，阳事不得，谪见于天，日为之食；妇顺不修、阴事不得，谪见于天，月为之食。是故日食则天子素服而修六官之职，荡天下之阳事；月食则后素服而修六宫之职，荡天下之阴事。(《礼记·昏义》)

锣筛破了，鼓擂破了，谢天地早是明了。若还到底不明时，黑洞洞几时是了？（元孔齐《至正直记》卷三载无名氏咏月食小令）

最后一条反映的是元代地方上对月食的“救护”情形。总的来说，月食发生的频度较日食为高，推算也较日食容易不少，其星占学意义也不像日食那样凶险重大，故针对月食的禳救之举，也不像日食那样受重视而成为朝廷与天子的重大事务。

交食天象仅被视为上天示警的凶兆，古人在历法中大力推算交食主要是为了及时安排禳救活动。而五大行星运行状况的重要性则远远超过交食。作为上天所呈示的征兆，行星天象不仅仅是示警凶兆，在古代中国人心目中，行星天象对人间的许多重大事务有着直接的指导作用，它们确实能够左右政治、军事等的运作。古代中国的行星星占学，实在可以说是张光直“天是智识的源泉，因此通天的人是先知先觉的”之说最直接、最具体、最生动的例证。由此也就不难领悟古人何以会极端重视对行星运动进行描述与推算。兹略论如次。

先看行星天象对古代军政大事直接左右。这类事例不胜枚举，窥一斑而见豹，此处仅引述汉代史事三则为例以考察之。第一事见《汉书》卷六九赵充国传：

> （宣帝）以书敕让充国曰：……已诏中郎将卬将胡越佽飞射士步兵二校益将军兵。今五星出东方，中国大利，蛮夷大败；太白出高，用兵深入敢战者吉，弗敢战者凶。将军急装，因天时，诛不义，万下必全，勿复有疑！

此为神爵元年（61 B.C.）事，赵充国奉命全权经略西羌军事，因他持重缓进，引起宣帝不满，故在为他增派援兵的同时，以敕书责备他贻误戎机，催他立刻进军。而催促进军的理由不是出于对双方情势的分析，却是“五星出东方”和“太白出高”两项天象，以及系于此天象的星占学理论。此次用兵西羌，兵力达数万人，当然不是小事，圣旨更不是戏言或秀才谈兵的闲话，如此军国大事，竟是由行星天象以及对应的行星星占学来指导。尽管赵充国后来本着“将在外，君命有所不受”的原则，仍坚持了缓进待机战略而最终获胜，但那是仗着自己是著名老臣，且宣帝一开始曾授予他全权之故。皇帝与朝臣“运筹庙堂之上”是常正，将领“抗旨”是权变，故此事的一般性与代表性并不会因赵充国的态度而稍损。

第二事是一次未遂的宫廷军事政变。中国古代学术史上最重要的人物之一刘歆就死于此次政变中。事见《汉书》卷九九王莽传下：

> 先是，卫将军王涉素养道士西门君惠。君惠好天文谶记，为涉言：星孛扫宫室，刘氏当复兴，国师公姓名是也。涉信其言，以语大司马董忠，数俱至国师殿中庐道语星宿，国师不应。后涉特往，对歆涕泣言：诚欲与公共安宗族，奈何不信涉也！歆因为言天文人事，东方必成。涉曰：……如同心合谋，共劫持帝，东降南阳天子，可以全宗族；不者，俱夷灭矣！伊休侯者，歆长子也，为侍中五官中郎将，莽素爱之。歆怨莽杀其三子，又畏大祸至，遂与涉、忠谋。欲发，歆曰：当待太白星出乃可。

此为新莽地皇四年（25 A.D.）事，王莽称帝之最后一年，那时他已穷途末路，众叛亲离，王涉、董忠及刘氏父子等人不愿为他殉葬，乃密谋以御林军劫持王莽本人，向南阳军事集团（刘秀倚仗之建立东汉王朝）投降。此事的发端是西门君惠据彗星出现而说动王涉，决定向南阳方面投降是依据刘歆“言天文人事，东方必成”，而到了箭在弦上之时，竟因刘歆“当待太白星出乃可”的意见而迁延不发。不幸的是，恰恰因刘歆的这一意见，这次政变以惨败告终。由于未能及时动手，密谋泄露，王莽进行了镇压。董忠被杀，王涉、刘歆自杀。

一场刀光血影的宫廷政变的结果，几位大人物的生死，就这样因金星恰巧运行到太阳附近（伏，金星被掩没在太阳的光芒之中）而决定了。今人或许会认为这只是由于王、董和刘氏父子的“迷信”，其实并不如此简单，刘歆是搞星占、谶纬的大家，他是明天道、知天命、掌握着上天知识源泉的“先知先觉”者，因此他的星占学预见和判断在当时无疑极具权威性，连王莽都尊他为国师。意味深长的是，《汉书》的作者班固似乎也相信刘歆的星占学预言，在记述了上面这场未遂政变及其余波之后，他郑重其事地记下了这样一笔：

> 秋，太白星流入太微，烛地如月光。

这看来确实是王莽灭亡的征兆——十月三日，王莽在渐台身首异处，并被乱刀分尸。

第三例为汉成帝时丞相翟方进因“荧惑守心”而被迫自杀事，见《汉书》卷八四翟方进传：

> 绥和二年（7 B.C.）春，荧惑守心。（李）寻奏记言：应变之权，君侯所自明，……上无恻怛济世之功，下无推让避贤之效，欲当大位，为具臣以全身，难矣！大责日加，安得但保斥逐之戮？阖府三百余人，唯君侯择其中，与尽节转凶。方进忧之，不知所出。会郎贲丽善为星，言大臣宜当之，上乃召见方进，还归，

未及引决，上遂赐册曰：

皇帝问丞相……惟君登位，于今十年，灾害并臻，民被饥饿，加以疾疫溺死……朕诚怪君，何持容容之计，无忠固意，将何以辅朕，帅导群下？而欲久蒙显尊之位，岂不难哉……

方进即日自杀。

此事与前述子韦对宋景公事（本书第三章Ⅱ甲，注意：其天象也是荧惑守心）及汉文帝日食求言诏有着同一文化意义，俟下章讨论；此处仅作为行星天象直接影响政治运作的例证加以考察。有趣的是，据台湾学者研究，此次“荧惑守心”天象竟是伪造的，翟方进很可能是王莽集团走向权力顶峰途中的牺牲品之一。[14]这一结论更增强了此事的说服力——一次伪造（即谎报）的“荧惑守心”天象竟能用来逼迫丞相自杀，则行星天象对古代军政大事之影响力更可想而知矣。

以上三例，表明了行星天象在客观上对古代政治、军事运作所发生的影响，至于古人在主观上如何重视行星天象所含的意义，则仍可从星占学文献中得到证明。关于古代中国的星占学，下章将有论述，此处仅引录其中关于行星的综合性占辞及与上述三事例相对应者若干则如下，以见其一斑即可：

五星者，五行之精也，五帝之子，天之使者，行于列舍，以司无道之国。王者施恩布德，正直清虚，则五星顺度，出入应时，天下安宁，祸乱不生。人君无德，信奸佞，退忠良，远君子，近小人，则五星逆行、变色、出入不时、扬芒、角、怒；变为妖星、彗孛……众妖所出，天下大乱，主死国灭，不可救也；余殃不尽，为饥、旱、疾、疫。（《开元占经》卷十八引《荆州占》）

五星若会，是谓易行。有德受庆，改立天子，乃奄有四方，

[14] 张嘉凤、黄一农：天文对中国古代政治的影响——以汉相翟方进自杀为例，《清华学报》新20卷第2期（1990），361—378页。

子孙蕃昌。无德受罚，离其国家，灭其宗庙，百姓离家去满四方。（同上卷十九引《海中占》）

太白出高，用兵深入吉，浅入凶，先起胜。太白出下，浅入吉，深入凶，后起吉。（《乙巳占》卷六太白占）

荧惑为乱、为贼、为疾、为丧、为饥、为兵、所居之宿国受殃。（《汉书》卷二六天文志）

五大行星各有一套吉凶含义，不仅金、火而然。

行星天象既有重大的星占学意义，它们通过这种意义之深入人心，遂能对古代军国大事发生直接影响，能左右用兵方略，影响政变成败，乃至决定丞相的生死。那么接下来的问题是：人们只要夜观星象，观察各行星的运行，由此按星占学理论做出预言或判断即可，有什么必要预先推算行星的运动？

如仅从表面上看，预推似乎不是必要的，其实不然。仅仅“被动地”依据已见天象而进行星占学解释或预言，那只是平庸的星占家。真正的星占学大师，还必须掌握更高的技巧，以臻于古人所谓“运用之妙，存乎一心”的境界。为此可剖析一则著名史例以说明之，事见《魏书》卷三五崔浩传：

初，姚兴死之前岁也，太史奏：荧惑在匏瓜星中，一夜忽然亡失，不知所在。或谓：下入危亡之国，将为童谣、妖言，而后行其灾祸。太宗闻之大惊，乃召诸硕儒十数人，令与史官求其所诣。

浩对曰：案《春秋左氏传》，说神降于莘，其至之日，各以其物祭也，请以日辰推之：庚午之夕，辛未之朝，天有阴云，荧惑之亡，当在此二日内；庚之与未，皆主于秦，辛为西夷；今姚兴据咸阳，是荧惑入秦矣。

诸人皆作色曰：天上失星，人安能知其所诣，而妄说无征之言！

浩笑而不应。

后八十余日，荧惑果出于东井，留守盘桓；秦中大旱赤地，昆明池水竭，童谣讹言，国内喧扰；明年姚兴死，二子交兵；三年国灭。于是诸人皆服曰：非所及也。

为了完全理解此事的意义，先需解释两点技术性的细节。其一，据古代星占学中的分野理论，东井（即井宿）属鹑首之次，正是秦的分野；其二，火星出现于井宿，就其星占意义而言，正是后秦此后两年中种种事变的先兆，姑引三则星占占辞为例：

荧惑入东井，兵起，苦旱，其国乱。(《开元占经》卷三四引石氏)

荧惑入东井，留三十日以上，既去复还居之，若环绕成勾巳者，国君有丧，若重，有丧。(同上引《海中占》)

荧惑出入留舍东井，三十日不下，必有破国、死王。(同上引郗萌)

在崔浩那次星占中，火星正是在东井“留守盘旋”(根据现代天文学的行星运动理论，发生这种现象并不奇怪)，与《海中占》所述完全一样。结果是当年大旱，次年皇帝死，第三年(417 A.D.)后秦被东晋攻灭，末帝姚泓被押送建康处死。

再回过头来看崔浩的预言，其中最令诸“硕儒”惊异的是，他能在火星看不见时预言其去向，而八十余日之后竟然真的应验。而其间的奥妙，实际上就在崔浩正确掌握了火星的运动规律。他知道火星当时正进入“伏”的阶段，即处在与太阳很接近的方向上，因此天黑后即没入地平线而无法看见；他又知道火星在这一阶段之后将运行至井宿区域，而井宿在分野上正对应秦。

当然崔浩的能事还不止于此。他除了掌握火星运动规律，并熟知星占学理论之外，还因“恒与军国大谋，甚为宠密”而了解到许多后秦政权的情况，而他的历史知识和社会经验又使他能够从这些情况中判断出，姚秦政权已到末日。他后来还曾根据彗星出现而成功地预言了刘裕篡晋，用的也是同样方法。

反观其余诸“硕儒”，他们与崔浩最关键的区别在于，他们对行星运动规律茫然无知——也就是说，他们不懂历法，因而他们无法预知火星出没的时间和位置。所以，即使他们也曾读过《海中占》或《郗萌占》之类的星占学著作，仍不可能做出任何高明的星占预言。

综上所述，崔浩这次著名星占预言有力地说明：一次成功的、高水平的星占，除了需要星占学理论、政治情报、历史经验、社会心理等知识之外，历法——其中最主要的部分是对日、月和五大行星运动的推算——也是必不可少的。特别是，行星星占学在中国星占学中是最重要的部分，这更加强了历法对星占学的作用。

崔浩之事并非孤立的事例，只是此事对于说明星占需要历法知识颇为生动有力而已。附带说一句，前引刘歆在政变计划中要“当待太白星出乃可”，也不是被动地等待太白出现。刘歆也是历法大家，他的《三统历》是现今传世的最早的完整历法，其中正文第一章就是“五步”，他完全知道金星会在什么时候出现，也许他认为那时才是动手的适当时机——恰为南阳军队破城的前夜。王涉起先几次向他提出政变之事，他都“不应”，可以说明此点。

至此，古代中国历法中绝大部分内容——对交食和五大行星运动的推算——的服务对象已经找到。这对象正是古人经常将之与历法并称的星占学。也就是说，历法的用途问题已可获得一个明确答案：星占需要历法。现在再回顾本章章首题辞中波斯先哲“学习天文的目的是预卜凶吉，研究历法也出于同一目的”之语，其中所含真义，乃得以豁然显现。

Ⅲ.历书（具注历）性质与功能之探讨

在古代中国人的宇宙图像中，时间与空间是密切联系在一起的。

人生天地之间，凡百行事，都必须选择在合适的时空点上进行，方能吉利有福，反之则有祸而凶。所谓“敬天之纪，敬地之方”，正是此意。而堪舆、择吉（选择）、占卜等种种方术，极而言之，皆不外选择合适时空点以行事而已。就时间而言，则为探讨何时可行何事，不可行何事，即各种吉凶宜忌之说；而历书（具注历）之性质与功能，也正须从此处入手去理解。

甲　历书之起源

所谓具注历，通常指敦煌卷子中所见的唐宋历书，以及传世的明代《大统历书》、清代《时宪书》等，旧时之《黄历》也可包括在内。唐宋历书中，历注详略稍有不同，传世《宋宝祐四年会天历》一卷（有清代抄本）所注较详，可视为典型代表，以之与出土汉简中所见诸历谱相比较，前者详细而后者简略，判然可分。然而，就历注本身而言，其起源极早。现今所见最早的古历实物，为山东临沂银雀山二号西汉墓 1972 年所出土之《元光元年历谱》（134 B.C.），其中已有历注（详下文）。

历注又可分广、狭二义。为日常行事选择合适之时点，即各种吉凶宜忌，属于择吉之术者，可称为狭义历注；若将干支、节气、物候等内容也视为历注，则可称为广义。本章所论，仅限于狭义历注。行文即使涉及节气、物候等事，多不以历注视之。

历注之旨，即在选择行事合适之时点，则除已见汉简历谱中少数历注外，其思想尚可追溯至更早。以汉代典籍中记载考之，即可见其端倪，略引数则为例：

> 于是帝尧老，命舜摄行天子之政，以观天命。舜乃在璇玑玉衡，以齐七政。……揖五瑞，择吉月日，见四岳诸牧，班瑞。（《史记》卷一五帝本纪）
>
> 太阴元始，建于甲寅。……岁徙一辰，立春之后，得其辰而

迁其所顺。前三后五,百事可举。(《淮南子·天文训》)

太阴所居辰为厌日，厌日不可以举百事。(同上)

若《史记》所言不虚，则择吉之术竟可追溯至尧舜传说时代，此固不足视为信史，但择吉思想早在汉代之前就已流行，却有出土文献提供极强有力的证据。

这项证据即著名的长沙子弹库战国墓出土楚帛书。[15]帛书文字部分分为三篇，其《丙篇》是现今所见最早的择吉专门文献。因其珍贵且流传不广，全文又不长，特将其引录如次：[16]

帛书《丙篇》全文

取于下

曰：取，虬则至，不可以□杀。壬子、丙子凶，作□北征，帅有咎，武□□其敵。

如此武

曰：如，可以出师、筑邑，不可以嫁女、取臣妾，不兼得不憾。

秉司春

曰：乘，□□……□畜牲分□□。

余娶女

曰：余，不可以作大事。少杲其□，□龙其□，娶女为邦疑。

欱出睹

曰：欱，盗帅□得以匿。不见月才在□□，不可以享祀，凶。取□□为臣妾。

[15] 关于此件帛书的收藏之处，各种学术著作中所述互有不同，其中只有现藏于美国纽约大都会博物馆说是正确的。笔者1988年访美时，曾去大都会博物谊考察了此件原物。帛书原物被置于一小型专室中央之透明柜中，该室墙上有巨幅放大复制绘本。

[16] 释文据《长沙子弹库战国楚帛书研究》，74—80页。

虘司夏

曰：虘，不可出师。水师不□，其败其覆，至于其□□，不可以享。

仓莫得

曰：仓，不可以川□，大不顺于邦，有盗入于上下。

臧杢□

曰：臧，不可以筑室，不可以□，□脨不复，及邦有大乱。娶女，凶。

玄司秋

曰：玄，可以筑室……司□□通乃□……

阳□羕

曰：阳，不毁事，可以……折除，去不义于四……

姑分长

曰：姑，利侵伐，可以攻城，可以聚众，会诸侯，刑首事，戮不义。

荃司冬

曰：敍，不可以攻……□□□□□□□……

关于帛书内容，数十年来迭经中外学者反复考释，虽然在细节上仍有争议，但对于三篇文意大旨，基本上已趋一致。就《丙篇》而言，情形比较明显，是为一年中逐月吉凶宜忌之说，属于择吉之术无疑。关于其文意，诸家考释具在，此处无需赘述，[17]仅对《丙篇》应置于何种背景框架中去认识略加讨论。

《丙篇》所用十二月之名颇为怪异，其意义很难索解；此外，每月文字旁边又各绘有一奇诡神像，一般认为这些神像即为每月之神。此十二月名，与《尔雅·释天》中所列为同一系统。下面将月名及神像列述出来，以便考察。左起第一栏为帛书《丙篇》月名，第二栏为《尔

[17] 关于各家考释情况之综述，可参见《长沙子弹库战国楚帛书研究》，1—28页。

雅·释天》月名，第三栏为帛书怪神图形简述：

取	陬	蛇首鸟身之物
如	如	四首双身连体鸟形
秉	寎	方首怪兽
余	余	双尾相绞之蛇形
欱	皐	三首人形
虘	且	长臂猕猴
仓	相	人首有角而鸟身独爪之怪物
臧	壮	吐舌两足长毛兽
玄	玄	双首龟
阳	阳	歧冠鸟之形
姑	辜	牛首人身怪物
荃	涂	头有羽饰之长舌人

《尔雅》月名之义，同样难以索解，郭璞注云“皆月之别名……其事义皆所未详通者，故阙而不论”，邢昺疏也毫无建树，看来只能存疑。有人认为帛书十二月之神与后世式盘上的十二神有关，但这也只是猜测而已，因为式盘上十二神之名与帛书十二月名之间实在看不出什么相似或承传的痕迹。[18]故帛书《丙篇》中十二月名或月神之名的问题，恐怕只能搁置待考。

另有一些学者将帛书《丙篇》与《礼记·月令》《吕氏春秋》十二纪之首章、《淮南子·时则训》《管子·幼官（玄宫）》等文献联系起来，猜测它们可能属于同一类典籍。但是实际上，《礼记·月令》等文献属于本章Ⅱ丙所论之“敬授人时”一类，讲的是何时应该做何事；而帛书

[18] 式盘上十二神之名，据沈括《梦溪笔谈》卷七所记为：登明、天魁、从魁、传送、胜先、小吉、太一、天罡、太冲、功曹、大吉、神后。对于其意义，沈括也有所论述。此十二神名在王充《论衡》卷二四难岁篇已提及两个，在传世汉代式盘实物上也可见到，文字小有出入。

《丙篇》属于吉凶宜忌一类，讲的是何时可以做何事及不可做何事，两者在性质上有着明显区别，其具体功用也明显不同。故李零认为帛书《丙篇》"其性质当与古代的历忌之书相近，《月令》诸书应该就是从这种东西发展而来"，[19]前一句失于保守（《丙篇》显然就是历忌之书，并非仅"相近"而已），后一句恐怕就不妥了。

所谓"历忌之书"，直接与具注历的起源问题联系在一起。历忌之书并非只讲忌，而是宜、忌兼讲，其内容正是具注历中大量历注的来源和根据，钱大昕《十驾斋养新录》卷十四"三历撮要"条对此颇有参考价值：

> 吴门黄氏有宋椠《三历撮要》，凡五十七叶，不题撰人姓名，又无刊印年月，而纸墨极精。考《直斋书录解题》，载此书一卷。又一本名《择日撮要历》，大略皆同。建安徐清叟云：其尊人尚书公应龙所辑，不欲著名，即是书也。其书每日注天德、月德、月合、月空所在，次列嫁娶、求婚、送礼、出行、行船、上官、起造、架屋、动土、入宅、安葬、挂服、除服、词讼、开店库、造酒曲酱醋、市买、安床、裁衣、入学、祈祷、耕种吉日（凡廿二条）盖司天监用以注朔日者。其所引有《万通历》《百忌历》《万年具注历》《万年集圣历》《会要历》《会同历》《广圣历》，大率皆选择家言也。郑樵《(通志)·艺文略》有《太史百忌历图》一卷、《太史百忌》一卷、《广济阴阳百忌历》一卷（吕才撰）、《广圣历》一卷（晋苗锐集）、《万年历》十七卷（杨惟德撰）、《集圣历》一卷（杨可撰），今皆不传。此书又引刘德成、方操仲、汪德昭、倪和父诸人说，盖术数之士，今无有举其姓名者矣。

其中所引各种"今皆不传"之古籍，即历忌之书；而自嫁娶至耕种之各项择吉名目，大体皆为传世具注历中所见历注之通常项目。

---

[19]《长沙子弹库战国楚帛书研究》，46页。

历忌之书的历史，显然还可自宋代再向前追溯。《隋书》卷三四经籍志三子部五行类中，著录有如下多种，显然与上引钱大昕所述各书有承传关系：

《杂忌历》二卷（魏光禄勋高堂隆撰）

《百忌大历要钞》一卷

《百忌历术》一卷

《百忌通历法》一卷（梁有《杂忌》五卷，亡）

《历忌新书》十二卷

《太史百忌历图》一卷（梁有《太史百忌》一卷，亡）

《二仪历头堪余》一卷

《堪余历》二卷

《注历堪余》一卷

《堪余历注》一卷

《大小堪余历术》一卷（梁《大小堪余》三卷）

《四序堪余》二卷（殷绍撰。梁《堪余天赦》有书七卷、《杂堪余》四卷，亡）

“堪余”即堪舆。这类历忌之学的历史，还可再向前追溯，大约在东汉时已经十分盛行。《论衡》卷二四讥日篇中云：

世俗既信岁时，而又信日。举事若病、死、灾、患，大则谓之犯触岁月，小则谓之不避日禁。岁月之传既用，日禁之书亦行。世俗之人，委心信之；辩论之士，亦不能定。是以世人举事不考乎心而合于日，不参于义而致于时。时日之书，众多非一……

所谓“时日之书”，分为两类：一类讲每日各种举事之吉凶宜忌，即王充所说之日禁，后世习见的在《黄历》《通书》中选“黄道吉日”之类也属此类，这比较容易理解。另一类则据节令、月份或年份而言各种举事之宜忌，即王充所言之“岁月”，又称为月讳，子弹库帛书《丙篇》即属此类。后一类历忌在古时也很常见，例如《荆楚岁时记》中有云：

> 五月俗称恶月，多禁。忌曝床荐席，及忌盖屋。……俗人月讳，何代无之，但当矫之归于正耳。

两类历忌，合之皆为选择家言。

王充在上引论述之后，接着具体讨论了六种历忌之书（他本人对此大体都持拒斥态度）：

> 葬历，专讲举行葬事之择日。
> 祭祀之历，讲祭祀活动之择日。
> 沐书，专讲洗头的各种时日吉凶宜忌。
> 裁衣之书，讲裁衣的时日吉凶。
> 工伎之书，讲造房、装车、治船、挖井等事之择日。
> 堪舆历，亦为择吉之术。

特别值得注意的是，这些历忌之书中所讲论的种种内容，正是后世历注中的典型内容。关于这类内容的历史还可再向前追溯，比如，一个著名的事例发生于汉武帝时代，见《史记》卷一二七日者列传末附褚先生所记：

> 孝武帝时，聚会占家问之，某日可取妇乎？五行家曰可，堪舆家曰不可，建除家曰不吉，丛辰家曰大凶，历家曰小凶，天人家曰小吉，太一家曰大吉，辩讼不决。以状闻，制曰：避诸死忌，以五行为主。

娶妇的择日也是后世历注中的典型内容。

历忌之学的历史再向前追溯，就与子弹库帛书《丙篇》会合了。《丙篇》是月讳之书。后世历注中的娶妇、筑室等内容也已见于其中。而约略同时之云梦秦简《日书》，更可说是一部历忌专书。由此可得大致线索如下：

历忌之学至迟在战国时已颇具规模，自两汉而下，至六朝，再至唐宋以降，一直流传不绝；而其发展之终结，则大体可以清代集大成之《御定星历考源》六卷和《钦定协纪辨方书》三十六卷为标志。

接下来的问题是：历忌之学与历谱的结合，或者说，历忌之学被吸收为历注而形成具注历，是由于怎样的契机？又开始和完成于什么时代？这两个问题都不易明确回答。如将现今已发现之全部古历实物（包括汉简历谱十余种、以敦煌卷子为主的唐宋历书约 40 种，保存大体完整的明清历书以及零星的若干种）按时间顺序加以考察，可以发现历注大致是由简趋繁，至宋代可以说已大体定型（以《宝祐四年会天历》为典型）。但这并不是说具注历晚至唐宋才形成，因为历注早在汉代已经发端。汉简历谱中虽然历注甚少，然而这少量历注中却有后世具注历中标准的历注项目。下面略述其中三项为例。

反支。在《钦定协纪辨方书》卷九立成中，反支被作为“日神按月朔取日数者”，单独立为一类。反支属凶煞类，由每月朔日的纪日干支中之地支决定。出土汉简中，永元六年（94 A.D.）及本始四年（70 B.C.）残历谱都注有反支，最引人注目的是银雀山出土元光元年（134 B.C.）全年历谱，其中所有反支之日全部注出。

反支在汉代已经流行。文史专家经常提到的记载有两条，一条见《汉书》卷九二游侠陈遵传：

> 及王莽败……（张）竦为贼兵所杀。

颜师古注引李奇曰：

> 竦知有贼，当去，会反支日，不去，因为贼所杀。桓谭以为

通人之蔽也。

这是因相信反支日不利出走，结果误了性命。所以颜之推《颜氏家训》卷七杂艺说“至如反支不行，竟以遇害；归忌寄宿，不免凶终，拘而多忌，亦无益也”。另一条见于《后汉书》卷七九王符传引述其《潜夫论·爱日篇》云：

明帝时，公车以反支日不受章奏，帝闻而怪曰：民废农桑，远来诣阙，而复拘以禁忌，岂为政之意乎！于是遂蠲其制。

李贤注引《阴阳书》云：

凡反支日，用月朔为正：戌、亥朔一日反支，申、酉朔二日反支，午、未朔三日反支，辰、巳朔四日反支，寅、卯朔五日反支，子、丑朔六日反支。

反支日不受章奏，与张竦反支日不出行相似，都是讲求、相信历忌之说的表现。

关于反支日的推求之法，前人多引李贤注中所说为据。但近年已发现远较李贤注更早的文献证据，云梦秦简《日书》甲种有“反枳”章（简742—743反面）：

反枳。子丑朔六日反枳，寅卯朔五日反枳，辰巳朔四日反枳，午未朔三日反（枳），申酉朔二日反枳，戌亥朔一日反枳。复卒其日子有复反枳，一月当有三反枳。

以汉简元光元年历谱考核之，与李贤注引《阴阳书》及上引《日书》之说都完全一致。其实由元光元年历谱即可看出反支日出现的规律，其推求之法非常规则，可列表表示如下：

朔日地支	子丑寅卯辰巳午未申酉戌亥
第一反支日日期	六六五五四四三三二二一一
反支日地支之一	巳午午未未申申酉酉戌戌亥
反支日地支之二	亥子子丑丑寅寅卯卯辰辰巳

由此可知秦简《日书》“一月当有三反枳”之语，应是指一月中连头带尾遇到三次地支循环，而不是指一月中有三个反支日（一月中最多可有五个）。

反支之说起源于先秦，在汉代历谱中已经出现，而此后一直沿用下来，直至清末历书。且两千余年之间，其推求之法与吉凶含义都无改变。

血忌。汉简永元六年残历谱有血忌历注：

十一日甲午破血忌天李。

“破”及“天李”也属历注项目，俟下文再论。所谓血忌，顾名思义为忌见血，其说在汉代已有之，王充《论衡》卷二四讥日篇云：

> 祭祀之历，亦有吉凶。假令血忌、月杀之日固凶，以杀牲设祭，必有患祸。

杀牲设祭，自然要见血，而在血忌日行之，即有祸患。又唐韩鄂《四时纂要》卷一正月有云：

> 丑为血忌，不可针灸、出血。

丑是指纪日干支中的地支，正月中日地支为丑之日为血忌。据《四时纂要》各卷所载，每月血忌之日的日地支可列表如下：

正月	丑
二月	未
三月	寅
四月	申
五月	卯
六月	酉
七月	辰
八月	戌
九月	巳
十月	亥
十一月	午
十二月	子

血忌在唐宋历书中仍作为历注项目，后世因之，直至清末历书，都是如此。但是，看来并不是所有上表所列的日地支之日都注血忌，比如，宋宝祐四年会天历全年逐月注有血忌之日如下表，其中阿拉伯数字表示该月注有血忌之日的日期，括弧中的日期为符合血忌安排规则但未注血忌者，依序列于右侧三栏：

正月	（9）	（21）	
二月	9	21	
三月	11	23	
四月	11	23	
五月	（1）	（13）	25
六月	（2）	（14）	26
七月	（3）	15	（27）
八月	（4）	16	28
九月	（6）	18	（30）
十月	（6）	18	30

十一月 （7） 19

十二月 （7） 19

其中正月的历注部分似有残缺，情况不明，姑置不论。[20]自五月至十二月，每月第一个合于规则之日都未注血忌，七、九两月还出现第三个可注的日子，也未注。何以如此，未能确知。可能另有附加的推求细则，姑存疑于此。

建除十二直。已出土的汉简历谱中，永元六年、本始四年、元康三年（63 B.C.）及建平二年（5 B.C.）四种残谱上都有建除十二直的历注。永元六年谱已将十二直逐日注出，后三种则仅逢“建”日注明。

建除十二直起源甚早。《淮南子 · 天文训》中已有论述，且将十二直归为八类：

寅为建，卯为除，辰为满，巳为平，主生；

午为定，未为执，主陷；

申为破，主衡；

酉为危，主杓；

戌为成，主少德；

亥为收，主大德；

子为开，主太岁；

丑为闭，主太阴。

对于这段话，传世的两种古代《淮南子》注本（习见的高诱注本及收于《道藏》中的许慎注本）都无说明。所谓主生、主陷云云，语涉玄虚，姑置不论。而将建除十二直即建、除、满、平、定、执、破、危、成、收、开、闭与十二地支对应，则有其义理。其义理两千年相传不绝，数术家多能言之，但近年却发现在出土秦代简书中已有关于建除

[20] 所据为《宛委别藏》所收朱彝尊跋清抄本。

十二直之推求法则及吉凶含义的详细说明。

近年先后出土了两部内容相仿的秦简《日书》，一为湖北云梦睡虎地出土，全文已经整理公布；一为甘肃天水放马滩出土，全文尚未公布。两《日书》又各分为甲、乙两种。在相隔千里之遥的华中和西北先后发现相似的文藏已足令人惊异，而更奇巧的是，两《日书》皆有论建除十二直的专章，并且其论十二直推求法则的部分竟然文字完全相同！睡虎地《日书》此章原有标题曰“秦除”（甲种，简743—754），放马滩《日书》此章无标题（甲1—12），兹举前者为例：

> 正月：建寅、除卯、盈辰、平巳、定午、挚未、柀申、危酉、成戌、收亥、开子、闭丑。
>
> 二月：建卯、除辰、盈巳、平午、定未、执申、柀酉、危戌、成亥、收子、开丑、闭寅。
>
> ……

凡十二月。其中盈即满，挚（摯）同执，柀同破。其含义为：正月从纪日干支中地支为寅之日起，依次排为建、除、满、平……十二日一循环；二月则以地支为卯之日为建，依次排列；其余各月顺十二地支之序依次类推。但此处所言之正月、二月等，并非历谱上的月份，而是所谓“星命月份”，其法以二十四节气中的十二节气（另十二为中气）为计算起讫之点，比如正月从立春之日起算，二月从惊蛰之日起算，其余类推。如此推得的“星命月份”实际上是依据太阳周年视运动而来，因此不可能与历书中反映朔望月情况的历月重合。十二直在循环排列时，逢到交节气之日，则重复该日之直一次。这样做可以使一年中十二直比纪日地支少循环一轮，以便次年正月仍回到寅日为建。[21]由此又可知前引《淮南子·天文训》中“寅为建，卯为除……”之说，所

[21] 有关细节可参阅张培瑜：出土汉简帛书上的历注，载《出土文献研究集》，文物出版社（1989）。

指即正月（“星命月份”）中建除十二直之排列之法。

十二直和反支、血忌一样，都属古代历忌之学中王充所说的日禁一类。关于十二直所主之吉凶宜忌，睡虎地秦简《日书》“秦除”文已有详细记述，因其颇富参考价值，特引录如下，其中一些明显的通假字已代以正字：

> 建日，良日也。可以为啬夫，可以祠，利早不利暮，可以入人、始冠、乘车，有为也吉。
>
> 除日，臣妾亡不得，有瘇病不死，利市责謍□□□除地，饮乐，攻盗不可以执。
>
> 盈日，可以筑闲牢，可以产，可以筑宫室、为啬夫，有疾难起
>
> 平日，可以娶妻，入人、起事。
>
> 定日，可以臧，为官府室祠。
>
> 执日，不可以行，以亡必挚而入公，而止。
>
> 破日，无可以有为也。
>
> 危日，可以责挚、攻击。
>
> 成日，可以谋事、起□、兴大事。
>
> 收日，可以入人民、马牛、禾粟、入室取妻及它物。
>
> 开日，亡者不得，请谒得，言盗得。
>
> 闭日，可以劈决池、入臣徒、牛马、它牲。

这些吉凶宜忌之说，到唐宋历书中又有所不同。

建除十二直之说在先秦历忌之书中已如此完备，至汉代又进入历注，又由前引《史记》所载汉武帝时七家辩论娶妇吉凶事有“建除家”，可知那时其说十分流行显赫。《日书》之“秦除”章，即建除家之学说也。此后从唐宋历书直到明清历书，都逐日注出建除十二直，与汉简永元六年残历谱相比，两千余年未有改变。

以上所论反支、血忌和建除十二直三种，是迄今所见汉简历谱十余种历注中较突出者。考察汉简历谱中的所有历注，并与唐宋以降各

历书中的历注对比，我们可以发现，尽管由两汉至唐宋，历注由简至繁，似乎是一个连续演变的过程，但对于历谱与历书之间的区别而言，竟然存在着一条明确的分界。这一点对于历书的起源与演变来说至关重要，值得稍详论之。

先从典型样品之对比入手。汉简永元六年残历谱是汉简历谱中历注最繁的一种，敦煌卷子后唐同光四年（926 A.D.）历书是敦煌历书中历注较简的一种，宋宝祐四年（1256 A.D.）会天历是历注较繁的样本，以下将此三种依次各录四日以资比照：

永元六年历谱（《疏勒河流域出土汉简》437 号）：

> 七月廿七日壬午开天李
> 廿八日癸未闭反支
> 廿九日甲申建□
> 卅日乙酉除

同光四年历书（罗振玉《贞松堂藏西陲祕籍丛残》所刊部分）：

> （十二月）六日丁亥土开　治病吉
> 七日戊子火闭　野雉始鸲　符镇吉
> 八日己丑火建　上弦　裁衣吉
> 九日庚寅木除　嫁娶吉

宝祐四年会天历书（《宛委别藏》朱跋本）：

> （七月）十七日丙午水开参　寒蝉鸣
> 　　天火白虎黑道天棒黑星天狱不举
> 　　不宜临政、举官、苫盖舍屋
> 　　人神在气冲　日游在房内东
> 十八日丁未水闭井

吉日　岁前小岁对玉堂黄道天玉明星神在月德合兵吉金堂母仓

宜阅教军师、修建邸第、补理墙壁、祭祀神祇　血支

人神在股内　日游在房内东

十九日戊申土建鬼

小时天牢黑道土府五离

不宜穿凿动土、扫舍、安床、远出、还家、受田、破券

人神在足　日游在房内中

二十日己酉土除柳　沐浴

吉日　岁前天恩吉期兵吉兵宝官日阴德鸣吠大明七圣神在

宜行恩、释禁、修饰邸第、举官荐贤、祀神请福、安葬坟墓

昼五十五刻　夜四十五刻

人神在内踝　日游在房内出

对比上列三种历注，由简趋繁是显而易见的，但最重要、最关键的一点在于：永元六年历谱中虽有建除、反支、天李等历忌项目数种，但并无任何吉凶宜忌的结论，也就是说，历谱中注有历忌项目，仅可免去人们推算之劳，但如在该项目之日行事究竟有何吉凶宜忌，仍必须另从历忌之书中去查索——秦简《日书》就是此种历忌工具书的典型样本。举例来说，人们使用这种历谱，虽能知道某日为建、某日为除、某日为反支等，但还不能知道建日是否宜于入人、反支日是否利于出行之类。而另一方面，以上举第二、第三例为代表的唐宋历书，则已将汉简历谱中的历忌项目（当然较汉代增加了许多）与历忌之学中有关这些项目的吉凶宜忌结论一起结合进来；在唐宋历书中，人们已可直接见到对日常行事吉凶宜忌的若干具体指导（当然不可能包括所有历忌项目及其对应的吉凶宜忌，如此详备之说当然仍须求之于历忌专书）。

现今已知的汉简古历实物凡十余种，最早为西汉元光元年

（134 B.C.），最晚为东汉建安十年（205 A.D.），跨越四个世纪之久。其中有仅载每日纪日干支及个别节气而无历注者，如神爵三年（59 B.C.）历谱，而有历注者以上引永元六年历谱为最繁。但所有各谱中皆无任何吉凶宜忌之说。与此形成鲜明对比，现今所见唐宋以后各种历书，则或多或少，都有吉凶宜忌之注。由此可以归纳出一条明确的判据如下：

历注中有吉凶宜忌之说者谓之历书。

无历注或历注中仅有历忌项目而无吉凶宜忌之说者谓之历谱。

上述判据不仅可以为区分历谱与历书提供切实可行的方法，更重要的是，它为古代中国历书的起源问题指明了一项关键事实，即历书实际上是历忌之学与历谱深入结合的产物。至于汉简历谱中有些注有历忌项目，有些未注，这一区别对于历书的起源问题而言并无重大意义。因为，一者此处所言历注仅限于狭义，而古人心目中并无历注的广狭义之分，注节气或伏、腊等，与注历忌项目建除、反支等，大体不妨等量齐观；二者现今所见最早历谱元光元年历谱中已有历忌项目反支之注，而此后历谱中反有不注历忌项目者，可见汉代历谱中注不注历忌项目似乎并无深意，呈现出随机性。附带说明一下，现今学术界通常所用之“具注历”一词，一般都指唐宋及以后的历书，尽管从严格的意义上言之，汉简历谱几乎也都可称为具注历，因为其中即使仅注冬至、立夏等节气，也仍属广义的历注。至于要准确区分历谱与历书，则按上述判据进行定义最为明白方便。

历书既为历忌之学与历谱结合之产物，那么这一结合发生于何时？由上述区分历书与历谱之判据出发，已可对此问题在相当精确的程度上做出解答。

在现今所发现的古历实物中，自汉简历谱至唐宋历书，中间有长达四个世纪左右的一段时间，几乎呈现空白。在此时段中，只有一项材料可供考察，但其原件今已失落，这就是专家们通常所称的“敦煌北魏历书”。此件 1944 年被发现于敦煌市廛，1950 年苏莹辉将其全文发表于《大陆杂志》（一卷九期）。奇怪的是，其原件现已下落不明。此件一般都被归入“敦煌历书”系列中，但是它在年代上既孤悬唐宋之前，在体例上也与其他敦煌历书迥异。事实上，此件只是一份历谱，而且是非常简略的简谱。以下本书即称之为“北魏历谱”。北魏历谱有首尾完整之两年，因其体例在现存古历实物中极为特殊，且对以下的讨论颇为重要，兹全文录载其第一年之谱如下：

太平真君十一年历　岁在庚寅　大阴　大将军

正月大一日壬戌收

　　九日立春正月节　廿五日雨水

二月小一日壬辰满

　　十日惊蛰二月节　廿五日春分　廿七日社

三月大一日辛酉破

　　十一日清明三月节　廿六日谷雨

四月小一日辛卯闭

　　十二日立夏四月节　廿七日小满

五月大一日庚申平

　　十三日望种五月节　廿八日夏至

六月小一日庚寅成

　　十四日小暑六月节　廿九日大暑

七月大一日己未定

　　十五日立秋七月节　卅日处暑

闰月小一日己丑执

　　十五日白露八月节

八月大一日戊午收社

　　二日秋分　十七日寒露九月节

九月小一日戊子满

　　二日霜降　十七日立冬十月节

十月大一日丁巳破

　　四日小雪　十九日大雪十一月节

十一月小一日丁亥闭

四日冬至 十九日小寒十二月节

十二月大一日丙辰平

五日大寒 十三日腊 廿一日立春正月节

每月仅列三日，较汉简历谱还要简略得多。于节气则很详备，另有社、腊等注（其第二年之谱中尚有“始耕”“月会”等另外三种）。历忌项目则有年神方位和建除十二直。非常明显的是，历注中并无任何吉凶宜忌之说，这与所有已见汉简历谱一样，所以依前面所述判据，此件仍属历谱之列无疑。

对此处的讨论而言，特别重要的一点是北魏历谱的年代——太平真君十一至十二年（450 A.D.—451 A.D.），它提供了现今所发现的历谱的下限。而再将历书的上限与之参照，就可推知由历谱演变为历书，这一情况发生于何时。

在敦煌卷子中保存有唐、五代和宋的历书共数十种，已知年代最早的为唐元和三年（808 A.D.）历书残本，然而这还不是历书的上限。现今所见最早的历书实物，系 1973 年于新疆吐鲁番阿斯塔那 210 号古墓出土之唐显庆三年（658 A.D.）历书残卷。兹录其中七月之一段如下，以便与上录北魏历谱对比：

（十）九日己亥木平 岁后 祭祀、纳妇、加冠吉

廿日庚子土定 岁后 加冠、拜官、移徙、坏土墙、修宫室、修碓硙吉

廿一日辛丑土执 岁后母仓归忌 起土吉

廿二日壬寅金破 岁后 疗病、葬吉

廿三日癸卯金危 岁后 结婚、移徙、斩草吉

廿四日甲辰火成 下弦 阴错

显而易见，此件已属典型的唐宋历书，历注项目虽不算多，但吉凶宜忌内容已可与宋宝祐四年会天历比肩。

至此已经看到，最晚的历谱为 451 A.D.，最早的历书为 658 A.D.。值得特别指出的是，在现今已见的古历实物中，451 A.D. 之前没有历书，658 A.D. 之后没有历谱，因此我们有足够的理由相信，从历谱到历书，其演变过程完成于 451 A.D.—658 A.D. 之间。而随着出土文物的日益增加，这一时间段还可望进一步缩小。

简而言之，古历实物中，无历注或历注中仅有历忌项目而无吉凶宜忌之说者谓之历谱，后来历谱与历忌之学进一步结合，于每日注明行事之吉凶宜忌，乃成历书。此一演变过程，完成于公元五至七世纪之间。但历忌之学渊源甚古（已见之历忌专书秦简《日书》比已见最早之元光元年历谱年代更早），当其与历谱结合形成历书之后，其自身依然相对独立地继续发展流传。因此，从历谱到历书的演变之迹虽已略如上述，但这一演变的契机或原因，仍是未解之谜。笔者之见，其间或许与异域文化之影响启发不无关系，将于本书第六章尝试做初步探讨。

乙　历书之繁盛及其内容

在敦煌卷子中保存下来的唐宋历书，共 37 种。其中唐代 18 种，五代 12 种，北宋 7 种。此外至少还有三件唐宋历书实物，即新疆吐鲁番 201 号古墓出土之唐显庆三年历书、507 号古墓出土之唐仪凤四年（679 A.D.）历书，以及唯一依靠清代抄本留传下来的南宋宝祐四年会天历书。另有若干历书片段因残缺过甚，尚无法考定其年代，不在论列。这些历书实物绝大部分皆为残卷，一年完整者除宝祐四年会天历外，仅有后唐同光四年（伯三二四七加上罗振玉所藏部分，拼合后只缺十余日）、后周显德三年（斯九五）、宋太平兴国六年（斯六八八六）、宋雍熙三年（伯三四〇三）等数件。

历书在唐宋时代之繁盛情况，可由敦煌历书的年代分布，先稍推测其大略。37 份年代确切可考的历书，分布于 808 A.D.—993A.D. 的 185 年间，平均五年一份。这一事实值得注意。历书固然每年都有，但敦煌卷子并不是钦天监的档案，而是五花八门，几乎遍及古代中国文化的各个方面，其中出现历书，本来带有极大的偶然性。然而竟能平均每五年保留下一份，不能不说是颇为丰富密集了。况且卷子中还有年代无法考定的历书残本至少 14 份，推而论之，其年代大致也当不出上述 185 年期间左右，则平均三年多就有一份。此处还必须考虑到历书这种文献的特殊性——时限问题，当新岁到来后，去岁历书即成为废弃之物，不复为人宝爱，而其他文献则没有这个问题。因此敦煌卷子中能保存历书数十种之多，实在是颇令人惊异的现象。如果不是历书已广泛盛行，并深入到了人们的日常生活之中，卷子中会保存如此之多的历书是不可想象的。

历书的繁盛还可从雕版印刷方面加以考察。敦煌历书大部分是写本。但其中也有雕版印刷本。比如唐乾符四年（877 A.D.）历书（斯六），即为现今所见最早的雕版印刷历书；又如唐中和二年（882 A.D.）历书残页，就是当时四川“成都樊赏家”雕印出售的私历。印刷历书在当时已广泛盛行，史籍中提到的地点有长安、四川（成都、梓州）、淮南（扬州）、江东等处，印刷商号有“成都樊赏家”“上都东市大刁家”等。兹略举关于唐代私印历书之记载三则如次：

（太和九年）十二月……丁丑，敕诸道府不得私置历日板。（《旧唐书》卷十七文宗纪下）

剑南、两川及淮南道皆以板印历日鬻于市，每岁司天台未奏颁下新历，其印历已满天下，有乖敬授之道。（《全唐文》卷六二四东川节度使冯宿奏）

僖宗入蜀，太史历本不及江东，而市有印货者。每差互朔晦，货者各征节候，因争执，里人拘而送公。执政曰：尔非争月之大小尽乎？同行经纪，一日半日殊是小事。遂叱去。而不知阴阳之历，吉凶是择，所误于众多矣。（《唐语林》卷七）

民间私印历书，显然带有与官方争利的商业动机。这些历书并非朝廷颁下官历之翻印，而是抢在朝廷颁历之前，先自行编算雕印发售，占领市场。这当然也与朝廷垄断天学之旨不合，故冯宿谓“有乖敬授之道”。《唐语林》一则记载则指出了历书何以在民间大有市场的原因——“阴阳之历，吉凶是择”，百姓们要从中得到日常行事之吉凶宜忌的指导，他们日常生活中已离不开历书。正因为市场巨大利之所在，商人们才纷起雕印出售。由此不难推知历书在唐代繁盛之状。

在唐代，新年历书有时又被作为珍物之一种，赐予大臣，以示恩宠。此举一例如下，见《刘禹锡集》卷十二为杜佑作“谢历日面脂口脂表”：

> 臣某言：中使霍子璘至，奉宣圣旨，存问臣及将佐官吏僧道耆寿百姓等，兼赐臣墨诏及贞元十七年新历一轴，腊日面脂、口脂……天书下临，睹三光之照耀；玉历爰授，知四时之环周。雕奁既开，珍药斯见。……命轻恩重，上答何阶？无任感抃屏营之至！

贞元十七年为公元801年。此处的“新历一轴”自然是朝廷官方所颁。它很可能也是雕版印刷的。因为在此之前，早有唐太宗雕印《女则》（约636 A.D.）、唐玄奘印施普贤菩萨像（约645 A.D.）、某种机构印《开元杂报》等记载，以及发现于韩国庆州佛国寺的武则天时代雕印《无垢净光大陁罗尼经》实物。况且新历、面脂、口脂等物，多半不会只赐杜佑一人，很可能同级官员都有，则数量也不小，自以雕版印刷为便。

以上所言，为唐代情形。五代及宋，历书继续盛行，中原实物留存甚少，仍赖敦煌卷子中所保存之12种五代历书、7种北宋历书，略得推知其大概。敦煌自汉至隋为郡，唐初改为沙州，属河西节度使。安史之乱后，吐蕃攻陷陇右、河西，河西节度使移治沙州（今敦煌城西），敦煌与中原的交通从此断绝，但仍坚守土地，直至787 A.D.方才降于吐蕃。六十年后，张议潮率众起义，奉沙、瓜等十一州图籍归唐，朝廷在沙州治归义军，命张议潮为归义军节度使、十一州观察使。从此张氏及后来的曹氏世代在西北一隅保持着一个汉族政权，直至 1036 A.D. 始亡于西夏。敦煌政权保持华夏文化传统，其表现之一即“世世奉汉家正朔”，这在敦煌历书中看得非常清楚。其时当地与中原的交通久已阻断，朝廷历书难以颁来此地，故当地历书多为自行编算。编算者中最著名者为翟奉达，现存敦煌历书中标明编撰人者共十种，其中五种为翟奉达编。由于是“遥奉汉家正朔”，有时信息阻隔，经年不达，还曾出现中原已不用的年号，比如后梁贞明八年（922 A.D.）残历，其实梁已在贞明七年改元龙德，敦煌不知，仍用贞明年号，即其一例。

由于历书是一种隔年即废弃之物，不像书籍那样容易保存。今人能见到如许敦煌唐宋历书，实赖鸣沙山石室藏经之奇缘。除此而外，就只有吐鲁番文书中的两种唐代历书，以及传世的宋宝祐四年会天历书一种了。后者上距敦煌历书中最晚的淳化四年（993 A.D.）历已二百六十余年，但将其与诸敦煌历书相比，内容、格局大同小异，足证敦煌历书即使出于当地术士自行编算，仍确属华夏传统文化氛围中之产物，故从敦煌历书入手考察古代历书，其所获结果仍有普遍意义。

唐宋历书有实物可考，但自宋以降，有元一代的历书实物，长期呈空白状况。直至 1983 年至 1984 年间，始于内蒙古黑城出土文书中发现历书残页一种，张培瑜考定为元代至正二十五年（1365 A.D.）历书。[22]该残页仅剩十三行。残损严重，但从尚存内容看，与唐宋历书无大差别，兹录其中较完整者三行如下：

一日丁巳土开柳　宜祭祀祈福□……

二日戊午火闭星　宜祭祀□□□……

三日己未火建张　宜□□出行……

[22] 张培瑜：试论新发现的四种古历残卷，《中国天文学史文集》（五），科学出版社（1989）。

自元代以下，明清历书相对来说不再成为珍秘之极的文献，从明中期直至清末，各年历书大体完整保存下来。这一方面是因年代已近，存留较易，更重要的恐怕是因这些历书皆为刊本，发行四方，数量远较前代为大。

历书之所以迅速盛行，而且长期不衰，其主要原因当于历书内容中求之。历书将古时历忌之学从术士的枕中鸿秘变为家喻户晓的常见之物，为人们日常行事提供了简明易懂的吉凶宜忌指导，难怪此物很快成了素来笃信天人合一、讲究在选定的时空点上行事的古代中国人生活中必不可少之物。历书中内容颇多，初看似乎光怪陆离、荒诞不经，其实内中也有一番古人的学术义理可言。历书中历注之内容大体可分为两类，兹略论如下。

如前所述，历书之异于历谱者，即在其关于吉凶宜忌之历注。这些吉凶宜忌之说，并非编历书者随意杜撰出来，而是依据一种理论推衍而得。此种理论之大意略谓：天地间有许多神煞（今习语有“凶神恶煞”，即从此来），诸神煞之性情或恶或善，或善恶兼秉；这些神煞干预、左右人间事务之能力互有大小强弱；诸神煞各自按照自己的运行规律，轮流“值日”管事。于是一年之内，每日都有若干不同的神煞当值。而该日行事之吉凶宜忌，即由诸当值神煞之性情善恶、能力大小，相互作用，或冲突，或合力，或牵制，或平衡，最后综合决定。故历忌之学，极而言之，不外两端而已：一为掌握各种神煞轮流运行之规律，从而排定一年中各日之当值神煞。历谱中之注有建除、反支、血忌之类，即是此事。此事相对来说不太困难，因诸神煞运行规律虽然头绪纷繁，毕竟是死规律，只要下死功夫记忆推算，总能掌握。难在其第二端，即依据各种神煞的当值情况，综合判断各日之吉凶宜忌。古人所谓“运用之妙，存乎一心”之语，在此也是适用的。故历书中每日关于行事吉凶宜忌之注，虽只寥寥数语，甚至不过三五字，但背后的学问却很大。举例来说，翟奉达所编之后唐同光四年历书，本节甲曾引录其片段，虽然每日之下历注甚简，但“治病吉”“符镇吉”等各日之注，仍是翟氏历忌之学推排、选择、平衡、决断而后所提，此三五字之结论，至少在当时人看来，大非等闲也。

神煞体系，由简趋繁。早期汉简历谱中所见之建除十二直、反支、血忌之类，后来都被结合进神煞体系。该体系大致在唐宋时代已颇具规模，至清代乾隆时之《钦定协纪辨方书》而集其大成。为对历书历注中历忌之学的繁复程度有一感性认识，兹将所有神煞（被分为年神、月神、日神、时神四种）名目分类揭载如下，系据《钦定协纪辨方书》卷九立成（所在神煞及其运转规律一览表）中所载录出：

年神（共10类）

从岁干起者：岁德、岁德合、岁禄、阳贵、阴贵、金神。

从岁干取纳甲卦变者：破败五鬼、阴府太岁、浮天空亡。

随岁方顺行者：奏书、博士、力士、蚕室、蚕官、蚕命、大将军。

随岁支顺行者：太岁、太阳、丧门、太阴、官符（畜官）、枝德（死符、小耗）、岁破（大耗）、龙德、白虎、福德、吊客（大阴）、病符、巡山罗睺。

随岁支退行者：神后、功曹、天罡、胜光、传送、河魁、六害、五鬼。

从岁支三合者：岁马、岁刑、三合前方、三合后方、劫煞、灾煞、伏兵、大祸、坐煞、向煞、天官符、大煞、黄幡、豹尾、炙退。

随岁支顺行一方者：飞廉。

从岁支取纳甲卦变者：贪狼、巨门、武曲、文曲、独火。

从三元起者：三元紫白。

从岁纳音起者：年尅山家。

月神（共22类）

从岁干起者：阳贵人、阴贵人、飞天禄、丙丁独火。

从三元起者：月紫白。

从岁支起者：飞天马、天官符、地官符、飞大煞（打头火）、月游火、小月建、大月建。

从月干起者：阴府太岁。

从月纳音起者：月尅山家。

从八节九宫顺逆行者：三奇、三奇。

取月建三合者：天道、天德、月德、天德合、月德合、月空、三合、五富、临日、驿马（天后）、劫煞、灾煞（天火）、月煞（月虚）、大时（大败、咸池）、游祸、天吏（致死）、九空、月刑。

随四序者：大赦、母仓、四相、时德、王日、官日、守日、相日、民日、四击、四忌、四穷、四耗、四废、五虚、八风。

随月建顺行者：建（兵福、小时、土府）、除（吉期、兵室）、满（天巫、福德）、平（阳月、天罡、阴月、河魁、死神）、定（时阴、死气）、执（小耗）、破（大耗）、危、成（天喜、天医）、收（阳月河魁、阴月天罡）、开（时阳生气）、闭（血支）。

随建旺取墓辰者：五墓。

随月建三合逆行一方者：九坎（九焦）。

随四序行三合者：土符。

随四时行三合纳甲者：地囊。

随月建行纳甲六辰者：阳德、阴德、天马、兵禁。

随月建逆行一方者：大煞。

随月建三合顺行一方者：往亡。

随孟仲季顺行三支者：归忌。

随月建阴阳顺行六辰者：要安、玉宇、金堂、敬安、普护、福生、圣心、益后、续世（血忌）。

随月将逆行者：六合、天愿、兵吉、六仪（厌对、招摇）、天仓、月害、月厌（地火）、天贼。

随月建行阴阳六辰者：青龙、明堂、天刑、朱雀、金匮、天德、白虎、玉堂、天牢、玄武、司命、勾陈、解神。

取月建生比者：月恩、复日。

从厌建起者：不将、大会、小会、行狠、了戾、孤辰、单阴、纯阳、孤阳、纯阴、岁薄、逐陈、阴阳交破、阴阳击冲、阳破阴冲、阴位、阴道冲阳、三阴、阳错、阴错、阴阳俱错、绝阴、绝阳。

日神（共5类）

取一定干支者：天恩、五合、除神（五离）、鸣吠、鸣吠对、宝日、义日、制日，专日、伐日、八专、触水龙、无禄、重日。

按年取干支者：上朔。

按月取日数者：长星、短星。

按月朔取日数者：反支。

按节气取日数者：四离、四绝、气往亡。

时神（共5类）

从日干起者：日禄、天乙贵人、喜神、天官贵人、福星贵人、五不遇时、路空。

从日支起者：日建、日合、日马、日破、日害、日刑、青龙、明堂、天刑、朱雀、金匮、宝光、白虎、玉堂、天牢、玄武、司命，勾陈。

随月将者：四大吉时。

随月将及日干支者：贵登天门时、九丑。

随日六旬者：旬空。

如此之多的神煞名目（近三百项），在编注历书时未必全都考虑，但即使只考虑其中若干分之一，其繁复程度已不难想见。至于诸神煞之当值轮转规律及性情善恶、能力大小、司职范围等，在《钦定协纪辨方书》卷二至八中有极详备之考论归纳。

敦煌历书中有时只注出不多神煞，但在宝祐四年会天历中，前述众多神煞之非常大一部分均已出现于每日及月首历注内。此后明清历书情形，与会天历相仿，也注明大量神煞。神煞中许多项目出于唐宋时代甚至更晚，但也不乏历史悠久，可远溯至汉代乃至先秦者，比如本节甲中所论及之反支、建除十二直等，在先秦时代之历忌专书秦简《日书》中即已定型，反支后来归入日神，十二直归入月神，即为突出例证。

历注中除当值神煞及行事吉凶宜忌外，还有一些与季节、礼仪有关的项目，从形式上看，也可与神煞及宜忌归为一类。有若干种此类项目已由学者做过专门考述，兹以已见于汉代史料中者为主，将历注项目共19项，依其在历注中行用之始末朝代，表列如下，以略见历注项目沿革情况之一斑：[23]

历注项目	行用始末朝代
建除	汉—清
反支	汉—清
血忌	汉—清
八魁	汉 *—北宋
天李	汉—五代
上朔	汉 *—清
岁德	汉 *—靖
岁刑	汉 *—清
大时	汉 *—清
小时	汉 *—清
纳音	唐—清
大会	唐—宋
小会	唐—宋
五等用卦	汉 *—宋
七十二候	北魏 *—清

[23] 主要据张培瑜：出土汉简帛书上的历注，及张培瑜等：历注简论，《南京大学学报》1984—1。

伏	汉—清
腊	汉—宋
社	唐—清
梅	魏晋之际 *—清

上表中右肩有星号之朝代，系据古籍中之可靠记载而推论者，其余则据古历实物中所载。

以上所述，都属历注内容之第一大类。在形式上，此类内容大都分列于每日之下或每月宅首（一些年神通常被列于岁首，也可归入此类），所论皆针对具体的该日、该月或该年而言，没有普适性质。历注内容之第二大类，则通常出现于历书正文之前，而其义理仍与第一类内容有着内在联系。此类历注内容几乎可以说就是历忌专书中有关理论之摘录，故具有普适性质。以下略举一些为例。如后唐同光二年（924 A.D.）历书（斯二四〇四）中有云：

> 月虚日不煞生祭神。八魁日不开墓。复日不为百事。九焦九坎日不种□及盖屋。天李地李日不嫁娶及入官论理。厌对及往亡日不远行、出兵。血忌日不煞生及针灸出血。归忌日不归家及召女呼娣。八龙七鸟九虚六□日不嫁娶。贵登天门九丑及天尸日不出行及出师。□阴大败日不出兵战斗。四墓日不出行。地囊日不动土。大时日不安墓。灭没日不涉深水、乘船。蜜日不问病。上下弦日不举小事。□日不祭神及煞生。朔日不会客及歌舞。晦日不裁衣。魁罡日不举百事。

以上所言，多为各种神煞当值之日的行事所忌。接下去一段是关于建除十二直当值之日的行事禁忌：

> 建日不开仓。除日不出财。满日不服药。平日不修沟。定日不作辞。执日不□病。破日不会客。危日不远行。成日不词讼。

收日亦不远行。开日不送丧。闭日不治目。

再接下去一段是关于纪日地支的行事禁忌：

子日不卜问。丑日不买牛。寅日不祭祀。卯日不穿井。辰日不哭泣。巳日不迎女。午日不盖屋。未日不服药。申日不裁衣。酉日不会客。戌日不养犬。亥日不育猪及不伐罪人。

此类内容，写于历书正文之前，看来是为了帮助历书使用者据此自行参考确定行事宜忌，因为纪日干支、十二直及上引第一段中的神煞等项目，通常都在历书正文中逐日注明了，再参照这些普适理论，即能将相当一部分日常行事宜忌自行推得。如此将可简省每日之下的吉凶宜忌条目，减少历书篇幅。

历注又有一非常引人注目的项目，称为“九星术”。这是一个文字的方阵，内共九个元素，每个元素又各与三套观念——九个数字、七种颜色、五大行星——有着固定的对应，为此七色中的白色要使用三次，五星中土星使用三次，木、金各两次，余皆一次。对应之法如下：

一二三四五六七八九
白黑碧绿黄白赤白紫
水土木木土金金木火

在历书中，该方阵总是用上引中间一行颜色文字表出，列成方阵。方阵中各元素排列位置按规律轮流变换，可有九种排法。[24]九星方阵被用来配年时，即列于历书序言中，有时用文字加以说明；用于配月时则总是在每月之首。九星术有时还被用于配日。根据九星术的变换规律，

[24] 陈著在《中国天文学史》1655—1663页述九星术变换规律颇详。

可以利用历书残卷上的年、月九星方阵来帮助确认该残历的年代。[25] 九星术被认为在汉朝已有，因张衡《请禁绝图谶疏》中有“圣人明审律历，以定吉凶，重之以卜筮，杂之以九宫”之语。但张衡所言之“九宫”是否即唐宋历书中的九星术（九星方阵在历书中通常也称为“九宫”），似乎尚无确证。事实上，九星术的来源是颇为神秘的。

九星术的意义常被附会到河图、洛书之类的传说上去（九星方阵的九种排列形式之一恰与所谓“洛书”——一个幻和为 15 的三阶幻方——相同 [26]），神秘玄虚，此处不必置论。在历注中，则九星术也与某些吉凶宜忌之说联系起来，下面举后周显德六年（959 A.D.）历书（伯二六二三）中一段为例：

> 九方色之中，但依紫白二方修造，法出贵子，加官受职，横得财物，□□酒食，所作通达，合家吉庆。若犯绿方，往有损伤，或从高坠下，及小儿奴婢妊身者，凶。若犯黑方，往受声口舌，及损财物六畜，凶。若犯碧方，往有损险，惊恐怪梦，凶。若犯黄方，往有斗诤，及损六畜，凶。若犯赤方，往有多死亡，惊恐怪梦，凶。

这套说法在别的历书中也能见到，看来是当时历忌之学中常见的。

第三项可举历注中的所谓“五姓利年月法”，仍以同光二年历记中所载为例：

> 推五姓利年月法：宫姓今年大利，造作修造大吉，利月：四月五月七月八月大吉。商姓今年大利，造作百事大吉，利月宜用三月九月八月十月，大吉。角姓今年小利，修造造作小吉，利月宜

---

[25] 具体方法可见席泽宗、邓文宽：敦煌残历定年，《中国历史博物馆馆刊》，No.12（1989）。

[26] 该幻方为：

4	9	2
3	5	7
8	1	6

，对应的九星方阵为：

绿	紫	黑
碧	黄	赤
白	白	白

。

用四月五月正月二月十月，吉。征姓今年小利，造作小吉，利月宜用正月二月六月七月，吉。羽姓今年大利，造作大吉，利月宜用正月二月七月八月，吉。

其说将各种姓氏分为宫、商、角、徵、羽五类，各有利年利月，逐年轮转。

历注内容中还有几乎与历日毫无关系者，此处仅引录同光二年历书中一则为例：

谨案《仙经》云：若有人每夜志心礼北斗者，长命消灾，大吉。

接着绘图一幅，上部横亘北斗七星，中有冠带持笏神人，身侧后有小童侍立，前一人作跪拜祈祷状，其下文字云：

葛仙公礼北斗法：昔仙公志心每夜顶礼北斗，延年益算。郑君礼斗官长敬，不注刀刃所伤。

《仙经》一书，唐代及以后言方术者常有称引，举凡房中、延年、吐纳、禳祈、避忌等，内容广泛，殆为古代集各种方术大成之作。

丙　择吉与推卜：历书之文化功能

以上甲、乙两小节所论，意在尝试探明历书之起源与发展情形，以及与此有关的一些文化背景渊源，并对古代中国历书之典型内容给出一种尽可能全面、平衡的感性认识。在此基础上再尝试思考历书的文化功能，或许可以较为公允合理。

上两小节所讨论的几乎所有历书内容，可以说全都贯穿着同一宗旨：择吉。即为人世种种大小活动选择合宜的时间点。即便是关于季候节气的历注，被认为是用以指导农时，但何时宜播种，何时宜收割之类，显然仍属为行事选择合宜时点的模式之内。择吉在古代中国人的物质生活和精神生活中居有不可或缺的重要地位，而历书为此提供了一种方便、普及的工具。

择吉与占卜，说到底，不过是对同一事物的两种不同角度的陈述而已。择吉研究在什么时点上行要行之事为吉为凶，占卜预言在已确定的时点上行要行之事是吉是凶。或者可以说，择吉是吉凶为给定条件（当然是要吉）而待求时点，而占卜则在时点给定的情况下求吉凶。这两者都是要推算的。所以古人常说“推卜”，大有深意。星命家既离不开推算，而用来推算的工具中，历书又是最基本的（本节甲中曾强调指出历书与历忌之学间不可分割的关系），则人们常见旧时星命术士将时宪书、黄历或“选择通书”视为枕中之秘，也就丝毫不奇怪了。事实上，这类江湖术士如仅会用用现成黄历，那是最低层次的“专业水平”，高明一些的当可自行编历注历，古时许多“民间小历”、“私历”即出于这类人之手。

与星占学之探讨天命、预言军国大事，因而成为皇家禁脔不同，历书中的种种吉凶宜忌，针对的只是凡人小事，是平民百姓的日常行事。但是只有封建独裁统治者才会有禁脔，平民百姓是不会有的，故平民生活中的吉凶宜忌，统治者也会需要讲求，比如皇帝大婚，朝廷出兵之类，也必须择吉择方。所谓“敬天之纪，敬地之方”，皇家实与庶民共之，由此而重温前引古人论历之说，何以会有诸如“凶阨之患，吉隆之喜，其术皆出焉，此圣人知命之术也”，“大业载之，吉凶生焉，是以君子将有兴焉，咨焉而以从事，受命而莫之违也”，“该浃生灵，堪舆天地”等语（俱见本章Ⅰ甲），方能豁然贯通。

Ⅳ．历与两性及人体：天人合一的神奇侧面

本章Ⅱ、Ⅲ两节将历法与历谱、历书等区分甚明，至本节所论，

已无需特别强调此三者之区别，爰仿古人习惯之法，用一“历”字称之。

容成，是中国古代一个颇为神秘的传说人物，在今人看来几乎毫不相干的两种学问，都被认为是与他有关的。以下是早期古籍中若干则有关记载：

> 昔容成氏之时，道路雁行列处，托婴儿于巢上，置余粮于畮首，虎豹可尾，虺蛇可蹍。高诱注：容成，黄帝时造历术者。(《淮南子·本经训》)
>
> 容成作调历。(《世本·作篇》)
>
> 容成公者，自称黄帝师，见于周穆王。能善补导之事，取精于玄牝，其要谷神不死，守生养气者也，发白更黑，齿落更生。(《列仙传》卷上)
>
> 冷寿光、唐虞、鲁女生三人者，皆与华佗同时，寿光年可百五六十岁，行容成公御妇人法，常居㔟鸲息，须发尽白，而色理如三四十时，死于江陵。(《后汉书》卷一一二方术下)

类似记载还可找到很多，容成其人的业绩却总不外这两项：创始历术，精通房中术。前者即使在古代天学论著中也不太被重视；后者的影响要大得多，比如《汉书·艺文志》方技略中有房中八家，八家之首即“《容成阴道》二十六卷”，在汉魏之际，容成几乎成为房中术的代名词。[27] 不过容成业绩总属传说，不足作为史实信据，其意义在于：历术与房中术两者何以会联系在一起？李约瑟曾注意到这个问题，他写道：

> 性问题与历法科学之间还有一种奇怪的联系。有些文献将古代一位著名的性问题专家——容成也视为历法的创始者。[28]

---

[27] 江晓原：《性在古代中国》，陕西科技出版社（1988），74—75 页。

[28]《中国科学技术史》第四卷，525 页。

但他并未指出这种联系有何具体表现。事实上这类表现在中国传统文化中可以发现许多例证，兹略述较突出者数端如次。

古代中国人相信：在一年中的某些特定日子性交是大凶之事，必须避忌。关于这方面的理论在古代各家房中术文献内大都有明显的一席之地，姑举几则为例：

> 合阴阳有七忌。第一之忌：晦朔弦望以合阴阳，损气。以是生子，子必刑残，宜深慎之！（《医心方》卷二八引《玉房秘诀》）
>
> 素女曰：帝之所问，众人同有。……第一之忌：日月晦朔，上下弦望，六丁之日，以合阴阳，伤子之精。令人临敌不战，时时独起，小便赤黄，精空自出，夭寿丧命。（《外台秘要》卷十七）
>
> 四时节变不可交合阴阳，慎之！凡夏至后丙丁日、冬至后庚辛日，皆不可合阴阳，大凶。凡大月十七日、小月十六日，此名毁败日，不可交会，犯之伤血脉。（《千金翼方》卷十二）

特别详备的例子可于一部清代广泛流行的医书《达生篇》中见到，其“阴阳交合避忌”一节云：

> 每月朔望日，廿八日，庚申日，本命日，母难日，祀神祭先日并前一日，春三月甲乙日，惊蛰日，春分日并前三日，春社日，二月初八日，夏三月丙丁日，四月初八日，十四日，十六日，夏至日并前一日，五月初五、六、七,十五、六、七，廿五、六、七日（为九毒日），七月初七日，秋分日，秋社日，八月十八日，冬至日并前一日、后十日，冬至以后庚辛日，十一月廿五日，腊月初三日，初八日，廿四、五日，除夕，三伏日，凡节气口，四月纯阳，十月纯阴……以上各日期，犯之而损夫妻者，受胎而夭男女者。

忌日如此之多，已另有性学意义，此不具论。

吉凶宜忌，相反相成，既有禁忌交合之日，自然也有特别宜于交合的日期，这同样为古代房中术文献所津津乐道，如陶弘景《养性延命录》卷下云：

> 合宿交会者，非生子富贵，亦利己身，大吉之兆。……又有吉日：春甲乙、夏丙丁、秋庚辛、冬壬癸、四季之月戊己，皆王相之日也，宜用嘉会，令人长生，有子必寿。

所谓“王相”，又作“旺相”，为五行与历日相互附会之说。其法将纪日天干、四季、五行作如下对应：

甲乙	春	木
丙丁	夏	火
戊己		土
庚辛	秋	金
壬癸	冬	水

并谓五行递旺于四季：春季木旺，夏季火旺，秋季金旺，冬季水旺。于是依纪日天干之循环，春季逢天干为甲、乙之日恰对应于木，而木为旺于春季者，则逢天干为甲、乙之日即“王相之日”；夏季则轮到丙、丁之日，火旺，其余类推。至于每月戊己土旺，则是因每季抽十八日，硬与五行相配，对应于土（且有一奇怪名称曰“劳”）。

除“王相之日”外，又有所谓“月宿日”，也被认为宜于性交。按唐孙思邈《千金要方》卷二七所言，一年中这种“月宿日”共有123日之多，列有一表，过长不录。孙氏又谓，上述这些“月宿日”中，如恰逢与“王相日”重合，则更为男女合欢交接之良辰佳日。

上述这类思想，当然很难找到多少科学根据，但它们表明，在古代中国人心目中，历与性之间确实存在着重要联系。其原因，则仍当求之于古人所深信的天人合一、天人感应观念。在这样的宇宙观之中，人的生活很自然地被认为必须与自然界（即“天”）之变化相配合。而性生活又尤其如此，因为阴阳交合，非独男女之间而然，天地万物也赖此才得生息衍化，《易·系辞下》云：

> 天地细缊，万物化醇；男女构精，万物化生。

正是此种传统观念的典型表述。而自然界的变化，正是依靠历来反映和描述的，这一点在此处至关重要。《春秋繁露》卷十六循天之道云。

> 天地之气不致盛满，不交阴阳。是故君子甚爱气而游于房，以体天也。气不伤于盛通，而伤于不时、天并。不与阴阳俱往来谓之不时，恣其欲而不顾天数谓之天并。君子治身，不敢违天。

怎样方可“与阴阳俱往来”？则非求之于历不可。上述各种交合宜忌日期，可以说正是“与阴阳俱往来”之具体方式。

又关于前述朔、望日之忌性交，可能是古人将月象与女性做联想或比附而来，姑举一例，宋周密《齐东野语》卷十九有云：

> 凡夫人进御之义，从后而下十五日遍。其法自下而上，象月初生，渐进至盛，法阴道也。然亦不必以月生日为始，但法象其义所知。其如此者，凡妇人阴道，晦明是其所忌，故古之君人者，不以月晦及望御于内。晦者阴灭，望者争明，故人君尤慎之。

进御谓侍寝，后夫人进御之法，详《礼记·昏义》及《周礼·天官冢宰》郑注。周氏之说自然很难找到什么科学根据，不过反映古人有此观念而已。

关于古代中国历与两性之关系，曾有西方学者从另一角度做过讨论。有人认为纯阴历与古代中国的母权社会有关。1930—1931 年间，W. 赫希堡（Hirschberg）、W. 科珀斯（Koppers）等人先后用同一标题

《纯阴历与母权制》发表了一系列论文讨论此事。[29] 然而这些文章现今已不再具有多大意义，因为不仅古代中国并未使用纯阴历，而且按照现代文化人类学理论，母权制（matriarchy）在人类历史上很可能根本未曾存在过。

历除了与性有关之外，又被认为与人体状况密切有关，由此影响到中医的一些治疗理论与手段。此处仅选择在形式上非常明显、直接的一事，即所谓“人神”，略加讨论，以见一斑。

在敦煌历书中，“人神所在”已成为重要历注项目。如后唐同光二年、后周显德六年、北宋雍熙三年、端拱二年等历书及宝祐四年会天历书中，都有相同形式的该项历注。其法以“人神”每月在人体流行一周，逐日处于身体不同部位，具体情况于本章Ⅲ甲所引一段宝祐四年会天历书中已可见一斑。值得注意的是，每月十五这天，总是“人神在遍身”。注明逐日“人神”所在，古人对其意义十分重视，常于历书正文结束后特加注明，举两例如下：

> 右件人神所在之处，不可针灸、出血。（端拱二年历书，伯二七〇五）
>
> 右件人神所在及血忌血支，不可针灸、出血。（宝祐四年会天历书）

可知“人神”在人体某处之日，该处即不可针灸，也不可出血。如逢“人神在遍身”之十五日，则任何针灸活动都不可进行了。

“人神”所在处不可针灸之说，不知起于何时。有中土久佚之《黄帝蝦蟇经》一书，流存日本，日本学者认为即《隋书》卷三四经籍志三子部医方类所著录之《黄帝针灸蝦蟇忌》一卷，许为“千载遗编，倏发幽光”（文政四年丹波元胤跋），大致可信。“蝦蟇”即今蛤蟆，月

[29] Lunar Calendars and Matriarchy, Anthtopos, Vol. 25（1930）, Vol. 26（1931）.

中蟾蜍也，其书以月中蟾蜍玉兔图形之生灭表征月相圆缺，逐日注明当日针灸禁忌之处。每日上绘月相及蟾蜍玉兔图形，下绘裸体人形，标明禁忌针灸之处，旁有文字说明，引三日为例：

> 月毁十八日，蝦蟇省右肩。人气在肾募，下至髀股，不可灸判，伤之使人病胀痔溏瘕泄痢不止，其即生马尤疽瘘。同神。
>
> 月毁十九日，蝦蟇省左胁。人气在委阳，不可灸判，伤之人大委，肉焦枯，生气，两脚挛，急不可屈申。不同神，彼在足趺。
>
> 月毁二十日，蝦蟇右胁。人气在外踝后京骨，不可灸判，伤之使人发筋痿足牧足，甚即率捶气聋。不同神，彼在内踝。

其说与历注中“人神”之说显然属同一模式。而且其中已经出现了“人神”，与“人气”对举，有时两者在人体同一部位，有些日子不同。以其中所注“人神”部位与宋代历书中所注比照，日期和体位大致都能吻合。以宝祐四年会天历书为例，其每月十八、十九、二十日的“人神”依次为：“在股内”（即“肾募”位置）、“在足”“在内踝”，与《黄帝蝦蟇经》相合。

将人体视为一个小宇宙，认为人体的饮食睡眠，劳逸作息等一切活动都应与天地大宇宙的昼夜寒暑、四时节变相配合，这种观念在古代中国的医学、养生等理论中极为常见。古人对此论述极多，不胜枚举，此处姑引最经典的医籍《黄帝内经》中与针灸及月相有关者两则为例：

> 黄帝问曰：用针之服，必有法则焉，今何法何则？岐伯对曰：法则天地，合以天光。帝曰：愿卒闻之。岐伯曰：凡刺之法，必候日月星辰，四时八正之气，气定乃刺之。……月始生则血气始精，卫气始行；月郭满则血气实，肌肉坚；月郭空则肌肉减，经络虚，卫气去，形独居。是以因天时而调血气也。（《素问》卷八八正神明论）

> 人与天地相参也，与日月相应也。故月满则海水西盛，人血积，肌肉充，皮肤致，毛发坚，腠理郄，烟垢著，当是之时，虽遇贼风，其入浅不深。至其月郭空则海水东盛，人气血虚……（《灵枢》卷十二岁露论）

大量这类论述，构成了古代中国天人合一、天人感应思想体系的又一侧面。此处需要强调的只是，古人赖以掌握、描述天道运行规律的正是历术之学——历法、历忌与历书。这一切当然仍在古代中国的天学范畴之内。

第五章　天学与传统文化之若干重要方面

现在研究中国科技史的学者们，许多都是从现代科学的立场出发，以现代的衡量为准则，以评估中国的传统科技和成就。我并不是说他们都是跑错路线，我只是认为，假如他们能够抽空，从另外一个角度观看他们正在研究的问题，也许可以发现一些从前没有受到注意的地方。

——何丙郁[1]

古代中国天学，从表面上看，分为观天、造历两大支，实则由本书第三、四两章所述可知，简而言之，其本旨不出为政治服务之通天星占之学及为择吉服务之历忌之学。两者相辅相成，虽在功能上大致有所分工，但仍有密不可分之内在联系。天学与古代中国政治之特殊渊源，本书第三章已有评论；由于天学有如此奇特的地位，其影响远远越出与统治权直接关联的范围，而及于中国传统文化之许多方面，应是意料中事。本章所论，意在尝试探讨古代天学与传统文化若干重要方面之相互影响。为此，又不能不先对天学的大端——星占学——有所讨论。

[1] 何丙郁：试从另一观点探讨中国传统科技的发展，《大自然探索》10卷1期（1991）。

Ⅰ. 古代星占学概论

甲　两大类型：诸古代文明之星占学鸟瞰

星占学在几乎所有古代文明中，都是一个引人注目的成分。根据所占事项，星占学可分为两大类型，国际学术界通常用如下两术语指称：

Judicial astrology
Horoscope astrology

该两术语国内学术界尚无统一译法。较常见的译法多系从字面“硬译”，如将前者译为“司法（星占学）系统”、将后者译作“天宫图星占术”之类。倘欲寻求较为妥善的译名，恐应从术语所指称的实质内容出发，采用意译之法为好。Judicial astrology 专指以战争胜负、年成丰歉、王朝盛衰、帝王君主的安危善恶等事项为待占对象的星占学体系，Horoscope astrology 则专据个人出生时刻各种天象来推测其人一生的穷通祸福。前者的对象在军国大政，后者的特征在出生时刻（或受孕时刻）天象的推算，据此试拟定新译名如下：

（军国星占学）Judicial astrology
（生辰星占学）Horoscope astrology

本书此后即使用该两译名。

为能更好地理解古代中国星占学之概况及其意义，应该先对其他古代文明中的星占学略加了解，以获得必要的知识背景。此处不必涉及诸域外星占学太多的细节或详情，仅略述其大要或引据有代表性之史料以略见一斑而已。至于有些具体内容，将在本书第六章中视讨论之需而做更详细的分析。

通常被称为巴比伦的古代文明，位于两河流域地区，古称美索不达米亚。这里的文明史可以上溯到4000 B.C.左右的苏美尔人。此后几千年间，好几个民族先后在该地区建立统治，所谓“巴比伦人”即泛指这些民族。至公元前八世纪，亚述帝国成为该地区的统治者。据现今所知，巴比伦—亚述时期的星占学纯属军国星占学。欧洲各博物馆中如今已收藏了数以千计的出土星占学楔形文字泥板，据说其中还未发现一块属于生辰星占学内容的。巴比伦星占学特别重视行星所构成的天象，其形式常如下面所引两则楔形文字记录的那样：

> 如火星退行后进入天蝎宫，则国王不应忽视他的戒备。在这一不吉利的日子，他不应当冒险出宫。
>
> 如火星在金星之左的某星座，阿卡得将遭受蹂躏。[2]

阿卡得（Akkad）是巴比伦历史名城之一，是闪族名王萨尔贡（Sargon）所建立的新都。

大约在公元前七世纪时，两河流域开始被迦勒底人（Chaldeans）所统治。学者们普遍认为，生辰星占学正是在迦勒底人手里发端的，并在不久之后传入希腊文化圈。此后这种根据出生时刻日、月、五大行星在黄道上的位置来预测其人一生祸福的星占术，成为欧洲星占术的标准模式。而“迦勒底人的星占学”也就名声响亮，持续了很长时期。

生辰星占学进入希腊文化圈后，在亚历山大里亚城的学者手里得到进一步发展。此后流行于欧洲的，全为生辰星占学。至文艺复兴时期，这种星占学在欧洲各国空前繁盛。许多大名鼎鼎的天文学家，如第谷（Tycho）、开普勒（J.Kepler）等都是此道高手。他们为当时王公贵人所编算的“算命天宫图”（Horoscope，即出生时刻的黄道天象图）成为珍贵历史文献，被收藏在一些著名博物馆中。

关于生辰星占学的基本理论，可引一则有代表性的论述以见其大

---

[2] 译文转引自李约瑟：《中国科学技术史》第二卷，科学出版社 · 上海古籍出版社（1990），380页。

略，中世纪晚期的大学者、后来被罗马教会尊为“圣徒”的托马斯·阿奎那（Thomas Aguinas），集基督教神学之大成，建立起几乎包罗万象的理论体系，其中包括对生辰星占学的阐述。兹引录著名教会学者方豪对阿奎那之说的综述如下：

> 惟渠分星占学为真伪二者，渠以为天空星宿乃天神（亦作天使）所驾驭，天主借星宿之力间接发出一切地球上之需要。故天上星宿对人类肉体及人类性格，发生生尅之力，因人之性格乃以人身情形为基础者。人之行动，多顺从其性格与资禀，如此，则人类行动亦间接受天上星宿之影响而转移。此种星宿对人类之影响，在人诞生时尤其重大。因此，据人之生辰八字表（按此为方豪对 Horoscope 一词之意译，并不准确，详下文），即可大致预断其一生未来所走之路线。譬如在火星当权时诞生者，可以预言其未来必为一战士或一倔强之人；因胆汁黑而有忧郁质者，即来自土星，以人之脾脏乃受土星克制者。然一人生命中之趋向，得之生辰八字者，仅系一种约略之估计，而非百无一失者。其故有二：一因星宿能力对人类发生之影响，亦与人类感受性强弱有关，故有同时受胎而产生性别不同之双生子，及同时出生之婴儿，而有不同之性格，其理由即在此。其次，则因人类有自由意志，故人类亦能克服星宿之影响，而不受气化之牢笼。古语谓：哲人主宰星辰。此之谓也。[3]

这样的学说与先前迦勒底人的星占学并无不同，只是加了一些天主之类的宗教话头而已。

再看古代波斯的星占学，也是渊源于迦勒底人的生辰星占学。举两段十一世纪时的论述为例：

---

[3]　方豪：《中西文通史》，岳麓书社（1987），1022—1023 页。

> 必须首先熟悉星辰的运行情况，才能从中观察到某人的出世，和预测人事祸福。应去了解……从这些星球的变化，可以了解到人的生命存在的情况及其生命的长短。
>
> 但是当谈论人们的诞辰时——据我的老师说——不应看从母体分开的时间，而应看种子出现的时间，即卵子受精的时间。[4]

天宫图究竟应该按出生时刻还是受孕时刻来推算，只是一种技术性的差别。

再回过头去看古代文明的另一大支——古埃及。在现今所见的古埃及纸草书与考古文物中，军国星占学和生辰星占学的材料都可见到。不过，与可以上溯到 5000B.C. 之遥的古埃及文明历史相比，这些材料在年代上似乎显得太晚近了。这些材料中所见的两类星占学，被认为都是从巴比伦输入的。在纸草文书中，军国星占学的材料比较丰富，这里举一段为例，引自开罗纸草书 31222 号：

> 如果天狼星当木星位于人马宫时升起：埃及之王将统治他的整个国家。他将遇到敌人但能将其摆脱。许多人将反叛国王。一次本该到来的洪水也将来到埃及……[5]

类似材料已发现许多，确与前引巴比伦泥板文书中军国星占学材料同一类型。埃及的生辰星占学也已发现了一些材料，迄今已知的天宫图有十幅左右，其中颇著名的两幅系绘于埃及古墓室顶上。

谈到埃及星占学，另有一则西方学者常喜引述的著名记载，见于希罗多德（Herodotus）《历史》：

> 我再来谈一下埃及人的其他发明。他们把每一个月和每一天

---

[4]　《卡布斯教诲录》，142—143 页。

[5]　据 R.A.Parker：Egyptian Astronomy，Astrology, and Calendrical Reckoning 文中英译转译，文载 Dictionary of Scientific Biography（DSB），vo1.16，New York（1981），P.705.

> 都分配给一位神；他们可以根据一个人的生日而说出这个人他的命运如何，一生结果如何，性情癖好如何。[6]

这则记载初看似乎证明古埃及人有他们自己发明的生辰星占学，其实却未必如此。因为这里虽说是根据生日预言其人一生祸福性情，但其依据并非出生时刻的天象，而是该日的“当值”神衹，这样的话严格说来连星占学也算不上，因为其中并不涉及星辰或别的天体。

由上面的简述来看，古代世界几个古老文明中的星占学，似乎都与巴比伦有渊源，这一点确实意义深远（只有古代印度的天学或许有些例外，因其年代问题特别复杂，其体系又杂有多种色彩，故而在“谁影响谁”这类问题上更难作出判断）。再就起源时间而言，军国星占学比生辰星占学更古老，这一点也值得注意。

在中国以西的古代世界中，星占学的情形大致如此。而在古代中国，一个纯粹而完备的军国星占学体系至少保持并运作了两千年之久。关于该军国星占学体系的进一步情况将在以下几个小节中依次论述，关于它的来源及其与巴比伦、埃及同类体系的异同等问题将在本书第六章加以探讨。此处则先对古代中国是否存在着生辰星占学这一问题略作讨论。

李约瑟认为中国古代流行着生辰星占学。他在他的著作中引用了一幅年代不甚明确（他判断为十四世纪）的图表，[7] 他称之为“一份中国算命天宫图”（A Chinese horoscope）。他看到图中有十二地支、二十八宿、各种神煞以及妻、男、财、命等算命项目相互对应的同心圆图形，就断言“立刻就可看出”这是公元二至四世纪的希腊生辰星占学中的十二宫。但是事实上，这种图表虽然确实是用来算命的，却从任何意义上都不能说是“算命天宫图”。因为图中根本没有任何真实天体及其位置。图中没有日、月和五大行星的位置——这是算命天宫图必不可少的

---

[6] Herodotus：《历史》，王以铸译，商务印书馆（1985），Ⅱ，82 页。

[7] 《中国科学技术史》第二卷，379 页。

主要内容。图中实际上也没有任何恒星的位置，之所以出现二十八宿的名称，那是由古代中国算命术中有将十二地支、十二生肖和二十八宿对应配套的习惯做法，这和二十八宿在天空中的真实位置完全是两码事。况且如果该图表真是希腊的生辰星占学中的算命天宫图。那所谓的十二宫怎么竟会与二十八宿纠缠在一起，也难以讲通。

古代中国的算命术固然也是从生辰出发，即所谓生辰八字，也即一人出生的年、月、日、时的纪年、纪月、纪日、纪时四对干支，共八个字。但生辰八字只是用干支对该时点的记录，并不是该时刻的天宫图。生辰八字与生辰时刻的实际天象没有任何实质上的，或者哪怕只是形式上的关系。故用“生辰八字表”去译“horoscope”一词，只能是一种文学性的修辞手法，实际上会带来概念的混淆。

上述李约瑟所引用的图表中，没有真实的天体位置，但是倒有着许多中国古代算命术中的神煞名目——值得注意的是，这些神煞名目中有许多都是本书第四章Ⅲ乙讨论历忌之学时提到过的。这恰好说明算命术与历忌之学是有内在联系的。这从义理上也不难寻绎：既然每日每时都有不同的神煞“当值”，则该神煞对此时降生或受孕之婴孩造成影响，也是顺理成章的。当然在实际上算命术家主要是依据五行相生相克之说来立论，但神煞的作用确实也被考虑在内。[8] 由于这种算命术与天学之间没有什么直接的关系，兹不多论。可以一提的是，古代中国算命术与上引希罗多德所记述的古埃及算命术看上去倒颇有相似之处，但这两者之间是否存在某种关系，尚有待探讨。此外，中国算命术形成的年代颇晚（大致在唐代），它本身有可能受到过印度或西域的影响（参见本书第六章Ⅴ）。

综上所述，初步可以确定：中国古代并未产生出“土生土长”的生辰星占学。以四柱八字为特征的中国算命术与西方生辰星占学是两个完全不同的体系。至于西方生辰星占学在古代传入中土的问题，留待本书第六章中讨论。不过此处可以先指出的是，从印度传来的

---

[8] 可参见洪丕谟等:《中国古代算命术》，上海人民出版社（1990），85—97 页。

horoscope 之术，虽曾一度流行，其影响终属有限。自唐以降，中国平民欲知一生祸福休咎，并不需与真实天象发生关系——他被认为没有资格、自己也不敢去建立这种关系，除非他雄心万丈，想要觊觎大宝。

乙 分野理论[9]

军国星占学以天象预占天下军国大事，就必然会面临这样的问题：天下之大，各地情况千差万别，而天穹只有一个，其上所呈天象所主之吉凶，如何落实对应到各地？故凡幅员广大的文明，或其眼界已经较为广阔，注意到周边异族文明者，其军国星占学理论都必须先解决这一问题。古代中国人的解决之法是创立“分野”理论。古埃及人则另有别出心裁的解决之法。

分野理论的基本思想是：将天球划分为若干天区，使之与地上的郡国州府分别对应；如此则某一天区出现某种天象，其所主吉凶即为针对地上对应郡国而兆示者。分野理论出现颇早，《周礼 · 春官宗伯》所载职官有保章氏，其职掌为：

> 掌天星以志星辰日月之变动，以观天下之迁，辨其吉凶。以星土辨九州之地，所封封域，皆有分星，以观妖祥。以十有二岁之相观天下之妖祥……

这段记载已涉及了分野理论的几乎所有要点。“所封封域，皆有分星”指二十八宿与地上州国的对应。“十有二岁”指太岁，这是一个假想天体，它沿自东向西的方向在天上运行，十二年一周，与当时人们所知的木星（岁星）运行速度相同（实际约为 11.86 年一周）而方向相反。沿木星所行方向划分为“十二次”，各有专名；沿太岁所行方向划分为

[9] 关于分野理论以及古代中国星占学之占事、占象、占辞等，本节作者已在《星占学与传统文化》一书中有较详细论述，可参阅。本节中乙、丙、丁三小节仅述其大要，但亦有此详彼略之处。

“十二辰”，用十二地支表示，这两种分法连同二十八宿、十二古国、十二州等，都有整套对应之法。这样的对应表在《史记·天官书》中已经出现，以下仅录载这类表中非常完备的一份，见《晋书》卷十一天文志上，原系文字叙述，此处改制为表，共五栏，自左至右，依次为：十二次名称、十二辰地支、国、州、二十八宿中与该次对应的宿名及度数（阿拉伯数字）：

寿星	辰	郑	兖州	轸 $_{12}$ 角亢氐 $_{4}$
大火	卯	宋	豫州	氐 $_{5}$ 房心尾 $_{9}$
析木	寅	燕	幽州	尾 $_{10}$ 箕斗 $_{11}$
星纪	丑	吴越	扬州	斗 $_{12}$ 牵牛须女 $_{7}$
玄枵	子	齐	青州	须女 $_{8}$ 虚危 $_{15}$
娵訾	亥	卫	并州	危 $_{16}$ 室壁奎 $_{4}$
降娄	戌	鲁	徐州	奎 $_{5}$ 娄胃 $_{6}$
大梁	酉	赵	冀州	胃 $_{7}$ 昴毕 $_{11}$
实沈	申	魏	益州	毕 $_{12}$ 觜参东井 $_{15}$
鹑首	未	秦	雍州	东井 $_{16}$ 舆鬼柳 $_{8}$
鹑火	午	周	三河	柳 $_{9}$ 七星张 $_{16}$
鹑尾	巳	楚	荆州	张 $_{17}$ 翼轸 $_{11}$

二十八宿现在通常都用单字表示，但有几宿古代习惯用两字名称，上表中出现两字名称的宿有五个：牵牛（牛）、须女（女）、东井（井）、舆鬼（鬼）、七星（星）。此外室宿古书常作“营室”，壁宿常作“东壁”。斗宿又作“南斗”，觜宿又作“觜觿”，参宿有时又作“参伐”。

中国古代将周天分为 $365\frac{1}{4}$ 度（中国古度），与西方传统的 360 度（来自巴比伦人）不同。在二十八宿坐标体系中，每宿所跨度数很不均匀，最大的井宿达三十余度，而最小的觜宿仅二度，但十二次则是将周天作十二等分的，故欲将两者精确对应，有些宿必须分割。上表各宿名右下角的数字，表示该宿在该度数处被分割，不标数字之宿表示该宿全部属某次。以玄枵为例：它占有从须女八度开始，经过虚宿全部，再至危宿十五度为止的区域。自危宿十六度开始，已属娵訾之次。其余类推。

上表中的国名，使人猜想这种分野系统或许是定型于战国时代，那时“天下莫强焉”的晋国已被三家分割。但分野理论在此之前很久就已存在，晋国也曾在其中占有地位，比如《国语》卷十晋语四记载晋大夫董因对公子重耳所述星占时，就有“实沈之墟，晋人是居”之语，实沈之次后来是魏的分野，那时却是晋国的分野，而魏国的祖先那时正忠心耿耿地为公子重耳执役。

上面的分野一览表已将天区对应到州，但古人犹觉不够精细，还要做进一步的划分对应，这被称为“州郡躔次”。仍以《晋书》卷十一天文志上所载为例，这种“州郡躔次”被认为是“陈卓、范蠡、鬼谷先生、张良、诸葛亮、谯周、京房、张衡”等星占学大家所一致采纳的。为省篇幅，仅录寿星之次的对应情况以见一斑：

> 东郡：入角一度，
> 东平、任城、山阳：入角六度，
> 泰山：入角十二度，
> 济北、陈留：入亢五度，
> 济阴：入氐二度，
> 东平：入氐七度。

其他各次情况类似。大体划分到相当于今天地区一级的行政区，每区在天上都有自己的分野天区。

上面所论，是古代中国分野理论之主要模式，几乎所有的星占活动，都据此展开。此外还有一些别的分野模式，既不完备，影响也小，兹不具论。

在上述分野体系中，华夏疆土已将古代中国人所认识的天空瓜分完毕，那么周边异族在天上有无位置？李淳风《乙巳占》卷三记有当

时人的这一疑问:

> 或人问曰：天高不极，地厚无穷，凡在生灵，咸蒙覆载。而上分辰宿，下列王侯，分野独擅于中华，星次不霑于荒服。至于蛮夷君长，狄虏酋豪，更禀英奇，并资山岳，岂容变化应验全无?

但李淳风接下去对此的回答却是充满民族沙文主义色彩的传统观念:

> 故知华夏者，道德礼乐忠信之秀气也，故圣人处焉，君子生焉。彼四夷者，北狄沍寒，穹庐野牧；南蛮水族，暑湿郁蒸；东夷穴处，寄托海隅；西戎氈裘，爰居瀚海，莫不残暴狼戾，鸟语兽音，炎凉气偏，风土愤薄，人面兽心，宴安鸩毒。以此而况，岂得与中夏皆同日而言哉？故孔子曰：夷狄之有君，不如诸夏之亡，此之谓也。……以此而言，四夷宗中国之验也。

他认为“四夷”在分野体系中没有资格占得一席之地，充其量只能视为中原的附庸。由此又引导到“正统”之争，如果异族已经入主中原，他们是否就有资格“上应天象”？对此古人意见不一。兹举古人常喜欢议论的梁武帝一事为例，《邵氏闻见后录》卷八云:

> 梁武帝以荧惑入南斗，跣而下殿，以禳“荧惑入南斗，天子下殿走”之谶。及闻魏主西奔，惭曰：虏亦应天象邪？当其时，虏尽擅中原之土，安得不应天象也。

此为 534 A.D. 时事。其时梁武帝偏安江左，但仍以正统自居，一些北方政权下的士大夫也认为华夏衣冠礼乐犹在江左，隐然承认南朝是文化上的正统。这年有所谓荧惑入南斗的天象，梁武帝自作多情，赤了脚下殿去散步，以求“禳救”，后来听说是北魏末帝元修西奔宇文泰之事应了这一天象，便感到不好意思。魏帝西奔虽是倒霉事，却从星占理论上夺走了梁朝天子的正统地位。

分野之说对星占必不可少，其使用之法，则不过依据天象所在之宿，推占其对应地区之事而已。其间虽有需要灵活运用之处，总的来说比较简单。兹略引两例如下，该两例所记之事没有什么科学价值，不过以此略见古人之分野思想而已。第一例见《晋书》卷三六张华传，即著名的“丰城剑气”之事：

> 初，吴之未灭也，斗牛之间常有紫气，道术者皆以吴方强盛，未可图也，惟华以为不然。及吴平之后，紫气愈明。华闻豫章人雷焕妙达纬象，乃要焕宿，屏人曰：可共寻天文，知将来吉凶。因登楼仰观。焕曰：……宝剑之精上彻于天耳。……华大喜，即补焕为丰城令。焕到县，掘狱屋基，入地四丈余，得一石函，光气非常，中有双剑，并刻题，一曰龙泉，一曰太阿。其夕，斗牛间气不复见焉。

这里天地对应，其精确程度竟可达到一幢房屋之内，纯为方术家之言。但它却被记载在正史中。第二例见《后汉书》卷一一二上李郃传：

> 郃袭父业，游太学，通五经，善河洛风星。外质朴，人莫之识。县召署幕门候吏，和帝即位，分遣使者，皆微服单行，各至州县观采风谣。使者二人当到益部，投郃候舍。时夏夕，露坐，郃因仰观，问曰：二君发京师时，宁知朝廷遣二使邪？二人默然惊，相视曰：不闻也。问何以知之？郃指星示云：有二使星向益州分野，故知之耳。

李郃所见，可能是流星，但更可能他是从二人的言谈、物品等推测出他们身份的，分野之说不过是他的附会。然而即便如此，仍足见分野之说的应用及其流行。

丙　所占之事：星占学的主要任务

军国星占学的任务在预占战争胜负、年成丰歉、王朝安危等事，对此前文已屡言之。为能对古代中国星占学这方面的情形获得较为深入的感性认识，还必须再做进一步的论述。此事可从三个角度加以认识：古代星占学大家所述星占学之旨，古人需要施行星占的场合，以及对古代典型星占学著作中占辞内容之分析。兹依次略论如下。

先看古人所言星占学之旨，这里仅以大星占家（如李淳风）及自身精通天学之著作家（如司马迁）的论述为限，举三则为例：

> 田氏篡齐，三家分晋，并为战国，争于攻取，兵革更起，城邑数屠，因以饥馑疾疫焦苦，臣主共忧患，其察禨祥、候星气尤急。（《史记》卷二七天官书）
>
> 天高听卑，圣人之言信其然矣。是故圣人宝之，君子勤之。将有兴也，咨焉而已；从事受命，而莫之违。（《乙巳占》李淳风自序）
>
> 苟能穷神知化，观象洞玄，占何所不验欤！立占之法，本非袭吉，特以塞咎，故世治国安，指象陈灾，为君所戒，以保邦于未危；世变国难，推象探章，察数未坠，以处身于无祸。（李淳风《玉历通政经》后序[10]）

以上三则各有侧重，合而观之，已将军国星占学之旨反映得颇为全面。逐鹿中原、兵戈四起之时，对星占的需要"尤急"，战争、年成是最重要的主题。承平之日，则"指象陈灾，为君所戒"，即将上天通过天象而呈示的政治警告阐释于君王。至于末代乱世的"处身于无祸"，既包

[10]《玉历通政经》三卷，题"唐国师李淳风编撰"。台湾藏本。感谢黄一农教授惠赠此书之复印本。

括苟全性命不求闻达之独善其身，也不排除投效新主，做一番“佐命元勋”的功业（诸葛亮之隐居与出山就是好例）。而所有这一切，都离不开军国星占学，故君子——政治人物——将有兴则咨焉，受命从事而莫违。

次看古人需要施行星占的场合，这通常都与军政大事的决策有关。对此前文所述及的若干事例已可略窥一斑，比如本书第三章Ⅰ戊所述魏帝因彗星出现而问群臣“灾咎之应将在何国事”、同章Ⅱ甲所引宋景公问子韦荧惑在心事、甘公为张耳预言汉兴事等皆是。此外，有大量星占是“被动”进行的——因天上出现了异常（通常是不吉的）天象，这当然仍要归结到古人天人感应的宇宙观上去。为政者必须随时谨慎不懈地研究上天所呈示的征兆。对此前文已述之颇详。

欲了解古代中国星占学所占之事的具体情况，最直接之法莫过于选择典型星占学著作对其占辞进行统计分析。以前刘朝阳曾对《史记·天官书》做过这样的工作。他选择《史记·天官书》而不选择别种著作，是有道理的。传世的星占学著作有不少，除专著外，一些正史中的《天文志》也属此类。在传世专著中，如《乙巳占》十卷，《灵台秘苑》十五卷，《开元占经》更达一百二十卷之巨，篇幅都过于浩繁；敦煌卷子中的星占篇章又失之零碎不全；再往后的一些星占书则年代太晚，且典型性不够。而《史记·天官书》长久以来一直是年代确切可考的传世星占著作中年代最早的一种，加以篇幅不太大，结构却十分完整；近年虽有马王堆汉墓帛书《五星占》出土，年代稍早一些，但毕竟简略不全。故《史记·天官书》确属较好的选择对象。然而刘朝阳对占辞的统计，似有不妥之处。他可能将“（太白）出高，用兵深吉，浅凶；庳，浅吉，深凶”这样的占辞算作两条或四条，还可能将“毕曰罕车，为边兵，主弋猎”这样的语句也计入占辞，以致占辞数目达到321条，与笔者统计的结果242条相差颇远。而按照占辞的通常定义和下文所用分类项目名称含义来说，上引前一句应只算一条占辞，后一句则不能算占辞，因其中并不包含天象的变化及其与事件的联系（前一句中就含有这两个要素）。兹将笔者统计所得，分为二十类，据同类

占辞数量之多寡依次列出如下：[11]

分类项目	占辞数目
1. 战争	93
2. 水旱灾害与年成丰歉	45
3. 王朝盛衰治乱	23
4. 帝王将相之安危	11
5. 君臣关系	10
6. 丧	10
7. 领土得失	8
8. 得天下	7
9. 吉凶（抽象泛指者）	7
10. 疾	5
11. 民安与否	4
12. 亡国	4
13. 土功	3
14. 可否举事	3
15. 王者英明有道与否	2
16. 得女失女	2
17. 哭泣之声	2
18. 天下革政	1
19. 有归国者	1
20. 物价	1

这里可以看到两点特征。首先，前三类占辞竟占了全部二十类占辞总数的67%，表明战争、年成、治乱这类主题受到特殊重视的程度。其

[11] 下列第二栏中的数据，可以因对原文文句的不同理解而有个别出入，但无关宏旨。

次，全部占辞中，没有任何一类、任何一条不属于军国大事的范围之内（丧通常指君主王侯之丧，疾常指疾疫流行，等，都不是对个人事务而言）。对《史记·天官书》的这一统计结果具有普遍意义，如对其他经典星占学著作施以统计，具体数据自然会稍有不同，但上述两点特征不会改变。古代中国的军国星占学，其格局可以说是一以贯之。

丁　所占之象

综览传世各种古代中国星占学文献，可知被赋予星占学意义的天象极多。兹按天象之具体内容，分为七大类。依次考述如下：

太阳类第一

日食本身

"蚀列宿占"（太阳运行至二十八宿中不同宿时而发生日食，其意义各不相同）

日面状况（包括光明、变色、无光、有杂云气、生齿牙、刺、晕、冠、珥、戴、抱、背、璚、直、交、提、格、承以及若干种实际不可能发生的想象或幻象共约五十种）

月亮类第二

月食本身

"蚀列宿占"（与日食相仿）

"月蚀五星"（不是指月掩行星，而是指月与五大行星中某星处于同一宿时而发生月食，依行星之不同，其星占学意义亦各异）

月运动状况（运行速度及黄纬变化）

月面状况（包括光明、变色、无光、有杂云气、生齿牙爪足、角、芒、刺、晕、冠、珥、戴、背、璚、昼见、当盈不盈、当朔不朔以及想象或幻象共数十种）

月犯列宿（月球接近或掩食二十八宿之不同宿，其意义不同）

月犯中外星官（月球接近或掩食二十八宿之外的星官，也各有不同意义）

月晕列宿及中外星官（与上两则相仿，但同时月又生晕，则意义又各不同）

行星类第三

各行星之亮度、颜色、大小、形状

行星经过或接近星宿星官

行星自身运行状况（顺、留、逆、伏及黄纬变化等）

诸行星之相互位置

恒星类第四

恒星本身所呈亮度及颜色

客星出现（新星或超新星爆发，有时亦将其他天象误为客星）

彗流陨类第五

彗星颜色及形状

彗星接近日、月、星宿星官

数彗俱出

流星

陨星

瑞星妖星类第六

瑞星（共六种，无法准确断定为何种天象）

妖星（有八十余种之多，亦很难准确断定为何种天象）

大气现象类第七

云
气（颇为玄虚，有许多为大气光象）
虹
风
雷、雾、霾、霜、雪、雹、霰、露

古人赋予星占学意义的天象既有如此之多，再考虑到诸种天象的不同组合，数量更多，因此一年中任何一天夜晚，都必能看到许多种有星占学意义的天象。诸天象之意义又各不相同，究竟如何取舍、平衡、解释及调和，实为神秘玄奥之事。由于其间上下其手、灵活运用的余地极大，便得星占家们常能左右逢源——关键即在其占论之法高明与否。

戊　占论之法

古人占论之法，大有高下。星占学著作中的占辞，作为占论的理论根据，固然必须熟读。但如果仅能就已出现的天象，依据有关占辞而论其吉凶，那只是最初级的水准。而此道高手，除了熟读、博览各家占辞占例，同时又精通历法，善于预推天象之外，还必须辅之以历史经验、社会心理、政治军事情报（因所论皆军国大事），并能巧妙地加以综合、解释甚至穿凿附会。故占论之法，各凭妙用，并无一定之规，唯一必须遵行的一点是：所作推论应能在星占学理论中找到依据（若各家之说互异，只取我所需亦可）。

本书前几章曾引述过若干著名星占事例，其中有些就很能从中看出占论之法。比如第三章Ⅱ甲所述郑裨灶据“有星出于婺女”而预言晋君将死事，主要是借助于分野理论、古代传说等背景知识，通过一系列的联想与附会，也许还有政治情报（比如晋君病重），来完成占论的。又如第四章Ⅱ丁所述崔浩据火星运行状况而预言后秦将灭事，主要表现为对行星运动的精确掌握，再与政治情报加以巧妙结合，遂获得极大成功。以下再剖析两例，以见古人占论之法如何不拘一格。一例见《国语》卷十晋语四：

> 董因迎公于河，公问焉，曰：吾其济乎？对曰：岁在大梁，将集天行，元年始受，实沈之星也，实沈之墟，晋人是居，所以兴也，今君当之，无不济矣。君之行，岁在大火，大火，阏伯之星也，是谓大辰。辰以成善，后稷是相，唐叔以封，瞽史记曰：嗣续其祖，如谷之滋，必有晋国。……且以辰出而以参入，皆晋祥也，而天之大纪也。济且秉成，必霸诸侯，子孙赖之，君无惧矣。

这一例中，董因在星占学理论方面主要是利用分野之说立论。由本节乙所述可知，大梁的分野为赵，实沈的分野为魏，但其时尚无赵、魏之国，地皆属晋，故谓“实沈之墟，晋人是居”。时为岁末，按岁星纪年之法，为岁在大梁，若公子重耳回晋即位，将使明年（岁在实沈）成为晋文公元年，故曰“元年始受，实沈之星也”。公子重耳在外流亡十九年，至此时方借秦军之力回国即位，由此时上推十九年，恰得岁在大火。至于由大火而大辰，而唐叔（晋国之祖），而“必有晋国”，则董因穿凿附会之巧智也。然而董因之说也深合星占学之旨，可举占辞为例，如《乙巳占》卷四岁星占云：

> 岁星所在处，有仁德者，天之所祐也，不可攻，攻之必受其殃。利以称兵，所向必尅也。

所谓“所在处”，正是要靠分野之说来确定的，此处恰为晋国。而当时晋文公正是借秦国之力“称兵”夺权。由于古代中国星占学理论的继承性极强，故不难推断当时也有着与上引《乙巳占》中占辞相去不远之说，足为董因的占论提供依据。最后还必须指出，董因作为晋国大夫，当然掌握着足够的背景知识和政治情报，公子重耳素有声望，手下文武诸臣皆一时之选，却始终忠心耿耿伴随他一起流亡，十九年间，周游列国，政治阅历极其丰富，齐、楚、秦等大国的君王都与之结好，预计他日后必执掌晋国，现在乘晋国内乱之机，以秦军为后盾，回国入承君位，其成功是可想而知的，故董因的占论必然会得出成功的预言。如果这年岁星不在大梁，董因也必然会通过另一套附会之说，得出同样的结论。当然，在古人看来，公子重耳恰在“岁在大梁”的年末回国入承君位，正是天意要他重振晋国的表现，倘若他别的年头回来，就不能成功，所以董因的预言只是将固有的天意阐明而已，这些预言后来全都应验了。

北魏名臣崔浩以精通星占著称于世，前已引述过一例，兹再举一例，仍见《魏书》卷三五崔浩传：

> （泰常）三年，彗星出天津，入太微，经北斗，络紫微，犯天棓，八十余日，至汉而灭。太宗复召诸儒士问之曰：今天下未一，四方岳峙，灾咎之应将在何国，朕甚畏之。尽情以言，勿有所隐。咸共推浩令对，浩曰：古人有言，夫灾异之生，由人而起，人无衅焉，妖不自作，故人失于下则变见于上，天事恒象，百代不易。《汉书》载王莽篡位之前，彗星出入，正与今同。国家主尊臣卑，上下有序，民无异望。唯僭晋卑削，主弱臣强，累世陵迟，故桓玄逼夺，刘裕秉权。彗孛者，恶气之所生，是为僭晋将灭，刘裕篡之之应也。诸人莫能易浩言。太宗深然之。
>
> 五年，裕果废其主司马德文而自立南镇上。裕改元赦书时，太宗幸东南濄卤池射鸟，闻之，驿召浩谓之曰：往年卿言彗星之占验矣。朕于今日，始信天道。

彗星出现为不祥之兆，这在古代众所周知；此例中崔浩主要运用了他的政治预见能力。其时刘裕早将东晋军政大权集于一身，且又刚刚北伐获胜，攻灭后秦，并将末帝姚泓俘至建康处死（417 A.D.），又晋封为宋王，功高震主，其篡晋自代已成不可阻挡之势，这一点崔浩当然看得出来。至于援引王莽篡汉前彗星出入云云，则不过是占论中的技巧而已。

由以上所述四例，对于古代中国星占学中占论之法，已可略见一斑。简而言之，此中精义只在灵活运用而已，若机械刻板，照搬占经，即落下乘。

己　天象记录及其伪造

古人既持天人合一之宇宙观，又笃信种种天象皆为上天对人间事务所呈示之警告或嘉许，将这些天象赋予星占学意义，则自然对天象的观察与记录极为重视。从理论上说，皇家天学机构应是无分昼夜、每时每刻都有人监视着天空，随时将各种天象记录下来并进行汇报。由于官营天学的强大传统，保证了天学活动的持续性及其所需的人力物力，这些作为星占学档案的天象记录中有相当大一部分得以流传至今。这种观天和记录的工作，至少持续进行两千年之久，也可能还要长久得多（但先秦时代的天象记录未能系统保存）。

历代官史中的“天学三志”，本书第三章中曾经谈及。其中的《天文志》，有些以星占学理论为主，可视为不折不扣的星占学著作（如《史记·天官书》）；有些既有星占学理论，又有星占学档案（如《汉书·天文志》）。在诸《五行志》中，也常有星占天象记录，编入“天变”部分。此外在明、清两朝《实录》中也有大量星占天象记录，在“十通”中也编有不少天象记录。最后，在大量地方志中也有一些天象记录。这些记录虽不是皇家星占学档案，却同样是在星占学思想影响下而编入的。

古代天学家当然不是出于现代天文学家记录资料的自觉科学意识而去记录天象的，他们这样做只是保留星占学档案，将天人之际所发生过的种种事件（这些事件在他们看来意义极为重大）记录在案而已。但他们哪里会想到，这些星占学档案千百年后竟会成为现代天文学家非常珍视的历史资料。现代天文学研究的对象，在时间和空间上都是大尺度的，从现代天文学在欧洲诞生到如今的几百年时间，对于现代天文学研究中的时间尺度来说是太短暂了，天文学家需要更古老的记录，而中国古代的星占学档案因其天象种类多、持续时间长而首膺其选。为此中国学者已于近年完成了一项浩大工程——将历代官史、明清《实录》、“十通”、地方志以及其他古籍中的星占天象记录全面搜集考订，汇集成《中国古代天象记录总集》一书。[12]

其中计有：

日食记录一千六百余项，
月食记录一千一百余项，
月掩行星记录二百余项，
新星及超新星记录一百余项，
彗星记录一千余项，
流星记录四千九百余项，
流星雨记录四百余项，
陨石记录三百余项，
太阳黑子记录二百七十余项，
极光记录三百余项，
其他天象记录二百余项。

谈到古人的天象记录，有一个问题不能不稍加讨论，即天象记录的伪造。天象记录本是星占学档案，星占学又是为政治服务的，而在封建专制集权统治的政治运作中，尔虞我诈，黑暗凶险，本属司空见惯。下面参考台湾学者近年的研究成果，举两种天象为例略加讨论。

[12] 中国科学院北京天文台主编，江苏科学技术出版社（1988）。

第一种称为“五星聚舍”，即五大行星同时出现在天空中一个小范围内。舍同宿，通常指五星聚于二十八宿之某一宿中，但各宿大小悬殊，故也未必能绝对精确，有时四星在同一宿，另一星在邻宿，仍被视为五星聚舍。这本是五大行星交错运行时自然呈现的各种景象之一，但古人认为此事非同小可，有着重大星占学意义。五星聚舍通常被视为改朝换代的征兆，引占辞数则为证：

王者有至德之萌，则五星若连珠（郑玄注：谓聚一舍，以德得天下之象也）。(《开元占经》卷十九引《易纬坤灵图》)

五纬合，王更纪。(同上引《诗纬含神雾》)

五星若合，是谓易行：有德受庆，改立天子，乃奄有四方，子孙蕃昌；无德受罚，离其国家，灭其宗庙，百姓离去满四方。(同上引《海中占》)

正因为如此，古来流传着许多关于五星聚舍的记载，这些记载常被与改朝换代或“圣王”之兴起相联系。下面举数则为例：

元年冬十月，五星聚于东井，沛公至霸上。(《汉书》卷一高祖纪上)

历记始于颛顼上元太始阏蒙摄提格之岁，毕陬之月，朔日己巳立春，七曜俱在营室五度。(《新唐书》卷二七历志三上引《洪范传》)

文王在丰，九州诸侯咸至，五星聚于房。(《开元占经》卷十九引《帝王世纪》)

今案遗文，所存五星聚者有三：周、汉以王，齐以霸。周将伐殷，五星聚房。齐桓将霸，五星聚箕。汉高入秦，五星聚东井。(《宋书》卷二五天文志三)

然而这类记载，许多皆非实录。即以上引几则记载中涉及的四次五星聚舍天象而言，用现代天文学方法回推计算，就没有一次可以获得验证。[13]其中第一则还勉强有一点道理，在汉高祖二年倒曾发生过一次类似天象（四星在井宿，水星在参宿），史家将此事提前，以便与汉朝之代秦相附会。司马迁在《史记》卷二七天官书中只含混地说“汉之兴，五星聚于东井”，算是比较圆通。至于文王、颛顼时的五星聚舍，年代遥远，事更玄虚。又据研究，汉朝以后关于五星聚舍的天象，见于史籍者共七次，其中两次完全不能验证，两次实际天象与记载出入颇大，另三次倒是非常真确，但此三次皆属五星齐聚于太阳附近的方向，故根本无法观测到（诸星入夜后即与太阳一同没入地平线之下），想是古人依据推算而得。而另一方面，自汉以降两千年间，实际发生并可观测到的五星聚舍有近二十次，其中十次左右观测条件非常好，却完全未见记载。由此可以推断，古人对于这类天象记载既不详备，其见于记载者，又因常与祥瑞、符命之类的事相附会，以致不惜牵合甚至伪造其记录。

第二种要谈的天象即所谓“荧惑守心”（火星在心宿发生留）。这在本书第四章Ⅱ丁中曾谈到过，西汉末年丞相翟方进就是因一次谎报的荧惑守心天象而被逼自杀的。荧惑守心被视为极大的凶兆，稍举占辞数则为证：

荧惑犯心，天子王者绝嗣。（《开元占经》卷三一引《海中占》）

荧惑在心则缟素麻衣（宋均曰：荧惑在心，海内之殃。海内亡主，故素缟麻衣）。（同上引《春秋纬演孔图》）

荧惑乘心，其国相死。（同上引石氏）

荧惑守心，主死，天下大溃。（同上引《春秋纬说题辞》）

遍检历代官史，荧惑守心的记载共23次，但以现代天文学方法回推，其中仅有6次真实，其余皆属虚构。而另一方面，自289 B.C.至1638 A.D.

[13] 黄一农：A Study on Five Planets Conjunction in Chinese History, Early China, vo1. 15（1991）.

近两千年间，另有32次真实发生的荧惑守心天象却未见记载。[14]在虚构的记载中，包括宋景公与子韦那场著名对话所谈论的一次，以及导致翟方进自杀的那次，还有本书第一章Ⅰ中所述黄权引荧惑守心而魏文帝崩逝事以说明正统所在的一次，等。

以上仅举五星聚舍及荧惑守心两种天象记录为例，推而论之，别种天象的记录中自然也无法排除虚构或牵合的可能。问题的严重性还在于：有许多天象是无法用现代天文学方法回推验证的，比如彗星、流星、陨星、太阳黑子等都属此类，因此今天人们就无法像对五星聚舍和荧惑守心那样验知其伪。特别严重的是：可以回推验证的天象如五星聚舍和荧惑守心者古人尚且敢如此虚构（回推此两种天象之法，古人在战国时代即已掌握，只是不及现代方法精确而已，但回推验证此两种天象不需很高精度），则无法回推验证的天象记载，其中虚构的可能性或许还要大得多。故学者们欲将古代天象记录应用于现代天文学理论研究，实应慎之又慎！

古人之所以如此热衷于虚构或牵合天象记录，至少有两个原因：一是直接为具体的政治措施提供帮助，比如为打击翟方进而虚构荧惑守心，二是为配合政治伦理教化，比如宋景公与子韦对话的故事，这一点特别突出地表现在所谓“史传事验”之说上。对上述两方面原因，在本章Ⅱ、Ⅲ两节中还将进一步论及。

Ⅱ．天学与政治运作

甲　王气·劝进·谋反

“王濬楼船下益州，金陵王气黯然收”（刘禹锡《西塞山怀古》），

[14] 黄一农：星占、事应与伪造天象——以“荧惑守心”为例，《自然科学史研究》10卷2期（1991）。

“将非江表王气，终于三百年乎”（庾信《哀江南赋·序》）？此类脍炙人口的名句，都反映出古代“王气”之说的深入人心。所谓王气，是古人天人感应观念的产物之一。人世间许多重大事件（正在发生着的和将要发生的）都会以“气”的形式兆示于空中，比如“丰城剑气”就上冲于斗牛之间。因此气成为古人的重要占望对象。各种气中，又以王气最为事关重大，因为王气是新的“真命天子”崛起的征兆，又是王朝“气数”的具体表征。六朝偏安江左，但在后人看来仍不失为华夏正统政权，故所谓江表三百年王气，自属顺理成章；然而即使是僭伪汉奸政权，竟也有其王气。兹举宋岳珂《桯史》卷八“阜城王气”条为例：

> 崇宁间，望气者上言景州阜城县有天子气甚明，徽祖弗之信。既而方士之幸者颇言之，有诏断支陇以泄其所钟。居一年，犹云气故在，特稍晦，将为偏闰之象，而不克有终。至靖康，伪楚之立，踰月而释位。逆豫既僭，遂改元阜昌，且祈于金酋，调丁缮治其故尝夷铲者，力役弥年，民不堪命，亦不免于废也。二僭皆阜城人，卒如所占云。

连短寿促命的伪楚、伪齐政权都有王气兆示，足见王气之说何等深入人心。即以岳珂而论，他显然相信，要不是先前“有诏断支陇以泄其所钟”，二逆的“气数”还会大得多。

王气实际上可以视为符命之一种。与本书第三章Ⅰ戊所述刘裕篡晋时太史令骆达“陈天文符瑞数十条”、第三章Ⅳ乙所述杨坚代周时“以符命曜于天下”等事同类。但改朝换代一事是由两面相反相成的，被刘裕、杨坚引为符命的天象（包括王气在内），同时也可视为东晋、北周“气数将尽”的征兆。因此群臣拥立新君、上表“劝进”之时固然要陈曜天文符瑞，而秦失其鹿、天下共逐之时，谋臣策士鼓动野心家问鼎，甚至承平之时而煽动叛乱，也经常据天象来立论。略举两则记载为例，其一见《史记》卷一一八淮南衡山列传：

> 淮南王安为人好读书鼓琴，不喜弋猎狗马驰骋，亦欲以行阴德拊循百姓，流誉天下。……建元六年，彗星见，淮南王心怪之。或说王曰：先吴军起时，彗星出长数尺，然尚流血千里，今彗星长竟天，天下兵当大起。王心以为上无太子，天下有变，诸侯并争，愈益治器械攻战具，积金钱赂遗郡国诸侯游士奇材。诸辩士为方略者，妄作妖言，谄谀王，王喜，多赐金钱，而谋反滋甚。

这是方士借彗星出现而煽动谋反。时值汉武帝当政时期，正是汉朝鼎盛之际，方士犹敢如此。若是鼎革之际，群雄并起，则方士以星象天命之说鼓煽造反的事更为多见，这里选一个较为别致的事例，明陈全之《蓬窗日录》卷七有一条云：

> 太祖高皇帝尝书金华星士刘日新之扇曰：江南一老叟，腹内罗星斗。许朕作君王，果应神仙口。赐官官不要，赐金金不受。持此一握扇，横行天下走。识以御宝。刘持此遍游天下十二年。

星占家刘日新以星占之说预言尚在“微时”的朱元璋有帝王之望，后来“果应神仙口”。书扇事未必为信史，但这类谈星命鼓动野心家之事，在历史上确实经常发生。

王气之类的符命之说既能用来推戴劝进和煽动谋反，帝王对此当然就极为重视。宋徽宗听说阜城有王气，真会下诏去掘断“龙脉”。由此，王气之说又可成为打击政敌的手法，兹举《明史》卷一二八刘基传为例：

> 初，基言瓯、括间有隙地曰谈洋，南抵闽界，为盐盗薮，方氏所由乱，请设巡检司守之。奸民弗便也。……胡惟庸方以左丞掌省事，挟前憾，使吏讦基，谓谈洋地有王气，基图为墓，民弗与，则请立巡检逐民。帝虽不罪基，然颇为所动，遂夺基禄。基惧入谢，乃留京不敢归。

刘基本精通天学，当初辅佐朱元璋造反夺天下，难保不讲论“凤阳王气”“金陵王气”之类。臣下既能助自己得天下，则也就可能再从自己或儿孙手里夺天下——许多封建帝王屠戮功臣时都有这种担忧。政敌乃利用这一点来打击、诬陷刘基，朱元璋果然“宁信其有，不信其无”。

乙 大臣进退与议政风潮

某种天象的出现，以及对此做出的星占学解释，在古代确实能导致大臣的进退。前述丞相翟方进因一次虚构的荧惑守心天象而受责自杀，就是一个突出事例。类似的事在那个时代颇为常见，再举几例如下：

> 丞相朱博奏：莽前不广尊之义，抑贬尊号，亏损孝道，当伏显戮，幸蒙赦令，不宜有爵土，请免为庶人。上曰：以莽与太皇太后有属，勿免，遣就国。……在国三岁，吏民上书冤讼莽者以百数。元寿元年，日食，贤良周护、宋崇等对策，深颂莽功德，上于是征莽。(《汉书》卷九九王莽传上)
>
> 三月壬申晦，日有食之。大赦天下。策大司马逯并曰：日食无光，干戈不戢，其上大司马印韨，就侯氏朝位。(同上王莽传中)
>
> 戊子晦，日有食之。大赦天下。……大司马陈茂以日食免。(同上)

王莽在权力之争中居了下风，被夺去权柄，乃以退为进，欺世盗名，令其徒党为自己鸣冤。但事情的转机，还在一次日食的发生——它被解释为上天因王莽这样一位“功德”齐天的大圣贤受了委屈而发出的警告，于是王莽重新回到权力中心。至于后面两位大司马何以会因日食而免职，另有其文化背景，将于本章Ⅲ中论及。

汉代创下的这些先例，后世一直不乏仿行者，如《宋史》卷四六二郭天信传：

> 郭天信字佑之，开封人，以技隶太史局。徽宗为端王，尝退朝，天信密遮白曰：王当有天下。既而即帝位，因得亲暱……颇与闻外朝政事。见蔡京乱国，每托天文以撼之，且云日中有黑子，帝甚惧。言之不已，京由是黜。

何以一言日中有黑子，就能令“帝甚惧”？原因在于日中黑子的星占学意义：

> 偏任权柄，大臣擅法，则（日中）有青黑子。（《开元占经》卷六引《文命钩》）
>
> （日）中有黑子，夺天不顺之异也。（北周庾季才原撰、北宋王安礼等重修《灵台秘苑》卷七）

蔡京之黜当然有各种原因，但郭天信的“天文攻势”至少起了里应外合、火上浇油的作用。除去对打击对象的道德判断不论，郭天信打击蔡京之法与前述明代胡惟庸打击刘基之法非常相似。

一次异常天象的出现，还可以引发政治上的轩然大波，对此史籍中曾保留了极为详细的个案记载，见《齐东野语》卷十七：

> 景定五年（1264 A.D.）甲子七月初二日甲戌，御笔作初三日乙亥，彗星见东方柳宿，光芒烜赫，昭示天变。……丁丑，避殿，减膳，下诏责己，求直言，大赦天下。

当时朝政昏暗，民怨沸腾，军事上又屡败于蒙古，南宋只剩半壁河山，可以说是极度的内外交困。在此情况下，又出现大彗星，更属骇人的不祥之兆，于是人心震动。皇帝既下诏责己，又求直言，很可能会引发国人对祸国殃民的奸相贾似道的批评浪潮，为此贾似道等决定先采取措施，争取主动：

> 己卯，贾丞相似道、杨参政栋、叶同知梦鼎、姚佥书希得奏事。上曰：彗出于柳，彰朕不德，夙夜疚心、惟切危惧。宰臣奏：陛下勤于求治，有年于兹，庸有阙失？今谪见于天，实臣等辅政无状所致，上贻圣忧。臣见具疏乞罢免，庶可以上弭天灾。上曰：正当相与讲求阙失，上回天意。庚辰，贾丞相第一疏乞罢免，以塞灾咎。五疏皆不允。

贾似道上疏乞罢，作引咎自责状以试探皇帝态度，五疏不允，知“圣眷”不替，其心已安。他虽口称“辅政无状”而导致天谴，但具体的罪行错误却一字不提，也无任何补救改良的措施或建议，避实就虚，希图蒙混。

但是愤怒的批评浪潮已经无法阻遏，臣民纷纷上书，要求广开言路，不以言论罪人；更多的是指斥朝政，矛头直指奸相贾似道。下面是周密所记录的一些上书内容：

> 今言路既开，中外大小之臣必将空臆毕陈。惟陛下明圣，大臣忠亮，有以容受，不以为罪，天下幸甚！（起居郎太子侍读李伯玉上书）
>
> 非朝廷大失人心，何以致天怒如此之烈？……群臣附下罔上，虚美溢誉。人怨天怒，不至于彗星不止也。且灾异策免三公，视为常事。丙申雷变，陛下一日黜二相，今彗星之与雷发，相去何啻十百千万哉？（秘监高斯得上疏）
>
> 今彗之示变，已逾旬浃月，陛下恐惧修省，靡所不至，而天怒犹未回，非陛下不知省悟也，抑误陛下者未有所思也。（太学生吴绮、许求之等上书）
>
> 百姓皆与蹙额，庙堂歌颂太平，人不可欺，天可欺乎？今之秉钧轴者，前日之功固伟矣，今日之过未尽掩；阃外之事固优矣，

阃内之责未尽塞。以戎虏待庶民，不可也；以军政律士类，不可也；以肥家之法经国，不可也。盍亦退自省悟，以回天变乎！（武学生杜士贤等上书）

大臣德不足以居功名之高，量不足以展经纶之大……踏青泛绿，不思闾巷之萧条；醉醲饱鲜，遑恤物价之腾踊。……人心怨怒，致此彗妖，谁秉国钧，盍执其咎？方且抗章诬上，文过饰非，借端拱祸败不应之说以力解，乱而至此，怨而至此！上干天怒，彗星扫之未几，天火又从而灾之，其尚可扬扬入政事堂耶？！（京庠唐隶、杨坦等上书）

议政风潮持续了两个月，结局是：

丁未，宰执拜表，恭请皇帝御正殿、复常膳，三表而后从。九月，以京学士人萧规，唐隶、叶李、吕宙之、姚必得、陈子美、钱焴、赵从龙、胡友开等，不合谤讪生事，送临安府追捕勘证，议罪施行各有差。自是中外结舌焉。

贾似道们安然无恙。

然而事情是否就此了结了呢？至少在周密看来，根本还未了结。天下事竟有这般凑巧，刚到十月，忽然又生变故，完成了彗星凶兆的“事应”：

孟冬，朝飨如常时。十月乙丑，忽闻圣躬不豫，降诏求医，丁卯，遗诏升遐。……物价自此腾踊，民生自此憔悴矣。彗变首尾凡四月，妖祸之应，如响斯答，孰谓天道高远乎！

十五年后，腐朽的南宋王朝灭亡。

丙　军事决策

天象及其星占学解释对古代军事决策的影响，前述汉宣帝催促赵充国进兵西羌事（见本书第四章Ⅱ丁）就是一个典型事例。这类事例还有不少，如前述刘歆等人发动军事政变因太白未出而泄密事，也属此类。兹再略述数例，以增进对此的了解。

唐初著名的玄武门之变，官史为尊者讳，皆语焉不详。但从宋人记载来看，太白的运行在这场军事政变中又一次扮演了角色。《邵氏闻见后录》卷七云：

> 会太白经天，傅奕密奏：太白见秦分，秦王当有天下。高祖以其状授世民，世民乃密奏：建成、元吉淫乱后宫。且曰：臣于兄弟无丝毫之负，今欲杀臣，似为世充、建德报仇，臣今枉死，永违君亲，魂归地下，实耻见诸贼。高祖省之，愕然，报曰：明当鞫问，汝宜早参。明日，世民遂诛建成、元吉云。

其时秦王李世民与建成、元吉之间，明争暗斗，日趋白热化。这次“太白见秦分”的天象，至少在客观上起了鼓舞秦王方面军心、摧沮建成、元吉意志的作用。太白出现在鹑首之次（秦的分野），本不算什么奇异天象，这次它很可能是秦王府的谋士们故意散布出去的，因为在星占学理论中，有着“太白经天，天下革，民更王”（《汉书》卷二六天文志）之类的说法。

在南宋初立，宋高宗被金兵穷追不舍，狼狈逃命的紧要关头，南宋朝廷的军事决策竟也受到星占学的左右，《桯史》卷三：

> 建炎庚戌，狄骑饮海上，躬御楼船，次于龙翔。秋，驻跸会稽。时虏初退，师尚宿留淮、泗，朝议凛凛，惧其反旆，士大夫皆有杞国之忧。范丞相宗尹荐朝散大夫毛随有甘、石学，有诏赴行在所，随入对言……今年冬，岁当躔而兴宋，自此虏必不能南

渡矣。然御戎上策，莫先自治，愿修政以应天道。上大喜。既而果不复来。

三十年后，金主亮大举南侵，准备“提兵百万西湖上，立马吴山第一峰”，南宋王朝再一次面临生死关头，而如何应付，又听取了星占学方面的意见，《桯史》卷三云：

绍兴辛巳，逆亮渝盟。有上封者，言吾方得岁，虏且送死，诏以问太史，考步如言。陈文正康伯当国，请以著之亲征诏书，故其辞有曰：“岁星临于吴分，冀成淝水之勋；斗士倍于晋师，当决韩原之胜。”盖指此。是冬，亮遂授首。

两次重大军事决策，一次判断金兵不会再南进而决定“修政以应天道”，一次相信完颜亮必败而决定亲征应战，都是国脉所系、存亡攸关的，而星占学家的意见竟有如此大的分量，足见天学对于古代军政大事的影响，确实不能低估。

Ⅲ. 天学与道德教化

甲 “万夫有罪，在余一人”

前述宋景公面对荧惑守心宁可自身一死以塞天责事（本书第三章Ⅱ甲），及汉文帝因日食而下诏自责事（第四章Ⅱ丁），具有多方面的文化意义，其中最重要的是如下这种思想：如果“天变”——即上天因人事黑暗而以呈示星占凶兆发出警告——发生，帝王或国君就应勇于自责，主动承担责任。宋景公和汉文帝正是这样做的典范。这样的君王被认为是“有德”的。这种思想在先秦时代已经形成。载述宋景公事的古籍年代都较晚，但也可找到年代更早的同类事例，《左传》哀公六年有云：

> 是岁也，有云如众赤鸟，夹日以飞。三日，楚子使问诸周大史。周大史曰：其当王身乎，若禜之，可移于令尹、司马。王曰：除腹心之疾而置诸股肱，何益？不谷不有大过，天其夭诸？有罪受罚，又焉移之？遂弗禜。

楚昭王不愿搞那类嫁祸于人的禳祈之术，所以他被孔子认为是“知大道”的。在传说中，楚昭王和宋景公这种以身受天责的仁德之念，还可追溯到更早，《吕氏春秋》卷九顺民云：

> 昔者汤克夏而正天下。天大旱，五年不收。汤乃以身祷于桑林曰：余一人有罪，无及万夫；万夫有罪，在余一人。无以一人之不敏，使上帝鬼神伤民之命！于是剪其发，鄜其手，以身为牺牲，用祈福于上帝。民乃甚悦，雨乃大至。

类似的记载又见于《说苑 · 君道》：

> 汤之时大旱七年，雒圻川竭，煎沙烂石，于是使人持三足鼎祀山川，教之祝曰：政不节耶？使民疾耶？苞苴行耶？谗夫昌耶？宫室荣耶？女谒盛耶？何不雨之极也！盖言未已而天大雨。故天之应人，如影之随形，响之效声者也。

大旱也是天变之一种，与日食、荧惑守心、彗星出现、赤云夹日等都属同一性质，这在古代向为共识。天变发生则君王以身受过，剪发鄜手，是象征以身为牺牲，与宋景公、楚昭王之准备身死，其义相同。天变之所以发生，则必是因人事黑暗，《说苑》中汤的祝辞中所问诸事，皆为古代政治中常见的弊端，向天自问，与汉文帝之诸臣民“悉思朕之过失及知见之所不及”，其义亦同。

天变之灾，本应由帝王身受，但帝王至尊，真要他去为天旱或日食、荧惑守心等天象而死，也很难办到。为此古人又开嫁祸于人之法，即由大臣替罪。这种想法在先秦时也已存在，周大史就对楚昭王说可移于令尹、司马，子韦也对宋景公谓可移于宰相或民，汉文帝日食求言诏中也特别提到“唯二三执政，犹吾股肱也”。至西汉末及王莽当政时，这种大臣替罪之法竟真的付诸实施，翟方进之自杀，逯并、陈茂之去职，即其实例。这种大臣替罪以禳天变的做法，此后看来流行过一段时期，至曹魏诸帝，乃力加斥革，《晋书》卷十二天文志中载：

> 魏文帝黄初二年六月戊辰晦，日有蚀之，有司奏免太尉，诏曰：灾异之作，以谴元首，而归过股肱，岂禹、汤罪己之义乎？其令百官各虔厥职。后有天地眚，勿复劾三公。
>
> 明帝太和初，太史令许芝奏：日应蚀，与太尉于灵台祈禳。帝曰：盖闻人主政有不德，则天惧之以灾异，所以谴告，使得自修也。故日月薄蚀，明治道有不当者。朕即位以来，既不能光明先帝圣德，而施化有不合于皇神，故上天有以寤之。宜敕政自修，有以报于神明。天之于人，犹父之于子，未有父欲责其子，而可献盛馔以求免也。今外欲遣上公与太史令俱禳祠之，于义未闻也。群公卿士大夫其各勉修厥职，有可以补朕不逮者，各封上之。

自此以降，应对天变遂有一定惯例可循。通常总是皇帝避正殿、撤乐、减膳等，下诏求直言成为必不可少之举。至于在此“直言”中有大臣受到指斥揭发，乃至造成其去位，则属另一问题，与前述大臣替罪之法不同，后者并不问大臣本身有无过失，只是让他代君受过。

乙　史传事验

所谓史传事验，系将前代天象编年记录、军政大事编年记录以及星占学理论三者相互附会而成。史传事验既是“天垂象，见吉凶”的具体例证，又是在政治上进行道德教化的教材，因而在历代官史的《天文志》和《五行志》中居有重要地位。编集史传事验的做法在《史记》中已发其端，见卷二七天官书：

> 秦始皇之时，十五年彗星四见，久者八十日，长或竟天。其后秦遂以兵灭六王，并中国，外攘四夷，死人如乱麻，因以张楚并起，三十年之间兵相骀藉，不可胜数，自蚩尤以来，未尝若斯也。
>
> 项羽救钜鹿，枉矢西流，山东遂合从诸侯，西坑秦人，诛屠咸阳。
>
> 汉之兴，五星聚于东井。
>
> 平城之围，月晕参、毕七重。
>
> 诸吕作乱，日蚀，昼晦。
>
> 吴楚七国叛逆，彗星数丈。天狗过梁野，及兵起，遂伏尸流血其下。
>
> 元光、元狩，蚩尤之旗再见，长则半天。其后京师师四出，诛夷狄者数十年，而伐胡尤甚。
>
> 越之亡，荧惑守斗。
>
> 朝鲜之拔，星茀于河戒。
>
> 兵征大宛，星茀招摇。

至《汉书》，史传事验内容已占到《天文志》总篇幅的十分之三，而且开始采用一种新的固定格式来编集和叙述这些内容。其法是先载天象出现之年月或日期，以及对天象的描述，再以“占曰：……”陈述对该天象之星占学解释或据此所作之预言，最后举出其时或稍后之历史事件以示所占或预言之验。占者为何人，通常并不载明。兹举较典型者三则为例，俱见《汉书》卷二六：

> （建元）三年四月，有星孛于天纪，至织女。占曰：织女有女变，天纪为地震。至四年十月而地动，其后陈皇后废。

（建元）六年，荧惑守舆鬼。占曰：为火变，有丧。是岁高园有火灾，窦太后崩。

初元元年四月，客星大如瓜，色青白，在南斗第二星东可四尺。占曰：为水、饥。其五月，勃海水大溢；六月，关东大饥，民多饿死，琅邪郡人相食。

以上这种记述史传事验之法，成为后世的固定模式。

对于史传事验的兴趣，在《后汉书》中达到高峰，其《天文志》分上、中、下三卷（《后汉书》卷二〇至二二），所言全为史传事验，没有任何别的内容。作者（西晋宗室司马彪）似乎认为，“天文”之义。已尽于史传事验之中，故自王莽居摄元年至汉献帝建安二十五年，专言“其时星辰之变，表象之应，以显天戒，明王事焉”。仿效这种极端做法的有《魏书》，其《天象志》（《魏书》卷一〇五）亦仅记史传事验而不及其他。此外如《晋书》《隋书》等史之《天文志》中，也都有相当篇幅专述史传事验，后世因之，成为传统做法，只有少数例外。

史传事验最重要的作用是进行政治上的道德教化，为统治阶级的行为提供某些规范准则。这在儒学经典作家的著作里可以找到应用之例，比如董仲舒，在指斥春秋时代“天子微弱，诸侯力政”的状况时，即援引同时代的一些“天变”以附会之，见《春秋繁露》卷四王道：

周衰，天子微弱，诸侯力政……臣下僭上，不能禁止，日为之食，星陨如雨，雨螽，沙鹿崩，夏大雨水，冬大雨雪，陨石于宋五，六鹢退飞，陨霜不杀草，李梅实，正月不雨至于秋七月，地震，梁山崩，壅河三日不流，昼晦。彗星见于东方，孛于大辰，鸜鹆来巢。《春秋》异之，以此见悖乱之征。

其意与史传事验完全一样。

有时帝王也利用史传事验所证成的天人感应之说告诫臣下，这方面雍正帝的表现颇为突出，稍引其言论数则为例：

> 从来天人感召之理捷于影响，凡地方水旱灾祲，皆由人事所致。(《世宗实录》卷五九)
>
> 朕尝言天人相感之理捷于影响，督抚大臣等果能公忠体国，实心爱民，必能感召天和，锡嘉祥于其所辖之地。(同上卷八五)
>
> 何等督抚即有何等年岁，天道随人，捷如影响，实令人可畏之至！直省督抚中器度褊狭，昏愦懵懂，未有如莽鹄立、布兰泰者，甫任湖南而水患至，调抚江西而旱灾临，冰雹屡报于甘肃，如此响应，奇哉奇哉！(《谕旨》二函布兰泰六)

反过来，臣民也可援引史传事验以立论，激烈抨击朝政和帝王本人，兹举《后汉书》卷六〇下襄楷传为例:

> (襄楷)好学博古，善天文阴阳之术。桓帝时，宦官专朝，政刑暴滥，又比失皇子，灾异尤数。延熹九年，楷自家诣阙上疏曰……

他在疏中将当时各种天象一一与朝政对应起来，断言这些不吉天象全是政治黑暗所导致，作了一篇当代的史传事验。最后进而批评到皇帝本人，而且极为尖锐，如:

> 今陛下嗜欲不去，杀罚过理，既乖其道，岂获其祚哉?
>
> 今陛下淫女艳妇极天下之丽，甘肥饮美殚天下之味，奈何欲如黄、老乎!

这一来他被加上“析言破律，违背经艺，假借星宿，伪托神灵”等罪名，性命将要不保。然而此时挨骂的桓帝却反而为他开脱:

> 帝以楷言虽激切，**然皆天文恒象之数**，故不诛。

足见引据星占学理论，以史传事验来立论，在古时何等堂皇正大。

史传事验通常都是灾祸之辞，用以告诫统治阶级中人不要太肆无忌惮，但偶亦有用之以粉饰太平，歌颂“盛明”者，姑举清陈其元《庸闲斋笔记》卷六：“五星聚奎”条以见一斑：

> 咸丰十一年辛酉八月朔旦，五星聚奎……自是僭乱以次削平，郅治之隆同乎开国，中兴事业振古铄今，斯实昊穹眷顾，预示休征也。考宋太祖即位之年亦五星聚奎，从此天下太平，启三百载文明之运。天人相应，国家万年有道之基，肇于此矣。

其时已届清封建王朝灭亡前夕，陈氏犹如此歌颂升平，殆类痴人说梦。

最后可以指出，古籍中大量史传事验的记载，其实并无任何神奇之处。天象的种类极多，大大小小的历史事件也多不胜数，编集史传事验时，只消对两者加以适当的选择即可。这种选择的难度也并不大。事实上，“不应”的天象和没有天象先兆的政治事件肯定都大量存在，但只要记载时将这些弃去，呈现在后人面前的先朝史传事验就会显得凿凿有据。至于上述雍正、襄楷等人所论的当代史传事验，也只需巧加附会即可。

丙　当食不食——“德之动天，不俟终日”

前面曾谈到《尚书·胤征》所载天学官员因未能及时预报一次日食而招致杀身之祸（第四章Ⅱ丁），且有“先时者杀无赦，不及时者杀无赦”之语。如据此推论，则预报了日食而届时并不发生，其罪同样不小。然而实际情况却与此相反。在预报的日食实际上未发生，即所谓当食不食时，“羲和”们不仅无罪，大臣们还要大上其贺表！在《古今图书集成》庶征典卷二四中，收集了不少这类表章，兹引唐张九龄《贺太阳不亏状》为例：

> 右今月朔，太史奏太阳亏，据诸家历，皆蚀十分已上，乃带

> 蚀出者。今日日出，百司瞻仰，光景无亏。臣伏以日月之行，值交必蚀，算数先定，理无推移。今朔之辰，应蚀不蚀。陛下闻日有变，斋戒精诚，外宽政刑，内广仁惠，圣德日慎，灾祥自弭。若无表应，何谓大明？臣等不胜感庆之至，谨奉状陈贺以闻。仍望宣付史馆，以垂来裔。

这次日食预报看起来应该是非常准确可靠的——用了几家历法推算，结果大体一致：食分很大，太阳将在清晨带食而出。结果却根本没有发生。照张九龄的说法，这是由于皇帝在接到日食预报之后，正心诚意，修政修禳，以致感动上天，将这次日食取消了。为此他要求将此事“宣付史馆，以垂来裔”，即借此来宣扬皇帝的盛德。上述说法是古代中国人评价当食不食意义时的典型代表。当食不食通常被解释成帝王有德、朝政修明的表征，视为上天对人事感到满意而颁赐的嘉奖，可以收到很大的宣传、教化效果。兹举一项极有代表性的记载为例，见《新唐书》卷二七历志三下：

> （开元）十三年十二月庚戌朔，于历当蚀太半，时东封泰山，还次梁、宋间，皇帝撤膳，不举乐，不盖，素服，日亦不蚀。时群臣与八荒君长之来助祭者，降物以需，不可胜数，皆奉寿称庆，肃然神服。

东封泰山，本来就是极大功德，况且闻知日食预报后，唐玄宗又如此诚惶诚恐，将禳救之举做得一丝不苟，再说开元年间也的确不失为升平之世，怎能不感动上天呢？

然而，当食不食同时也说明日食预报是错误的，这毕竟是不可否认的事实，对此如何解释？则可举唐代僧一行——中国历史上最重要的几个天学家之一——的论述为例，加以考察。一行有著名的《大衍历议》，其中“日蚀议”通篇贯穿着对当食不食问题的讨论，见《新唐书》卷二七历志三下。对于上引玄宗封禅归途中那次当食不食，他的

评论是:

虽算术乖舛，不宜如此，然后知德之动天，不俟终日矣。

这种论点还可设想许多机制加以解释:

若过至未分，月或变行而避之；或五星潜在日下，御侮而救之；或涉交数浅，或在阳历，阳盛阴微则不蚀；或德之休明而有小眚焉，则天为之隐，虽交而不蚀。此四者，皆德教之所由生也。

他还相信，在上古的太平盛世，各种“天变”可能都不存在（这是古代天学家普遍的信念）:

然则古之太平，日不蚀，星不孛，盖有之矣。

在他看来，历法无论怎样精密，也不可能使日食预报绝对准确，因为:

使日蚀皆不可以常数求，则无以稽历数之疏密；若皆可以常数求，则无以知政教之休咎。

这样的说法并非仅一行独有，再举宋代周琮之言为例:

古之造历，必使千百年间星度交食若应绳准，今历成而不验（是年五月丁亥朔，日食不效——算食二分半、候之不食）。则历法为未密。(《宋史》卷七三律历志六）

交会日月，成象于天，以辨尊卑之序。日君道也，月臣道也，谪食之变，皆与人事相应，若人君修德以禳之，则或当食而不食。（同上卷七四律历志七）

这与一行之说相仿。

造历力求精密，预报力求准确，同时又相信“德之动天，不俟终日”可以导致当食不食，这种理论上的尖锐矛盾，在古代由于交食预报不可能高度精确而始终存在着表面上的调和余地。在现代人看来，所谓“德之动天”而令当食不食，显然只是对预报失误的掩饰而已，但在古人看来却并非如此。事实上这有着更深刻的思想根源。前面曾多次谈到，古代中国人心目中的天是人格化的，是道德至上、赏善罚恶的。孝可以格天，冤可以感天，则德行当然也可以动天。况且天会垂象以示人世吉凶，它既然可以因政治黑暗而呈现日食以示警告，则它因政治修明、帝王有德而取消日食又有何不可？只要接受“天垂象，见吉凶”，则再接受“德之动天”可使当食不食，乃至使其他各种不吉天象当现不现，在思维上就不会有什么逻辑困难。由此就不难理解为何日食预报失误后群臣反要上表称贺。甚至可以进一步猜想，开元十三年封禅泰山后返京途中那次错误的日食预报，或许是有意作出的，目的是向从行的“八荒君长”们显示大唐天子如何德行动天。无论如何，这幕戏的效果非常好，这些人都“奉寿称庆，肃然神服”了。不管这次错误预报是有意还是无意，它都可以成功地被纳入道德教化的轨道。

Ⅳ.天学与其他若干方面

甲　神秘主义之政治观念

星占历忌诸学之富于神秘主义色彩，本是意料中事，以下仅稍论其与政治观念较为有关的若干表现。所有这些表现，归根结底都是以天人合一、天人感应之宇宙观为基础的；由此入手观察，即很容易理解。

北斗七星是北天拱极星中最引人注目的星群，其形象也极富特色。它在古代中国的天学体系中据有特殊的重要地位。《史记》卷二七天官书云：

> 北斗七星，所谓璇玑玉衡以齐七政……斗为帝车，运于中央，临制四乡（向）。分阴阳，建四时，均五行，移节度，定诸纪，皆系于斗。

言简而赅，已将北斗七星在古代中国天学体系中的重要作用一一提到。对于这些作用，现代中外学者论之甚详，此不赘述。这里要指出的是，“斗为帝车，运于中央，临制四向”本来或许只是古人对北斗星象的形象描述，但古人又将这一描述与封建极权统治附会起来。在汉代武梁祠后石室第四石上，已可见到刻有“北斗星君图”。图中北斗七星之前四星组成车舆，星君头戴斜顶高冠坐于车内，后三星则组成车辕。车由云气浮托而行，伴以各种神仙怪兽。这种意象与极权统治观念的进一步附会，竟至由此而产生某些政治举措，最突出的事例或当推《汉书》卷九九王莽传下所载：

> （天凤四年）八月，莽亲之南郊，铸作威斗。威斗者，以五石铜为之，若北斗，长二尺五寸。欲以厌胜众兵。既成，令司命负之，莽出则在前，入则御旁。铸斗日，大寒，百官人马有冻死者。

王莽郑重其事地亲自跑到南郊（祀天之所）去监制一个称为威斗的北斗模拟物，出入时刻不离身旁。他幻想这一神秘器物能够帮助他弭平遍及全国的叛乱。王莽笃信星占学，达到荒谬可笑的地步，威斗丝毫未能延缓他的灭亡。当末日来临时，他另有一番奇怪举动。当时讨伐他的军队已经攻入长安城，巷战正在进行，他既不去指挥作战，又不安排逃亡，却像演戏一样：

> 莽避火宣室、前殿，火辄随之。宫人妇女啼呼曰：当奈何！时莽绀袀服，带玺韨，持虞帝匕首。天文郎案栻于前，日时加某，

> 莽旋席随斗柄而坐，曰：天生德于予，汉兵其如予何！

王莽要天学官员在旁边操纵栻盘，随时报告北斗七星周日拱极运动的情况（昼不能见星，故以栻盘推算之），他则随着调整坐的方向，使之与北斗斗柄所指方向一致。这是直接模拟“斗为帝车，运于中央，临制四向”，结果当然完全无济于事。顺便指出，王莽的上述举动，与后世方术之士“披发仗剑，踏罡步斗”而求雨、禳灾、驱鬼等同出一辙。威斗虽被“松纹古剑”所取代，但那把剑往往又是“七星剑”。

神秘主义的政治观念在古代中国特别引人注目的一个表现是带有宿命论色彩的所谓天意。对于关乎改朝换代的天命，本书第三章已做过不少讨论，这种天命观念基本上是非宿命论的（天命将随着人世政治修明与否而转移）。而天意则异于是。[15] 天意虽经常涉及仅次于改朝换代的重大政治事件，诸如著名帝王的生死安危之类，却总是被强调其宿命色彩。兹略举数事为例以说明之，其事自然未必为真，但古人之常持有此种观念，也必须从这类事例中方可窥知。《三国志》卷六三吴范传：

> 吴范字文则，会稽上虞人也。以治历数，知风气闻于郡中。举有道，诣京师，世乱不行。会孙权起于东南，范委身服事。每有灾祥辄推数言状，其术多效，遂以显名。……及壬辰岁，范又白言：岁在甲午，刘备当得益州。后吕岱从蜀还，遇之白帝，说备部众离落，死亡且半，事必不克。权以难范，范曰：臣所言者天道也，而岱所见者人事耳。备卒得蜀。

这里“天道”不以人事为转移。不过刘备之得益州，虽关乎蜀汉政权的建立，但远不能与姬周代商之类相提并论，故不应视之为天命之说。

---

[15] 古人对于“天命”“天意”“天道”“天数”等语，并不严格限定其用法，但其实际所指，仍可以从每次使用时之情境（contextual）加以区分。此处以“天意”区别于“天命”，系着眼于行文之便利。

下面一例中，神秘主义及宿命色彩特别浓烈，成为中国星占学史上著名的事例，见《旧唐书》卷七九李淳风传：

初，太宗之世有《秘记》，云唐三世之后则女主武王，代有天下。太宗尝密召淳风以访其事，淳风曰：臣据象推算，其兆已成，然其人已生，在陛下宫内，从今不踰三十年，当有天下，诛杀唐氏子孙殆尽。帝曰：疑似者尽杀之如何？淳风曰：天之所命，必无禳避之理；王者不死，多恐枉及无辜；且据上象，今已成，复在宫内，已是陛下眷属，更三十年，又当衰老，老则仁慈，虽受终易姓，其于陛下子孙或不甚损，今若杀之，即当复生，少壮严毒，杀之立仇，若如此即杀戮陛下子孙必无遗类。太宗善其言而止。

这一传说流布颇广，情节虽有出入，其宿命论色彩则无不同，再举宋袁文《甕牖闲评》卷二所记为例：

唐太宗既得“有一女子身姓武”之谶，知其后唐室必乱，故以疑似而杀李君羡，而不知所以乱唐室者乃在以李勣遗高宗也。——其后高宗欲立武昭仪为后，群臣皆以为不可，独勣曰：此陛下家事，何须问外人，帝意遂决。竟成武氏之祸，唐室几亡者数四。夫太宗非不聪明，非不欲弭异时之患，而祸机之伏乃属自贻其后如此。呜呼！夫岂人谋也哉，非天其孰使之！

这使人想起 K.R. 波普尔（Popper）的论述：

这种观点认为，人类历史包藏一个秘密计划，如果我们能成功地揭示这个计划，我们就将掌握未来的钥匙。……在古代，柏拉图持有它们，柏拉图以前还有赫拉克利特和赫希俄德也持有它们。它们似乎起源于东方；……这个古老的观念得到关于日食和行星运动的预言获得成功这一事实的支持。历史主义学说和天文学知识之间的密切联系在占星术的理论和实践中清楚地显现出来。[16]

这种被波普尔称为“历史主义”的学说，实即对重大政治事件的宿命论解释。在李淳风看来，唐太宗身后必定会出现一位女皇帝，李唐宗室子孙必定会惨遭杀戮，这是上天安排已定，不以人的意志为转移的，即使太宗当时杀了这位充其下陈、“以更衣入侍”的女子，上天也必再降生另一位张则天、李则天。中国成语中有“在劫难逃”，其意正是如此。值得注意的是，李淳风正是从“上象”即天象中推知上天这一安排的。

下面一个事例尤能说明“历史主义学说和天文学知识之间的密切联系在占星术的理论和实践中清楚地显现出来”这一点，事见《明史》卷一四一景清传：

燕师入，诸臣死者甚众，清素预密谋，且约孝孺等同殉国，至是独诣阙自归，成祖命仍其官。委蛇班行者久之。一日早朝，清衣绯怀刃入；先是，日者奏：异星赤色，犯帝座甚急，成祖故疑清，及朝，清独著绯，命搜之，得所藏刃。诘责，清奋起曰：欲为故主报仇耳！成祖怒，磔死，族之。

星占家报告赤星犯帝座而翌日适遇景清欲行刺成祖，这或系巧合，或出附会。而史家郑重其事地记载这种传说，既表彰了景清的“忠义”，也美化了篡弑得逞的朱棣——行刺的失败表明他是真命天子，恰如上例中李淳风所谓的“王者不死”。而在这里，星占学同样起了极为关键、极为引人注目的作用。“天意从来高难问”，这类前定的神秘天意，只有借助于天学方得窥知一二。

[16] K. R. Popper：《猜想与反驳——科学知识的增长》，傅季重等译，上海译文出版社（1986），482—483 页。

乙　天象与城市及宫殿建筑

古人既笃信天人合一与天人感应，他们在建造城市或宫殿时，也就经常有意与某些天象相附会。这种现象从文献记载和遗址实物两方面皆可得到证实。兹先引述古代文献记载数则为例：

> 阖闾曰：善。夫筑城郭，立仓库，因地制宜，岂有天气之数以威邻国者乎？子胥曰：有。阖闾曰：寡人委计于子。子胥乃使相土尝水，象天法地，造筑大城。（《吴越春秋》第四）
>
> 范蠡曰：臣之筑城也，其应天矣，昆仑之象有焉。（同上第五）
>
> 始皇……作信宫渭南，已更命信宫为极庙，象天极。（《史记》卷六秦始皇本纪）
>
> （始皇）因北陵营殿，端门四达，以则紫宫……渭水贯都，以象天汉；横桥南渡，以法牵牛。（《三辅旧事》）
>
> （汉代长安城）周围六十五里，城南为南斗形，北为北斗形，至今人呼汉京城为斗城是也。（《三辅黄图》）

上面这类记载，都表明古人有意模仿天象以决定城市、宫殿的形状或命名。类似的例子还可以找到不少。比如汉代未央宫沧池中有渐（音jiān）台，即王莽毙命之所，这是以星名命名的。又如未央宫内有白虎殿、朱雀堂，又有玄武、苍龙二阙——苍龙、白虎、朱雀、玄武被古人视为“天之四灵，以正四方”，故《三辅黄图》谓是“王者制宫阙殿阁取法焉”。再如前面提到过的唐初玄武门之变，玄武门者，宫城之北门也，四灵四方中，玄武正与北方相对。诸如此类，其用意大致相同。

从古代遗址实物来看，也有证据表明古人取法天象建造城市确有其事。比如汉代长安城，其旧城城垣基址仍残存大部，据此绘出的平面复原图，完全证实了《三辅黄图》中长安城“南为南斗形，北为北斗形”

的记载。[17] 又如近年有人指出唐代单于都护府（认为内蒙古和林格尔县土城子古城遗址即其故地）城垣系仿照奎宿星官形象而建造。[18] 等。

吴王城之“象天法地”、越王城之“应天”、汉长安城之形成“斗城”，这种将都城与天象相附会（包括直接模仿星官之形状，或作某些象征性的安排）的做法，可以置于一种世界性现象的背景之下去进行理解。一些西方学者曾讨论过这种现象，比如M.埃利亚德曾列举了古代罗马城中央的孔洞（“大地之脐”，表示该城位于世界中心）、印度城市中象征须弥山（Sumeru）的庙宇（须弥山是印度神话中宇宙、天界的中心）、柬埔寨吴哥古城、泰国曼谷城——意为“天国王城”或“众神之城”，居于这个世界中心的国王曾是一位“转轮王”，即宇宙的支配者，等，以说明这是一种在古代各民族中普遍流行的现象。兹引一段关于吴哥古城的论述为例：

> 带有城墙与壕沟的吴哥城代表着用其绵延的山峦和神话中的海洋围绕起来的整个世界。该城中心的庙宇象征着弥卢山，[19] 庙中的五座宝塔像弥卢山的五座山峰那样矗立着，庙中次一级的神殿代表着按其轨道顺序排列的各星宿，即其宇宙时间。……这座庙宇实际上是一张时间表，象征和支配着神圣的宇宙学和宇宙地志学，在这个宇宙中它是一个理念上的中心和调节物。[20]

不难看出，古代各国的这些做法有一个共同的主旋律：通过某种象征性

[17] 可参见《中国恒星观测史》91页上之图，该图系据日人足立喜六《长安史迹》中附图重绘而成。

[18] 陆思贤：唐单于都护府城垣反映的古代城建天道观，《中国少数民族科技史研究》第五辑，内蒙古人民出版社（1990）。但该文对于单于都护府城垣为何要模仿奎宿，未能做出有说服力的解释。

[19] 即汉译佛经中习称之须弥山（Sumeru），音译为“须弥卢”，意译可作“妙高峰”。

[20] 见M.Eliade：《神秘主义、巫术与文化风尚》，宋立道、鲁奇译，光明日报出版社（1990），28—30页。关于吴哥城的论述系埃氏转引自B. Groslier与J. Arthaud合著之《吴哥艺术与文明》一书。

的安排，强调自己的王城位于宇宙中心——当然是以各自采用的宗教神话理论为依据。而位于宇宙中心，就意味着能够支配、左右整个宇宙，所谓“转轮王”（Cakravartirāja）也是此意。再回过头来看中国古代的记载，与此意完全吻合：将长安城垣建成斗形，以模仿北斗星群之形，正是为了象征性地居于天界（也可以说就是宇宙）中心以统驭四方——不要忘记上一小节中已经谈到过“斗为帝车，运于中央，临制四向”！由此又可知秦始皇之命名渭南信宫为“极庙”、王莽之铸造“威斗”等，也是同样用意。再推而论之，昔日吴、越王城之“象天法地”“应天”，取意也多半与此相仿。

丙　天象与墓葬

《史记》卷六秦始皇本纪云：

> 始皇初即位，穿治郦山……以水银为百川江河大海，机相灌输，上具天文，下具地理。

这条记载常被视为后世在墓室（室顶或四壁等处）绘制天象图形的发端。始皇陵尚未发掘，其中“上具天文，下具地理”之真实状况，只能俟诸异日揭晓。至于这条记载是否能视为墓葬中天象图形的发端，最近已出现疑问。

1988 年在河南濮阳西水坡一座仰韶文化墓葬中发现，墓主遗骨两侧有用蚌壳摆塑的龙虎图案。冯时提出，该东侧之龙、西侧之虎，与北侧的两根人体胫骨连同蚌塑之三角形图案——他认为这是北斗之形，三者一起组成了一幅统一的天象图。他还就此做了天文学推算，认为其年代与墓葬年代吻合，并认为墓穴形状是对《周髀算经》中盖天宇宙图式的模仿。[21] 冯说非常大胆，但论证也颇细致，其说如果成立，则墓葬天

[21] 冯时：河南濮阳西水坡 45 号墓的天文学研究，《文物》1990 年第 3 期。

象在中国的发端将大为提前。

上述墓葬中的龙虎及三角与胫骨组成的图形究竟是否为天象图，毕竟还存在争议的余地。目前已发现的可以明确确认的墓室天象图，年代最早者为河南洛阳西北郊西汉墓（1957 年发掘）壁画中所绘，其中包括日、月和星官图形，彩色绘于 12 块长方砖上。[22] 稍后河南南阳许多汉墓中画像砖上的天象图，其内容及形式也可归为同一类。[23] 再往后可以提到洛阳北魏元乂墓星象图、新疆吐鲁番唐墓顶部星图、临安晚唐钱宽墓二十八宿北斗星图、杭州吴越王钱元瓘墓石刻星图等。[24]

此外值得注意的有河北宣化下八里村的三座墓葬，1 号墓（1116 年葬，1974 年发掘）与 2 号墓（1117 年葬，1989 年发掘）属辽代，3 号墓（1144 年葬，1989 年发掘）属金代，三墓葬俗及壁画风格都一致。三墓顶部皆有彩绘天象图，绘环状之二十八宿及日、月图像，两辽墓还绘有黄道十二宫。[25]

所有上面提到的墓葬天象图，除个别具有实际的天文学意义外（钱元瓘墓，可能还有元乂墓），大都只有象征意义。有不少学者将注意力集中于这些天象图与实际天象之间的对比证认，但潘鼐认为“逐一对比证认，似无此必要”,[26] 伊世同也主张“这类探索有时只应适可而止”,[27] 两氏的意见值得重视。

古墓中绘制天象图，其用意颇难做出简单而确切的解释。有人认为只是一种装饰，也有人认为是替死者安排一个类似生前的环境（仍有天空和大地）。这当然是两种最容易想到的表层解释，但稍一深究，就

[22] 夏鼐：洛阳西汉壁画墓中的星象图，《考古学和科技史》，科学出版社（1979）。

[23] 韩连武：星图探微，《汉代画象石研究》，文物出版社（1987）。

[24] 对该四墓的发掘报道及天象图讨论可依次见于《文物》1974 年第 12 期、《文物》1973 年第 10 期、《文物》1979 年 12 期、《考古》1975 年第 3 期。

[25] 夏鼐：从宣化辽墓的星图论二十八宿和黄道十二宫，《考古学和科技史》。又伊世同：河北宣化辽金墓天文图简析，《文物》1990 年第 10 期。

[26]《中国恒星观测史》，92 页。

[27] 河北宣化辽金墓天文图简析。

可发现它们远不能令人满意。大体上来说，古代中国人似乎是倾向于相信灵魂不灭的，因此死后的世界仍要美化，仍希望有山川日月星辰不异生时，这样去理解墓葬天象图好像很是顺理成章。然而，就美饰言之，世间美好之物甚多，如美女鲜花，何所不可，偏要选择实际上很难与"美"发生联想的天象图？再说仿造生时环境，其中应该具备的因素又甚多，墓室中从未见全备，何以天象图常能入选？由此推论，古墓中绘天象图，总是古人认为天象图所象征的意义在冥界十分重要之故。

墓中的天象图究竟象征何种意义？笔者以为，这完全可以与本书第三章所论的主题结合起来进行思考。古人生时，汲汲以沟通人神、窥知天意为念，死后既然灵魂不灭，且自身又为鬼为神，则其通天之径，较生时近捷了许多，故墓室中的天象图所象征之意义，不妨理解为墓主人与天界的沟通。

第六章　起源问题与域外天学之影响

> 大多数表面上看来并不相干而又类似的特征，也许可以用传播的作用来解释；可是这里还留下大量问题，对于这些问题，唯一合理的解释是各自的独创。……对文化发展来说，传播确实要比独立发明重要得多，可是在证据面前，偶然的独立发明是不能否认的。
>
> ——迪克森（R.B.Dixon[1]）

Ⅰ. 令人困惑的起源问题

甲　背景：中国文明的起源问题

在古代世界各民族文明的起源问题上，素有两派不同的基本观点存在：一元论和多元论。一元论相信上古各族文明有着一个共同的源头，多元论则反是，认为各种文明可以各自独立地产生。

随着地理大发现以及其后新时代的到来，各民族、各国家之间的交往空前增加，致使“地球变小”。在向现代世界疾进的竞赛中，欧洲人成功地领先一步。于是他们的足迹和眼光遍及全世界，文明起源问

[1] R.B.Dixon：The Building of Cultures，London（1928），P.223.

题上的一元论也随之盛行起来。当人们在远隔万里的不同国度的历史上发现一些相同或相似的事物或观念时，产生一元论的思想，并进而试图探明这一共同的源头何在，本来也是相当自然的。但是这种一元论很容易招致被选为“源头”之外的民族的反感情绪。在竞争中失利的人往往是神经过敏的。特别是当双方都掺入了民族沙文主义情绪之后，学术争论很快就会滑入歧途。

从逻辑角度来看，一元论者给自己招来的任务实在是过于艰巨繁重了。既然相信诸古老文明同出一源，则至少要向人们阐明从源头向各处扩散传播的机制、动力和途径——而这样的任务几乎是不可能完成的。在此过程中必然会遇到无数难以解释的细节，并随时遇到难以完满答复的驳难。相比之下，多元论者认为文明可以各自独立产生，则回避了上述一切困难，自然很容易从理论上守住阵脚。再加上随着学术的成长，西方学者也逐渐从沙文主义色彩的自我优越感中解脱出来。十八、十九世纪和二十世纪初期流行的“泛巴比伦说”“泛埃及说”等一元论派理论，如今都已退潮。

但是，一元论的基本思想看来仍未失去其魅力。一元论学说经过一些收缩和精致化，依然得到不少学者的支持。这些学者中包括李约瑟，兹举他的一段论述为例：

> 确实，诸如在戈登·蔡尔德著作中提出的、并由维达尔·德·拉·布拉什（Vidal de la Blache）精细概括的见解，已经成为公认的看法，这就是：所有最古老的和最基本的发明，例如火、轮子、耕犁、纺织、动物驯养等，只能想象为是由一个中心地区起源，而后再从那里传播出去。美索不达米亚流域最早的文明被认为是极可能的中心。……确实很难令人相信，青铜的冶炼曾经过多次的发明。但是到了晚得多的时期，如在公元后第一千纪期间，对于较复杂的发明，例如手推转磨、水轮、风车、提花机、磁罗盘和映画镜等，人们也有同样的想法。这些东西当中的

任何一种，都很难想象会有两个起源。[2]

要对这段论述做出评判并非易事。

对于中国文明的起源问题，也曾提出过许多理论。但这些理论通常不是假定华夏区域的土著接受某种西方文明，而是作釜底抽薪之论——论证中华民族系从西方迁来。最早出现者为埃及说，发端于耶稣会士柯切尔（A.Kircher），柯氏曾发表《埃及之谜》（罗马，1654）和《中国礼俗记》（阿姆斯特丹，1667）两书，从中文与埃及象形文字的相似之处出发，论证中国人为埃及人之后裔。1716年法国主教尤埃（Huet）著《古代商业与航海史》，主张古埃及与印度早有交通，故埃及文明乃经印度传入中国，进而认为印度与中国皆为古埃及人之殖民地，两国民族则大都为埃及血统。著名的法国汉学家德经（J.de Guignes）也力倡埃及殖民地之说，他大约是持中国文明源于埃及说者中最著名的人物。德经于1758年11月14日发表题为《中国人为埃及殖民说》之演讲，[3] 从汉字与古埃及象形文字之相似立论，进而称中国古代史实即埃及史，甚至考证出埃及人迁居中土之具体年代（1122 B.C.）。此外持类似观点的还有德梅兰（S.de Mairan，1759）、华伯顿（Warburfon，1744）、尼特姆（Need-ham，1761）等人，立论之法各有异同。但在同时，反对者也有不少。而到二十世纪，这些学说都已失去其影响力。

当埃及说逐渐衰落时，又出现巴比伦说，主张中华民族源于巴比伦。十九世纪末，伦敦大学教授、法国人拉克佩里（T.de Lacouperie）发表《中国上古文明西源论》一书，[4] 认为中华民族系由巴比伦之巴克族东迁而来，且将中国上古帝王与巴比伦历史上之贵族名王一一对应，

---

[2] 李约瑟:《中国科学技术史》第一卷，科学出版社，上海古籍出版社（1990），240—241页。

[3] J.de Guignes：Mémoire dans leguel on prouve, que les Chinois sonl une Colonie Egyptienne, Desaint & Saillant, Paris（1760）.

[4] T.de Lacouperie：The Western Origin of the Early Chinese Civilization, London（1894）.

如谓黄帝即巴克族之酋长，而神农则为萨尔贡王（Sargon），等，并找出双方在文化上大量相似之处。拉氏之说出后，响应者颇多，1899年日人白河次郎、国府种德合著《支那文明史》，发挥拉氏之说，且列举巴比伦与古代中国在学术、文字、政治、宗教、神话等方面相似者达七十条之多，以证成其说。1913年英国教士鲍尔（C.J.Ball）又作《中国人与苏美尔人》一书，也持同样之说。

与埃及说问世之后的情况不同，巴比伦来源说问世后竟然大受中国学者的欢迎。一时间响应之作纷起，如丁谦之《中国人种从来考》、蒋智由之《中国人种考》、章炳麟之《种姓编》、刘师培之《国土原始论》、《华夏篇》、《思故国篇》、黄节之《立国篇》《种原篇》等，皆赞成或推扬拉氏之说。之所以会出现这种情况，方豪的解释是：

> 此说最受清末民初中国学人之欢迎，以当时反满之情绪甚高，汉族西来之说，可为汉族不同于满族之佐证。[5]

值得注意的是，即使到中华人民共和国成立之后，在共和国一流学术权威的著述中，巴比伦来源说仍未受到断然拒斥。例如，郭沫若《甲骨文字研究》一书，初版于1931年，共和国成立之后又曾三次重印（人民出版社，1952；科学出版社，1961、1982），其中仍可见到如下的论述：

> 似此，则商民族之来源实可成为问题，意者其商民族本自西北远来，来时即挟有由巴比伦所传授之星历智识，入中土后而沿用之耶？[6]

由此可见巴比伦来源说确有相当的生命力。当然，此说同样有许

---

[5] 《中西交通史》，32页。

[6] 郭沫若：《甲骨文字研究·释支干》，收入《敦沫若全集》考古编第一卷，科学出版社（1982），284页。

多反对者。

以上两说，时至今日虽已不再流行，但因古埃及象形文字与中国古文字确有许多惊人相似之处，巴比伦与古代中国在天学方面的若干相似之处也不易完全否认，有此两端为支柱，其说自问世后，终能“不绝如缕”，不仅常被后人提到，而且还有可能唤起某些勇敢者旧论重提的雄心。除此之外，在华夏民族西源说的大方向下，还有诸如印度说（法人 A.de Gobineau 所倡）、中亚说（英国人 Ball、美国人 R.Pumpelly、E.F.Williams、W.D.Mathew 等所倡）、新疆说（德人 Richthofen 所倡）、蒙古说（美国人 R.C.Andrew、H.F.Osborn 所倡）等。国人卫聚贤也曾从容貌（发、须、目、鼻）、语言文字、风俗、货币、帝王世次记法、文法共七方面，在中国古籍中搜讨证据，主张夏民族为亚利安人种。[7] 又瑞典人安特生（J.G.Anderson）著《中华远古之文化》，从仰韶文化遗址中出土之彩陶与西方考古发掘所见彩陶之相似立论，主张此种彩陶文化系发源于西方而后东传，[8] 一时引起热烈讨论。有的学者认为安氏的结论固然不易成立，但其方法较为科学，不无可取之处。

在华夏文明起源问题上，文明起源一元论并不仅仅导致泛埃及、泛巴比伦之类的西源说，一元论同样还可导致相反的极端——不妨名之曰“泛中国说”。比如 1669 年英国人韦伯（John Webb）创中国语言为古代人类公用语之说。1789 年又有同上姓氏之英国人（Daniel Webb）提出希腊语源于中国之说。“泛中国说”的想法当然很容易受到中国学者的青睐，以下简略介绍两例以见一斑。

《穆天子传》一书，西晋时出土于汲冢，内述周穆王西巡等事。流传至今，一直是中国文化史上的奇书、谜书。二十世纪初，顾实著《穆天子传西征讲疏》，[9] 该书初稿曾由孙中山“披览笔削，允为题序行

[7] 卫聚贤:《古史研究》第三集，上海文艺出版社（1990），36—43 页。

[8] J.G.Anderson : An Early Chinese Culture，载《地质汇报》第五卷第一期（1921）。

[9] 顾实:《穆天子传西征讲疏》，中国书店（1990）。此书各章单独编页码。

世”，后又增修改写，多次刊行，最后之定稿初版于1931年。书中所论，带有强烈的“泛中国说”倾向和色彩，稍引几段如次：

> 大抵穆王自宗周瀍水以西首途，……然后入西王母之邦，即今波斯之第希兰（德黑兰）也。又自今阿拉拉特山，逾第弗利斯（第比利斯）之库拉河，走高加索山之达利厄耳峡道，北入欧洲大平原。盖在波兰华沙附近，休居三月，大猎而还，经今俄国莫斯科北之拉独加（拉多加）湖，再东南傍窝尔加（伏尔加）河，踰乌拉尔山之南端，通过里海北之干燥地，……而还归宗周。
>
> 则周天子疆宇之广远，岂非元蒙古大帝国之版图尚或不能等量齐观，而不可称人类自有建国以来，最大帝国，最大版图，当推周穆王时代哉！
>
> 则即发见上古我民族在人文上之尊严，与在地理上之广远，均极乎隆古人类国家之所未有，可不谓曰我民族无上光荣之历史哉！

对于顾氏之说，岑仲勉评论谓：“其书瑕瑜参半，欧陆之拟议，无非强书本就己见，不足据也。”[10]

顾氏之说，尚仅有“泛中国说”之强烈倾向而已，至姚大荣的论著，乃可称为“泛中国说”之标本。姚氏著有《世界文化史源》一书，卷帙浩繁，未曾刊印，[11]仅有姚氏私人印刷之该书提要行世。姚氏此书约略与顾氏之书同时，也从《穆天子传》入手，但又发挥邹衍“大九州”之说，最终竟断言上古世界各文明之总源在华夏，且华夏古帝王曾是全球之最高统治者，而巴比伦、埃及等则不过是后来独立之诸侯。时至今日，姚氏之书在总体上来说仅具有史料价值，后人若将其书与西人诸泛埃及、泛巴比伦说之书比而观之，可以认识到在文明起源一元论的理论框架中，奇情异想究竟能发挥至何种程度。

---

[10] 岑仲勉：《穆天子传》西征地理概测，《中外史地考证》，中华书局（1962），1页。

[11] 最近姚氏后人证实，其书原稿尚保存完整，或将提供给出版社出版。

乙 中国天学西源说之简略回顾

在古代文明之起源及关系问题中，天学实居有一种特殊的重要地位。之所以会如此，至少有三大原因：一、天学为一门高度复杂抽象之学问，足以成为衡量一民族开化、文化程度的理想标尺之一；二、天学又是一门精密科学，许多天象皆可用现代方法准确逆推，在解决上古史之年代学问题时，常能独擅胜场；三、天学在古代东方型的专制政治中又扮演着重要角色。因此在各种各样的中国文明西源说中，经常将论证中国天学源于西方作为其说的重要支柱之一。甚至可以说，西方学者几百年来对中国古代天学起源及发展历史的研究，是与探讨文明起源这一背景完全分不开的。

中国天学之西源说，在文明起源一元论中固是题中应有之义（在"泛中国说"中自然例外），但对于多元论者来说也同样可以采纳。因为即使承认中国文明系独立发生，仍可认为其天学知识是从别处输入的。

中国天学西源说早在初期的中国文明西源说中已见端倪。稍后即有专论其事之著述问世。1775 年法人 S. 巴伊（Bailly）发表《古代天文学史》[12] 一书，其中研究了巴比伦、印度及中国的古代天学，结论为：上述三大古代文明中的科学（不仅指天学）系同出一源，其来源为一个现已消亡之民族；该民族可能位于亚洲大陆北纬 49 度附近之某处。其说颇为玄虚。作为立论基础，巴氏对三大古代天学的理解也未免失之浮浅。但巴氏之书是从天学本身论证中国天学西源说的一次认真尝试。此后这种中国天学源于西方的观点在法国汉学家中颇有传统。比如，直到二十世纪二十年代，著名汉学家马伯乐（H.Maspero）仍主张类似的学说。他在《古代中国》[13]一书中认为，古代中国天学中的大部分成分都是受西方启发才出现的：二十八宿、岁星纪年法、圭表和漏壶是大流士（Darius Ⅰ）时代（521 B.C.—486 B.C.）从波斯和印度

[12] S.Bailly：Histoire del'Astronomie Ancienne, Paris（1775）.

[13] H.Maspero：La Chine Antique, Paris（1927）.

传入的，稍后在亚历山大（Alexander the Great）时代（334 B.C.—325 B.C.）又传入了十二循环法、星表体系等。不过据说后来马氏自己也放弃了这些不太站得住脚的结论。

在中国天学西源说的发展史上，日人饭岛忠夫与新城新藏之间的激烈论战特别引人注目，对中国学术界的影响也较其他各说更大。饭岛自 1911 年起，发表一系列文章，力倡中国古代天学系自西方输入之说；新城则持相反意见。两人交替发表文章或演讲，相互驳难。至 1925 年，饭岛发表《支那古代史论》[14] 一书，汇集前此之有关论文共 29 篇，又附论一篇，全面阐述其说。关于古代中国天学，饭岛认为直至公元前三世纪左右方才建立其体系，而该体系又是从西方输入的。为此饭岛提出一些证据，其中关于天学本身者有如下十条：

1. 中国古代之宇宙生成论与古希腊相似。

2. 中国四分历取回归年长度为 $365\frac{1}{4}$ 日，古希腊欧多克斯（Eudoxus）亦采用同样数值。

3. 由四分历之回归年长度，又使用 19 年 7 闰法则，即可得一种七十六年周期，从历元时刻起，经过 76 年之后，合朔与冬至时刻又回到同一天的同一时刻。[15] 而古希腊天文学家卡利普斯（Clippus）也在 330 B.C. 左右创立同样的周期法。又希腊之原历与中国原历计算方法完全相同，且同以 428 B.C. 这年的冬至日午前零时为历元。

4. 古希腊制定 76 年周期法所依据的观测，约完成于 400 B.C. 左右，而巴比伦之测定春分点、古代中国之测定冬至点，也在同一年代。

5. 泥版文书中所见巴比伦星占学，其中有些内容与《史记·天官书》相似；巴比伦星占学也在公元前四世纪传入希腊。

6. 中国的二十八宿与巴比伦、印度的同类体系显然同出一源。

7. 巴比伦、印度皆有与中国古代相似之木星纪年法；而印度此法又系自西方输入。

---

[14] 饭岛忠夫：《支那古代史论》，东洋文库（1925）。

[15] 76 年 = $76\times365\frac{1}{4}$ 日 = 27759 日 = 4×（19×12 + 7）月 = 940 月。式中年指回归年，月为朔望月。

8.《春秋》所记36次日食中，有两次为中国全境所不能见，但如用沙罗（Saros）周期推算之则正相吻合；而沙罗周期为巴比伦计算日食之法。

9. 中国古代天学仪器如圭表、漏刻、浑仪等，与古代西方诸国颇相似。

10. 古代中国乐（律）、历相关，此与古希腊毕达哥拉斯（Pythagoras）学说相似。

至于西方天文学东来之途径和方式，饭岛仅有猜测之辞。他将中国战国时代的学术繁荣与亚历山大东征联系起来，认为"希腊之天文历法，大有传入中国之可能"。

饭岛依靠上述证据支撑的中国天学西源说，在今天看来固已明显不能成立，即使在当时也很难取信于人。上述十条证据中，有的本身尚待证明（比如6），又焉能持以证人？大部分则都暗含了"相似即同源"的先验判断（这又要引导到前述一元论还是多元论的老问题上）。然而饭岛的论敌新城新藏则在并不怀疑"相似即同源"的情况下，力证中西天学并无饭岛所说的相似之点，由此断然否定饭岛之说。新城的结论是：

> 要之，自太古以来至汉之太初间，约二千年，中国之天文学史，全系独立发达之历史，其间丝毫未尝有自外传入之形迹。[16]

但是饭岛之说却受到一些中国学者的欣赏。之所以如此，其间另有一层原因。

饭岛之说，并不止于论证中国天学之西源，他的目的是从天学入手，全面重新考察"支那古史"——主要做法是从天学内容来考证一些重要古籍的年代。结论竟是断定《书》《诗》《春秋》《左传》《国语》等古籍"皆为西纪前三百年附近以后之著作"。而对于由大量考古文物

---

[16] 新城新藏:《东洋天文学史研究》，沈璿译，中华学艺社（1933），22页。

如商周青铜器、殷墟甲骨文等所揭示的中国上古文明史，饭岛倾向于抹杀或否认。他甚至怀疑青铜器和甲骨文系后世伪造。但是，饭岛之说提出之时，正值中国国内学术界疑古之风大炽，许多古籍都被怀疑为较晚时代的伪作或假托，或被指为曾经过刘歆等人的篡改。于是饭岛之说适逢其会，在某种程度上被引为疑古派的同盟和友军，下面一段论述是当时这种想法的典型例证：

> 案饭岛之说，虽不能必其全能成立，然其所谓现存中国古籍皆在西纪前三百年附近以后出世之结论，极为可靠。在国内前次所引起之古史论战场上，此结论或可为顾颉刚之一有力帮助；……则亦不能否认战国前后之中西交通，此层对于最近胡怀琛所谓墨翟来自印度之说，[17] 似亦可以提高其或然度也。[18]

当然，随着时代变迁与学术进展，以疑古著称的《古史辩》及其所代表的学术思潮已经完成其历史使命；而在一些问题上矫枉过正，将结论推得过远，最终也免不了重新退回来。饭岛之说，尽管在某些具体问题上仍有其价值，总的来说也早已归于沉寂。

在二十世纪，中国天学西源说也曾得到少数中国学者的赞同。比如岑仲勉曾撰《我国上古的天文历数知识多导源于伊兰》，[19] 颇多揣测之辞。最著名的当然必推郭沫若，他关于殷民族来自西北、来时即携带了巴比伦天学知识的猜测，已在上一小节中引述过。郭沫若不止一处论述过类似观点，兹再引述一二：

---

[17] 胡怀琛：墨翟为印度人辩，《东方杂志》25 卷 8 号（1929）。此后胡氏又发表一系列文章申论其说，并与论敌驳难。稍后卫聚贤《古史研究》第二集（商务印书馆，1935）中亦有类似之说。

[18] 刘朝阳：饭岛忠夫《支那古代史论》评述，《中山大学语言历史研究所周刊》，No.94—96（1929）。

[19] 载《学原》，1 卷 5 期（1947）。

这个新的问题根据作者的研究也算是解决了的，详细论证请看拙著《甲骨文字研究》的《释支干》篇，在这儿只能道其大略：便是十二辰本来是黄道周天的十二宫，是由古代巴比伦传来的。[20]

就近年安特生对彩色陶器的推断以及卜辞中的十二辰的起源上看来，巴比伦和中国在古代的确是有过交通的痕迹，则帝的观念来自巴比伦是很有可能的。[21]

总的来说，这类“上古传入说”，较之马伯乐、饭岛忠夫等所持的“战国传入说”，理论上的困难要小一点。因为这种假说对于战国之前的中国上古文明史不必加以怀疑或抹杀，而是可以纳入自己的理论框架中。这实际上也是中国文明西源说何以常能“不绝如缕”的原因之一。

丙　旧话重提

前面已经指出，中国天学的起源问题与中国文明的起源问题这个大背景是分不开的；而后者因年代久远，史料不足，问题本身又极复杂，以致提供各种假说的余地迄今仍极广阔。因此，当中国文明的起源问题在近年再次被重新提起时，我们仍不得不予以相当的注意。特别是，这些新的尝试已明显超越了前代西方汉学家在处理同一课题时所表现出来的学术水平。其中苏联学者列·谢·瓦西里耶夫的新著尤为引人注目。

瓦氏新著出版于1976年，书名就叫《中国文明的起源问题》，全书以“阵地战”的方式，对所论主题进行全面清算，进而提出自己的新假说，诚如该书中译本译者说明中所言：

它以巨大的篇幅，归纳了同一流派的诸种论点，并在广阔的

[20] 郭沫若：《青铜时代》，收入《郭沫若全集》历史编第一卷，人民出版社（1982），327—328页。

[21]《青铜时代》，330页。

时空范围内，即从旧石器时代至商殷时期，从近东至我国黄河、长江流域及华南、西南等地区，搜集了大量考古资料，对外因决定论做了系统的充分的发挥，这在同类著作中是鲜有先例的。[22]

书中一些新的想法和论点确实值得多加注意，兹略述若干要点以及笔者的见解如次。

在文明起源问题上，瓦氏已抛弃了一元论的陈旧简单模式，而采纳一种不妨称之为“梯级—传播”的理论，大意如下：

如果说文化相互作用和扩散的机制在某种程度上可以比做连通的血管系统，那么这种相互作用的实际结果、成就和处在人类及其文化进化过程中不同水平的人类居住地区的传播便可以想象为一种有许多梯级的金字塔。[23]

按照瓦氏之说，上古文明可以多元地发生。各不同地域上的人群都在奋力攀爬文明进化的金字塔，但当有若干集团爬上新的一级后，其余的落后者便难逃消亡或被同化的命运。当这一动态过程进行到金字塔第四级——文明的门槛时，情况有所改变。在此之前，与外部的接触和外部的影响对该集团起着主要作用，即上面所说“连通的血管系统”的相互作用，这在很大程度上可以称为“传播决定论”；而一旦上了第四梯级，则外部影响变成次要，此后主要着重于内部了。文明产生的过程有如下特点：

突破完成得越晚，即最初文明的某个发源地发生得越晚（而中国文明的最初发源地在旧大陆是最后一个），其他文明的文化成就能起的作用就越大。……从这时起，文明的最初发源地不再能

[22] 列·谢·瓦西里耶夫：《中国文明的起源问题》，郝镇华等译，文物出版社（1989），5页。但译者在这篇“中译本说明”中表示并不赞同瓦氏的观点。

[23]《中国文明的起源问题》，34—35页。

产生了。[24]

在这样的理论框架之下，瓦氏构造出他自己对于中国文明起源的新假说，认为中国文明是土著文化（早殷青铜文化）与西来较高文化相融合的产物：

> 可以假设，有一支目前尚不知道的草原部落，他们经常变换住地，驾着套马的轻型战车迁移，拥有各种类型的包括“野兽纹”的青铜兵器这种良好的武装。这支部落在某种程度上与那个时代的其他一些草原部落同源（尽管是极疏远的），可以上溯到一个共同的印度—伊朗根源，因而也使用同一根源的语言。这支部落已有了象形文字体系和天文历法，掌握了艺术的技巧。……这个以卡拉苏克文化作为其一个分支的假设性文化，它的主人完全可以到达黄河沿岸。……但有一点是确切无疑的，即在到达安阳地区以前，这支部落在路上遇到了早殷青铜文化，同它发生了复杂的相互影响。没有这个相互影响过程，就不可能出现早期成分（典型的中国类型、早殷类型的陶器，青铜器皿，夯土，饕餮等）和较发达的成分（马车，以宫殿、王陵和人殉为标志的社会分化，“野兽纹”的用具和武器，文字和高度发达、高度技巧的艺术）这两种民族文化的总和——安阳文化。[25]

对于中国天学，瓦氏基本上是倾向于西源说的。这与前述郭沫若等人所持之“上古传入说”一致。

显而易见，“梯级—传播”理论较之先前的一元论或多元论，融合说较之先前的西源说或本土说，要精致得多。其包容量更大，能解释更多的现象和疑问，因而在理论上也更经得起驳难。

---

[24]《中国文明的起源问题》，38 页。

[25] 同上，359—360 页。

瓦氏之说，当然未必会被接受为公论。事实上这一课题明显属于笔者称之为“智力操”的类型——也许永无定论，但永远会有人来做新的尝试。只要人们抛弃夜郎自大、沙文主义、神经过敏、“辉格历史”（Whig history）等非学术情绪，心平气和，则人人皆可登场，互较各自假说的优劣，使得对问题的理解日趋深入，这同样应该视为学术进步的表现。

瓦西里耶夫对中国文明的起源问题旧话重提之后十年，中国考古学有了一项惊天动地的新发现——四川广汉三星堆大型商代祭祀坑的发掘。1986 年，从三星堆遗址中出土了大量罕见文物，其中特别惊人的有长达 1.42 米的金杖、巨大的纵目青铜面具（最大的一个约宽 1.40 米，皆双目突纵眶外）、连座基通高 2.62 米的巨手青铜人、黄金面罩、高达数米的青铜“神树”等。不过迄今为止国内考古学界对此事的报道一直颇为克制，未见正式的全面公布。[26] 至于评论则更加谨慎。由于发掘工作仍在继续，暂缓报道评论也是应该的；然而，从已经透露出来的信息中，人们显然可以发现，要评论三星堆遗址的出土器物实在太困难了！

首先，上面所提到的三星堆遗址主要出土器物，在中原几乎找不到任何可比的参照物。与此前遍及中原的大量出土文物所勾画的古代华夏文明面貌相比，三星堆显得太陌生、太突兀了。这些铜人、面具、面罩、神树以及金杖所呈现的，简直就是另一种文明。其次，有一点一下就可以看出，三星堆遗址中的这些器物倒是与西亚甚至古希腊在品种、风格上大有渊源。大铜人的面容是西亚风格的，纵目面具也与西亚出土的一些古代雕像同一风格，黄金面罩使人联想到埃及法老墓中的同类制品，而在古代西亚也曾发现过象征生命的神树……

三星堆遗址规模宏大，出土器物众多，不可能用偶然因素来解释。专家们根据遗址的城墙、壕沟等遗迹，甚至推测此处或即古蜀国

[26] 三星堆遗址的部分出土珍品，曾于 1987、1990 年在北京展出过。笔者曾参观了 1990 年 9 月在北京的一次展览，展品中包括巨手青铜人、纵目青铜面具等。

的王城。遗址的年代，被推定为商代或更早些。这样，如果将三星堆遗址理解为某个西来文明的踪迹，则立即会与中国文明起源问题联系起来，这或许会给前述瓦西里耶夫的新假说提供有力的支持。无论如何，三星堆遗址出土的大量器物是一项“无情的”存在，它们已经对那种陈旧的、有些人在感情上又十分不愿意放弃的理论模式提出了严峻的挑战。

丁　从文化功能论中国天学之起源

本书第三章曾用了很大篇幅探讨古代中国天学与王权之间密不可分的关系，由此阐明古代中国天学的文化功能。同时，古代中国天学的极强的继承性和传统性也是众所周知的。这样，就有可能为讨论中国天学的起源问题提供一个新的角度。

在相当大一部分中国天学西源论者心目中，天学在中国上古文化中的地位与性质或许与在古希腊文化中并无不同。因此他们先验地认为，古代中国的天学可以像其他某些技艺那样从别处输入，就好比赵武灵王之引入胡服骑射，或者汉武帝之寻求大宛汗血马。换言之，古代中国可以在自身文明相当发达之后，再从西方传入天学。但是，只要明白了本书第三章所阐述的古代中国天学与王权的相互关系，所有这一类型的西源说（可以饭岛忠夫的“战国传入说”为代表）都将不攻自破——原因很简单，古代中国天学的文化功能决定了它只能与华夏文明同时诞生，它在华夏文明建立的过程中扮演如此重要的角色，就不可能等到后来才被输入。

然而，对于另一类型的中国天学西源说，即主张中国天学早在上古时期就已从西方传入——这类学说通常都要和中国文明西源说的大理论结合在一起，则看来阐明中国天学的文化功能尚不足以构成否定它们的理由。因为按照这类学说，华夏文明本身就可能是由某一支西来文化发展而成，而天学则是该文化东迁时已有的（如前述郭沫若说）；或者华夏文明是某个西来文化与土著文化的融合，而天学是由西来者带来的（如前述瓦西里耶夫之说），总之，天学的西来是在华夏文明确立之前或同时。这样就与本书第三章所论中国上古天学的文化功能并不矛盾。

至此，至少可以得出如下的结论：现今所知的古代中国天学起源甚早，这一体系在较晚时候从西方传入的可能性可以排除；中国天学的起源问题是与中国文明的起源问题密切联系在一起的，而此两问题都还有讨论的余地。

戊　起源与外来影响：两幅不同图景

中国天学的起源问题，因年代久远，史料缺乏，很难做出确切而完备的结论。因此大体上来说，这是一幅较为虚幻的图景。而另一方面，在较后的时期（那时古代中国天学的体系和格局早已确立），各种西方天学确实曾先后向中土有所传播。这些传来的天学内容中可能有一部分曾被中国天学体系吸收采纳（只是作为技术性的方法补充），但总的来说未对中国天学体系留下重大影响。在这一方面，史料相对来说较多，而理论问题却较少，因此与起源问题的那幅图景相比，这一幅图景较为实在和细致。

说到欧亚旧大陆上西方文化的东渐，远古时代的情形难以确定，尽管有不少现代学者猜想当时旧大陆两端曾有着令今人难以想象的直接或间接交流。到文明时代以后，则亚历山大率领希腊大军的远征是第一个值得特别注意的契机。对这一点不少学者持有类似的看法，这里不妨举法国汉学家格鲁塞（R.Grousset）的论述为例。格氏曾写了部篇幅不大但颇有名的书，题为《从希腊到中国》，[27] 主要论述希腊艺术如何一步步东渐至中国甚至日本。他在书中将亚历山大远征视为此后多年西方文化向东扩散之浪潮的原动力。归纳格氏之说，大致可得如下示意图：

---

[27] R.Grousset : De la Grèce à la Chine，有常书鸿中译本，浙江人民美术出版社（1985）。

希腊 → 埃及 → 巴比伦 → 波斯 ⇢ 中国
↘印度⇡

图中实线箭头所指为希腊远征军经过之处，虚线箭头所指则为远征所激起西方文化东渐之“惯性”。事实上此种“惯性”在远征之后的若干世纪中也一直在上图的全程发生其作用。巴比伦、印度以及希腊古代天学向中土的传播（确实发生过的和可能曾发生过的），大体上也可参考上图所示的思路来考察。至于中世纪阿拉伯天文学和文艺复兴之后欧洲天文学在中国的传播，又各有其另外的背景（这两方面已超出本书研讨范围）。

Ⅱ．巴比伦古代天学东来之踪迹

甲　巴比伦与古代中国天学之关系

巴比伦与古代中国天学之间的关系，当然是昔日各种中国文明西源说、中国天学西源说的老话题。那些捕风捉影之说或泛泛之谈可以置之不论，但确实也有一些具体问题需要讨论。

郭沫若关于殷民族可能携带着巴比伦天学知识从西北来到中土的猜测，前已引述。但他的猜测成分只是针对殷民族携来这一点，对于巴比伦天学曾在上古传入中土这一点，他持完全肯定的态度：

> 余今所剔发者，于文化阶段颇相悬隔（安特生所发掘者尚无文字之发现），然于六千年前有交通者，于四五千年前不能断言其必无交通也。
>
> 巴比伦之星历系殷之先人由西方携来，抑系西人于殷代时之输入，此事殊难断论。[28]

---

[28]《释支干》，前引书，327—328页。

李约瑟对于古代中国天学，认为至少部分是源于西方的。例如，他提到伏尔泰（Voltaire）与巴伊之间的争论时，有如下的评述：

> 前者为印度和中国的成就辩护，后者则极力贬低。不过，巴伊在他的议论中有一点是猜想得对的：他说印度和中国的科学至少有一部分来自比它们更古老的文明。[29]

巴伊的学说，已见本章Ⅰ乙所述，他是猜想中国、印度、巴比伦三方的天学共源于某一现已消亡的古老文明；而李约瑟此处所说比中国“更古老的文明”，根据他书中多处论述可知，所指却是巴比伦。

上述郭、李两氏都相信古代中国天学与巴比伦大有渊源，但其立论的依据又各有侧重。郭主要从十二辰与黄道十二宫入手，李则注重二十八宿。两氏各自论证自己所注意的体系源出巴比伦。对此将于下文再论。

与郭、李两氏的例子相反，西方学者中亦有断然否定巴比伦与古代中国天学同出一源者（国内持此论者极多固不必论），不妨举巴比伦数理天文学方面的权威人士奈格堡（O.Neugebauer）为例。奈氏对于古代科学的起源，持有类似泛巴比伦主义的观点，却认为中国的天学体系是唯一例外：

> 就我所知，只有中国完全独立于美索不达米亚的影响而发展了一种理论天文学。[30]

不过奈氏的上述论断的权威性，也可以根据下面这一事实而受到疑问：奈氏虽是关于巴比伦天学的一流权威之一，却并不熟悉中国古代天学；奈氏著述甚丰，研究对象遍及巴比伦、古埃及、古希腊、中世纪欧洲

---

[29]《中国科学技术史》第四卷，14 页。

[30] O.Neugebauer: A History of Ancient Mathematical Astronomy（HAMA），Springer—Verlag（1975），P.559.

和文艺复兴时代的欧洲天文学，但中国天学未被包括在内，奈氏自己表示对此无能为力。[31]

对于巴比伦与古代中国天学，除总体上之相互关系外，双方在一些具体方面的相同相似之处，也已经被考察过。二十八宿及十二宫的问题是其中最著名者，留待下文专节论述，兹先略述其另外三方面：

分野。分野之说已见本书第五章Ⅰ乙，此为古代中国星占学中最基本的成分之一。而郭沫若认为分野理论也系自巴比伦传来：

> 分野创制于巴比伦之古代，以十二宫配十二国土。中国之分野说以阏伯实沈传说为最古，大抵当与十二辰同时传来。《帝典》虽为周末儒家所伪托，然其“肇十有二州，封十有二山”之语与后起之九州五岳异撰，当是古代有此口碑。十有二州当即十二辰所配之分野也。后之分野说以二十八宿为配，或以十二岁次为配，即此古制之孑遗矣。[32]

然而以天区与地上各国对应之法，在古埃及星占学中也有（详下文）。揆诸常理，凡军国星占学，总不免要解决天区与地区的对应问题，则类似分野之制的出现，应是普遍现象。因此中土分野之制是否源于巴比伦，仍需更多的证据方能定论。而且此问题与双方关系这一母问题很难分离开来考虑。

星占占辞。西人贝措尔德（C.Bezold）曾写过一篇常被后人引用的论文，题为《司马迁与巴比伦星占学》，[33] 贝氏在文中将一些公元前七世纪巴比伦楔形文字泥版（据考证这些泥版内容又是公元前十四世纪时文献的复制品）上的星占占辞与《史记·天官书》中的类似内容做了比较，认为两者非常相像。例如：

---

[31] HAMA, P.2.

[32]《释支干》，前引书，333 页。

[33] C.Bezold：Sze-ma Ts'ien und die babylonische Astrologic, Ostasiatische Zeitschrift, 8（1919）, 42.

> 北鱼（水星）行近大狗（金星），则国王强大，敌人败亡。（楔形文字泥版）
>
> 其水星与太白俱出东方，皆赤而角，外国大败，中国胜。（《史记·天官书》）

贝氏搜寻了若干对此类证据。他最后断言：有一种星占体系，但不是系统的天学，在公元前五世纪或稍后由巴比伦传入了中国。李约瑟认为“这种看法似乎很可信”。[34]但实际上贝氏的结论不无牵强附会之处。首先，他所比较的双方占辞的相似程度就很难说，上引一例是相似程度最高的之一；其次，即使相似，就断定巴比伦星占体系曾传到司马迁笔下，未免又要诉诸“相似即同源”的先验判断。贝氏之说倒是很宜于和前述郭沫若关于分野之说联系起来考虑，不过双方推想的东传年代悬隔了一千年以上，要“挂钩”也有许多困难。

图形及星历计算方法。李约瑟曾提出过一种颇为动人的说法，把《周髀算经》中的“七衡六间图”与某些巴比伦楔形文字泥版上的文献联系起来：

> 在这一方面有一项颇有意义的事实，这就是《周髀算经》有一张图很像巴比伦的平面球形星图（虽然迄今无人注意）……这简直是古巴比伦（公元前约1400年）希尔普莱希特泥版（hilprecht tablet）的再现。[35]

但稍加考察，即可知李约瑟的上述说法有诸多不妥之处。首先，他将这类巴比伦泥版上的图形称为“平面球形星图”就属牵强附会，因而造成概念上的混淆。这类图形在英文文献中通常称为“环形星盘”（circular astrolabe），而在楔形文字中它们的本名叫“一行三星”（three

[34]《中国科学技术史》第二卷，382页。

[35]《中国科学技术史》第四卷，195—196页。

stars each)，都是据图形直接命名的。此种图形为三个同心环，以六条直径将之十二等分，形成十二行三十六格，每格内标有一星；外环诸星为“北方之星”(stars of Ea)，中环为邻近赤道之星(stars of Anu)，内环为“南方之星”(stars of Enlil)。在理论上，每行之三星只有在该行所对应的月份中方能被看见。[36]李约瑟将星盘之称诋为“错误的”，但他称之为“星图”，无疑离开事实更远。较为合理的中译名，应称为“三环星盘”(以下提及此物时即用此名)。其次，《周髀》中的“七衡六间图”虽也是由一组同心圆组成，但与巴比伦泥版之三环星盘有很大不同：前者由六个环带与中心一圆组成，而后者仅有三个环；前者并无任何直线将诸环划分，而后者有之。更重要的是，两者用途与性质完全不同：七衡六间图是对盖天说宇宙及其运作情况的描述，与星占全然无关，而三环星盘却是巴比伦星占文献中的一部分。因此，将《周髀》七衡六间图与巴比伦三环星盘联系在一起，实际上并无足够的理由。然而李约瑟却还以此为依据，进而做出重大推论：

> 另一件值得注意的事，是北京天坛和祈年殿至今还保存着三层的圆台，似乎有意象征艾亚、阿努、恩利尔(按即上文Ea、Anu、Enlil)的“三环”。……假如中国的赤道天文学(即使是部分)确实是从古巴比伦赤道天文学发展起来的，那么，这种线索(按指“三环”与七衡六间图及天坛之相似两事)正是我们所希望找到的。[37]

这种说法，终觉猜测的成分太多，而实证的基础太少。

李约瑟的上述说法，都是以巴比伦天学曾在上古传入中国这样的猜测(对他而言，这一点在很大程度上也可以说是信念)为基础的。但在同时，他似乎又相信到了很晚时期巴比伦天学仍在向中土传播：

[36] B.L.van der Waerden : Mathematics and Astronomy in Mesopotamia, DSB.Vol.16, P. 674.

[37]《中国科学技术史》第四卷，196页。

> 这些事实（按指《隋书·经籍志》中著录有以“七曜”为名之书）说明什么呢？它们只不过说明，巴比伦数学、天文学、特别是星历计算算学可能通过这样的途径传到中国，并在这里得到进一步发展罢了。
>
> 这种巴比伦方法大概通过一条迄今未弄清的途径传到了东亚，促使在中国数学中占优势的代数特点固定下来，并且特别对中国天文学中的代数学方法起了刺激作用，使它在五世纪时得到发展。[38]

其说仍有猜测太多而实证太少之病。比如将《七曜历》体系（本章Ⅲ将专论此事）与巴比伦天学联系起来就缺乏足够的理由。又如引文中“五世纪时得到发展”，而实际上中国天学中代数计算方法的新发展主要出现在六、七世纪。但此说较前述七衡六间图与三环星盘等相对而言要合理一些，真实程度也较大（参见本节丙）。

乙　十二宫与二十八宿之起源问题

古代中国天学体系中有十二辰与十二次，皆为对周天黄赤道带之十二等分，此与西方的黄道十二宫恰好极为相似。而黄道十二宫之制创始于古代巴比伦，这一点中外学者均无异议。于是欲论古代中国天学之起源或其与巴比伦天学之关系，即不能不涉及十二辰与黄道十二宫之关系。迄今为止，国内学者对此事最深入系统之研究，仍推郭沫若的《释支干》。

郭沫若关于“十二辰本来是黄道周天的十二宫，是由古代巴比伦传来的”这一结论前已引述。其说固未必人人接受为定论，但其论证之法系统周密，有足取者，值得略加述评如次。

郭沫若将十二辰、十二次、二十八宿（此三者在古代中国有固定的对应关系），上述三者的名称，神秘不可解的十二岁之名、巴比伦黄

[38]《中国科学技术史》，81—82，534—535 页。

道十二宫的名称、十二宫在苏美尔语及阿卡德语中的名称、十二宫的符号等，一起列为考察对象，然后从文字、图形、语义、字源、发音等方面加以比较和考释，由此发现了许多内在联系。据《释支干》中所述，可归纳如下表（因郭沫若考定十二宫系在殷初或稍前时传来，故所采用之对应天象为 2000 B.C. 之时，经岁差作用，已与后世不同）：

十二辰	对应之宿	十二宫名	十二宫符号	十二岁名	苏美尔语及阿卡德语之十二宫名
寅	角	室女	♍	摄提格	GIŠ. BAN（Šŭ. PA）
卯	轩辕	狮子	♌	单阏	Šarru
辰	鬼	巨蟹	♋	执徐	KAK. SI. DI（KAK. ZI. ZI）
巳	井	双子	♊	大荒落	Tuâmu-rabuti
午	毕昴	金牛	♉	敦牂	Gù. AN. NA
未	胃娄	白羊	♈	协洽	iku，E. KUE
申	奎	双鱼	♓	涒滩	NûNU（NûNÊ）
酉	危虚女	宝瓶	♒	作噩	Gula
戌	牛	摩羯	♑	阉茂	ENZU
亥	斗箕	人马	♐	大渊献	PA. BIL. SAG
子	尾心房	天蝎	♏	困敦	GIR.TAB
丑	氐亢	天秤	♎	赤奋若	Zibanitu，ZI. BA. AN. NA

根据上表，郭沫若发现“有可惊异者数事”，比如：卯，甲骨文作或，与狮子宫符号♌“绝相类似”；巳，古文作“子”，而据上表，恰对应于十二宫之“双子”；申，古代作或，与双鱼宫符号♓同为“一线联结二物之形”；酉，本为壶、尊等液体容器之象形，而恰对应于十二宫之“宝瓶”；上表中天蝎宫所对应之尾、心、房三宿，古时本为同一星象（《尔雅·释天》：“大辰，房、心、尾也”），古人室有左右二房，故房喻蝎之二螯，心即蝎心，尾则蝎尾，是中国古代亦有蝎星；与此相仿，天秤宫对应之氐、亢二宿，氐者底也，亢者抗也，底上有

物抗举，正天秤之形，等。郭沫若又将素来号称无法理解的中国十二岁之名（即上表左起第五栏中之摄提格、赤奋若之类，直到今天中国天文学史界的专家们仍未能从文字意义上对此做出说明），视为古巴比伦十二宫的苏美尔语或阿卡德语名称的音译，发现颇多吻合。

将中国古代十二辰与巴比伦黄道十二宫相对应，有一个比较困难的问题：十二辰按所用十二地支名称顺序，其方向与十二宫相反。对此郭沫若的解释是：

> 十二辰环丽于天，其次序循环无端，本无所谓顺逆。其所以逆转者，乃挪用为十二支文字时与岁星运行之方向适取正反之次序。至其所以如是者，当出于故意，盖防与实际之星符相混也。[39]

其说亦可从。况且中国古代还有与十二辰一一对应而方向相反之十二次，其方向正与十二宫相同。

郭沫若既考定十二辰系巴比伦十二宫传播、演化而来，遂循此思路，旁及各种有关问题，演绎推论，其说多新颖而富启发性。《释支干》全长四万六千言左右，由小见大，从支干入手，进而分析探讨上古中国天学与巴比伦之关系。其说虽未必能全为定论，但提出的各方面证据如此之多，即使并非条条过硬，至少也很难全都以偶然或巧合解释之。

巴比伦黄道十二宫之传入中土，这一事实本身已无可争议，可争议者在这一事实发生的年代。殷初或更早虽已有传入的踪迹，毕竟还不是十分明显；到了晚些时候，则有大量直接文献证据出现。自佛教开始输入中土，黄道十二宫体系及十二宫名称亦随言及天学之佛经俱入。佛经中有十二宫名称者有隋耶连提耶舍译《大乘大方等日藏经》（600 A.D. 之前译成）、唐不空译《文殊师利菩萨及诸仙所说吉凶时日善恶宿曜经》（758 A.D. 译成）、唐金俱吒译《七曜禳灾诀》（806 A.D. 译成）、

[39]《释支干》，前引书，326 页。

宋法贤译《难你计湿缚罗天说支轮经》(约985 A.D.译成)等多种。十二宫名称，各经小有不同。考巴比伦黄道十二宫，早经古希腊人接受采用，遂成此后西方天文学中标准的黄道坐标体系，而印度在其希腊化时期(始于公元前四世纪亚历山大东征之后)直接接触希腊学术，又从希腊接受了黄道十二宫体系，此后再随佛经输入中土。这一传播过程因而可归纳如下：

巴比伦　→　希腊　→　印度　→　中国

此与前述郭沫若等所主张的巴比伦—中国上古交通说，显然是一颇为不同的格局。如果殷初或更早巴比伦天学输入中土是实有其事的话，则自公元六世纪后期经过希腊、印度为中介的输入，不妨视为巴比伦天学传入中土的“第二次浪潮”。

从各种迹象来看，此“第二次浪潮”中所输入的巴比伦天学内容可能有不少方面(详本节丙)，十二宫特其一端而已。此“第二次浪潮”因年代较晚，史料证据远较上古传入说丰富、确实。即以黄道十二宫而论，除上述各种汉译佛经中有明确记述外，还留下了实物证据。现今已知的有河北宣化下八里村辽墓1号(1116年葬，1974年发掘)、2号(1117年葬，1989年发掘)墓室顶部之彩绘十二宫图像、河北邢台开元寺大铁钟(1184年铸造)上所铸十二宫图像。辽由契丹族建立，金人从兴起至灭辽只用短短十一年，因而又几乎全盘承袭辽文化，上述有黄道十二宫图像之墓室壁画及铁钟年代相近，恐非偶然。或许，当时统治北中国的各王朝与中亚的交流，要较偏安江左的南宋所能进行的为多。此外敦煌壁画中也有十二宫图像。

不过，在“第二次浪潮”中，黄道十二宫虽屡见于汉译佛经(注意邢台铁钟也是佛寺之物)，又出现于墓室壁画，却并未在中国传统的天学体系中留下什么痕迹，仅见五代杜光庭《玉函经》、宋曾公亮等《武经总要》、吴景鸾《理气心印》等非天学著作中偶有引述。当然，如确信十二辰系由十二宫演化而来，那又自当别论。

讨论巴比伦与古代中国天学之关系，有一个问题很难回避，同时又几乎成了不解之谜，即二十八宿的起源问题。所谓二十八宿，是古代一种以恒星为标志的天文坐标体系。古代中国、印度、埃及、波斯、阿拉伯各国等处都有这种体系。关于二十八宿体系之起源，主要有巴比伦、中国、印度三说。印度起源说此处暂不论及，仅就巴比伦起源说与中国起源说略做讨论。

对于二十八宿体系的起源问题，李约瑟持巴比伦起源说甚力。兹举其论述若干则如下：

> 中国、印度和阿拉伯等三种主要“月站”体系（按即二十八宿）同出一源，这一点是几乎无可置疑的（原注：除非认为每一个使用原始阴历的文明古国都需要有一套二十八宿，从而使它们各自创立自己的二十八宿体系。这种说法就天文学的角度来看是可以成立的，但从历史学和人种学着眼则很难同意），不过来源何在却是极为古老的问题。[40]
>
> 奥尔登贝格（Oldenberg）在一篇重要论文中提出一种说法，他认为巴比伦有一种原始型“白道”（lunar zodiac）为亚洲各民族所普遍接受，这三种体系都是从这种白道发展起来的。[41]
>
> 所谓“二十八宿”，即位于赤道或其近处的星座所构成的环带，是中国人、印度人和阿拉伯人的天文学所共有的。一些对这几种文化的古籍原文很少了解或毫不了解的著作家们，采取各执己见的态度，经常做出武断的论述。我们以后将指出，二十八宿的发源地可能不是这几个地方当中的任何一个，它们关于二十八宿的概念统统是从巴比伦传去而衍生的。[42]

类似的论述在李约瑟著作中还可找出多处。

当代中国学者中涉及二十八宿起源问题而其论述又值得注意者为

[40]《中国科学技术史》第四卷，186 页。

[41] 同上，190 页。

[42] 同上，7—8 页。

郭沫若、竺可桢及夏鼐三氏。[43]郭沫若虽主张以黄道十二宫为特征的巴比伦天学早在殷初或此前已输入中土，并成为上古中国天学的重要组成部分，却相信二十八宿体系起源于中国：

> 二十八宿制印度与天方亦有之，其与中国二十八宿之关系，学者之说不一。……据余所论列，则制定时代当在战国初年，至其输出年代则以汉武帝通西域时为最适当。[44]

但郭沫若还只是附带论及此事，并未对此做专门的系统考察。且其说与他所得十二辰及十二宫之间关系的结论也不易吻合。

竺可桢就二十八宿起源问题先后至少发表过四篇专题论文。初时他主张中国起源说，但后来观点有所改变。在他关于这一问题的最后一篇论文，即他参加第八届国际科学史大会（意大利佛罗伦萨，1956）所作的报告中，他大大推迟了先前所主张的二十八宿在中国出现的年代，认为二十八宿体系在中国出现的年代不会早于 400 B.C.，并倾向于接受巴比伦起源说。[45]李约瑟曾列举了包括竺可桢此文在内的七种主张二十八宿起源于巴比伦的西文论著。[46]

夏鼐的论文发表得最晚。他坚决主张二十八宿起源于中国，这本来毫不足怪，但他在论证过程中所采用的某些技巧却有令人惊奇之处。例如，李约瑟主张二十八宿起源于古巴比伦的论述和竺可桢对于此事观点的先后改变上文已引述甚明，但是在夏文中，我们却读到如下段落：

---

[43] 一个相当奇怪的现象是：像整研组《中国天文学史》、潘鼐《中国恒星观测史》这样的重要著作中，都对二十八宿的起源问题采取了完全回避的态度。

[44]《释支干》，前引书，336—338 页。

[45] Chu Kho-Chen（竺可桢）：The Origin of the Twenty-eight Lunar Mansions, Paper Presented to the Ⅷ th International Congress of the History of Science, Florence（1956）.

[46]《中国科学技术史》第四卷，190 页。

> 竺可桢论文在前人研究的基础上，举出各种理由，以证中国起源说。李约瑟书中，也有所论述。现在简单地介绍他们所举的主要理由如下：[47]（着重号为笔者所加）

接着列举理由五端，全是竺可桢早期论文中的内容（而竺可桢最后那篇论文此时已发表了近20年之久！），却没有李约瑟论述的片言只字。那么“他们”两字如何着落？采用这种技巧的客观效果是显而易见的——几乎所有的读者都无疑会得到这样的明显印象：李约瑟和竺可桢都主张二十八宿起源于中国。而事实却远不是如此！又如，李约瑟屡言中、印二十八宿皆源于巴比伦，已见前述，但在夏文中却有如下段落：

> 李约瑟以为就文献记载而言，二十八宿在印度和中国“基本上是同时出现的”。印度古代文献的年代考定，似乎有些问题还未能圆满解决。要确定二十八宿是起源于中国还是印度，现下还不能由文献记载来解决。但是由其他各方面，尤其是从两国的天文学体系方面来论证，显然中国起源说是具有更充分的理由。[48]

这里读者完全无法区分“印度古代文献……”以下的话是李约瑟的还是夏鼐自己的，因为非常技巧地使用了间接引语。其客观效果却与上一例异曲同工——读者仍会认为李约瑟支持中国起源说。而事实却是：李约瑟关于中、印二十八宿都是源于巴比伦的下文被割弃了。这类例子在夏文中还不止上述两处。

夏文最初发表于“文革”末期（《考古学报》1976年2期），在当时的时代氛围中，要想完全摆脱“辉格历史”的阴影也确非易事，除非准备写后藏之名山，不求发表。然而自该文发表以后，国内学者对于二十八宿起源问题基本上都避而不谈了。

---

[47] 从宣化辽墓的星图论二十八宿和黄道十二宫，前引书，35页。

[48] 从宣化辽墓的星图论二十八宿和黄道十二宫，前引书，38页。

在本书中我们不能对二十八宿起源问题重新做全面系统的探讨，也不打算直接加入关于这一问题的争论。但此处有必要对巴比伦天学中另一个天球坐标系统略加讨论，该系统似乎还完全未受到国内二十八宿起源问题研究者的注意。笔者以为，探讨这一坐标系统或许能对二十八宿起源问题有些新的启发。

现代学者反对巴比伦起源说的主要理由之一是："迄今还没有在古巴比伦的天文学文献中发现二十八宿的确切证据。在楔形文泥版书中，从来没有发现二十八宿表。"[49] 但是我们如果不拘泥于"二十八"这一数字，则类似中国二十八宿之天球坐标系统在巴比伦天学中确实是存在的。在塞琉古（Seleucid）王朝时期，一直有两套天球坐标同时并存于巴比伦天学中。一套即众所周知之黄道十二宫；另一套则不太被注意。其法以三十一颗恒星构成参照系，以描述月球及行星位置。埃平（J.Epping）谓之"标准星"（Normal Stars）。[50] 该坐标系统有如下几点特别值得注意：

1. 黄经分布很不均匀。
2. 黄纬分布范围：$(-7°30', 10°)$。
3. 三十一星多为著名亮星。
4. 三十一星中有六颗与中国二十八宿之距星重合，列出如次：[51]

β Ari（娄）

μ Gem（井）

θ Cnc（鬼）

χ Vir（角）

α Lib（氐）

[49] 从宣化辽墓的星图论二十八宿和黄道十二宫，前引书，35页。夏文系转述新城新藏的意见（见新城《东洋天文学史研究》，281页），而新城并未给出详细的证据。

[50] 该三十一星之位置图可见：HAMA，P.1349，Fig.78。

[51] 参见江晓原：巴比伦—中国天文学史上的几个问题，《自然辩证法通讯》，12卷4期（1990）。该文中转载了HAMA中之三十一标准星位置图，并在图上以星号（*）注出了该重合六星。

β Cap（牛）

5. 在使用该系统描述天体位置时，不用角距离，而是给出长度单位“腕”（cubit）和“指”（finger）。30 指为 1 腕，与角度之对应关系则为：12 指 = 1 度。[52]

兹对上述五点依次略加讨论：

1. 经度分布不均匀，此恰为中国二十八宿系统最显著之特点；三十一标准星系统同样有此特点，不能不说是意味深长的。

2. 纬度分布问题。现在很多学者都相信二十八宿是以赤道为准，但笔者以为，在讨论二十八宿以赤道还是黄道为准时，不应从整个宿的图形着眼，而应该只考虑二十八颗距星——实即“二十八标准星”。因为归根结底，在用二十八宿系统描述天体位置时，“入宿度”只是指天体与距星之间的赤经差（后世使用赤道坐标并不等于二十八宿创立时必定以赤道为准），而与该宿的其他诸星无关。但是就二十八颗距星的分布而言，与黄道的吻合情况明显优于赤道。例如：胃宿距星赤纬达 27° 有余，尾宿距星赤纬更达 −37° 有余，而诸距星之黄纬则绝无如此大者。即使以 2400 B.C. 时的赤道来参照，吻合程度稍好一些，但仍与黄道情况不相上下。[53]况且二十八宿在中国的历史能否追溯到如此之早，还大成疑问。此处笔者无意于论定二十八宿创立时必以黄道为准，只是对普遍流行的赤道为准之说提出疑问而已。与三十一标准星的黄纬分布（−7°30′，10°）相比，二十八宿诸距星的黄纬分布更弥散些。

3. 三十一标准星多为著名亮星，这与二十八宿诸距星的情况不同。

4. 三十一标准星与二十八宿距星中有六颗重合，约占百分之二十左右。如纯以偶然巧合解释之，这个百分比似乎偏大；做其他解释无疑也可以，但这一百分比又显得稍小了一些。此点大有进一步研究的余地。

5. 描述天体间角距离时用长度单位，也是极富中国传统色彩

---

[52] O.Neugebauer：Astronomical Cuneiform Texts（ACT），Lund Humphries（1955），Vol. I, P. 39.

[53] 参见《中国科学技术史》第四卷，175 页上之图 94。

的做法。中国古代在直接描述两天体角距离时也用长度单位，如“丈”“尺”“寸”等。在二十八宿系统中倒是用“度”，即中国古度，但有学者指出，这个所谓的“度”，其本质仍是线度而非角度。[54]

巴比伦的黄道十二宫系统与三十一标准星系统很可能有着完全不同的起源。后者存在于塞琉古王朝（314 B.C.—64 B.C.）时期，这当然只能视为它创立年代的下限。由于此前的有关材料目前仍属贫乏，这一系统的起源情况尚不清楚。中国二十八宿系统确立年代的下限，目前已由实物史料定为430 B.C.（1978年湖北随县擂鼓墩战国曾侯乙墓出土漆箱，上书全部二十八宿名称。注意此与前述竺可桢最后对二十八宿体系在中国出现年代的推定仅差三十年）。而其上限，因不确定因素很多，目前还难以确定。

至此，在逻辑上将有三种结论可供选择：

三十一标准星源于二十八宿，

二十八宿源于三十一标准星，

两系统各自独立起源。

迄今为止在这方面的研究，还远不足以使我们能在上面三种结论中断然做出选择。但是无论如何，我们没有理由对上述两种系统之间的关系完全置之不顾。而一旦考虑了这一层关系之后，二十八宿起源问题很可能会变得更为复杂。总的来说，明确解决这一问题即使不是不可能的话，至少其前景并不十分光明。

丙　数理天文学研究所提供之新线索

欲探讨某两事物之间关系，常自对该两事物做比较研究始。对于古巴比伦天学与古代中国天学，以往的比较研究（几乎全由西人所进行）绝大部分都是采用传统人文学科的方法，即通过搜集古籍中的零星有关记载，旁及古代绘画、雕塑、铭文、器物之类，借助于语言学、

[54] 关增建：传统 $365\frac{1}{4}$ 分度不是角度，《自然辩证法通讯》，11卷5期（1989）。

文字学、神话学、民族志、历史地理等研究方法和成果，进行考证、分析和推论。其情形大抵如郭沫若《释支干》中所呈现的那样。直到1955年，卷帙浩繁的《楔形文天学史料》和《晚期巴比伦天学及有关史料》分别由奈格堡（O.Neugebauer）与萨克斯（A.Sachs）两氏编辑，于同年出版，对于巴比伦天学与古代中国天学的比较研究，才开始呈现出一条更扎实、更深入的新途径——数理天文学研究。[55]

巴比伦（Babylon）一词，常用来泛指西亚两河流域（底格里斯河、幼发拉底河）。该地区古称美索不达米亚，当地的古文明可上溯至约4000 B.C.时的苏美尔人，此后阿卡德人、卡西特人、亚述人、迦勒底人、波斯人、希腊人等先后征服该地区并建立统治。巴比伦天学源远流长，根据现代西方学者的意见，通常将巴比伦天学大致分为四个时期：旧巴比伦王朝时期、卡西特王朝与亚述王朝时期、新巴比伦王朝至迦勒底王朝时期、波斯及塞琉古王朝时期。而巴比伦天学中的数理天文学成分也早已出现，有一份长达21年的金星伏、现（古代中国天学文献中习用“见”字，其音、义均同“现”，即西文appearance）表，始于汉谟拉比王（Hammurapi）之后160年[56]，可视为这方面最早的文献。近百年来的考古学研究揭示：在塞琉古王朝时期（314 B.C.—64 B.C.）的巴比伦，已存在着一个高度发达的数理天文学体系。不过这里需要注意：上述事实既不能说明巴比伦天学已具有现代天文学的性质，也不能说明这一体系是直到塞琉古王朝时期才形成的——事实上这一体系的来源很可能还要早得多，只是目前所发现的泥版文书天学文献绝大部分属于塞琉古王朝时期，此前的情况尚不够明朗而已。

---

[55] 奈格堡曾在他的《古代精密科学》（*The Exact Sciences in Antiquity*，1952）一书中强调指出：有许多文化现象即使同时出现在两种不同文化中，仍无法使人们获得该两文化间是否有关系的确切证据，但数学、天文学这样精密科学却可以通过数理研究而确证双方的交流关系。因而，关于数学与天文学的授受关系的研究，是确定两种文化之间关系的最有力手段。

[56] 汉谟拉比王在位年份是西方历史学家们争议不休的问题，比较可能的年份是1792 B.C.—1750 B.C.。

对于已发现的巴比伦楔形文泥版书中的天学文献，曾有斯特拉斯米尔（J.N.Strassmaier）、埃平（J.Epping）、库格勒（F.X.Kugler）三位耶稣会神甫做了极为艰巨的整理和释读工作。继之有奈格堡对此所做的综合性数理天文学研究。[57] 另一方面，古代中国的天学文献遗存丰富，对其中的数理天文学成分也早有许多学者做过研究。[58] 相比较而言，人们对古代中国天学及其历史的了解，要比对巴比伦的更令人满意。

在此基础之上，本书作者采用数理天文学研究方法，对巴比伦天学与古代中国天学做过一系列比较研究，[59] 内容涉及双方的太阳运动理论、行星运动理论、天球坐标、月运动、置闰周期、日长等问题，以期为两者之间的关系提供新的线索。兹略述其大要如次。[60]

1. 关于太阳运动理论：

巴比伦星历表（ephemeris）中有太阳运动表，记载着每月太阳所在之黄道宫、该月合朔时刻太阳在该宫中的度数、太阳该月运行中所经过的黄经度数等内容。这种表已具有相当复杂的数学结构：表中出现了二次差分，并形成折线函数（zigzag function）——这是巴比伦天学文献中最引人注目的数学工具，几乎所有的数理天文学课题都使用折线函数来描述和处理。折线函数具有多种数学性质，最重要的是它的周期性。在太阳运动问题中，折线函数表现为太阳运动速度随时间变化的关系。

---

[57] 主要见于奈氏的辉煌巨著《古代数理天文学史》（HAMA）第二卷及《楔形文天学史料》（ACT）前两卷中。两书俱见前引脚注。

[58] 主要可见整研组及陈遵妫所著的两部《中国天文学史》（两书同名），两书俱见前引。该两书问世之后，又有不少论文发表，其中特别值得注意的是陈美东的一系列工作。

[59] 江晓原：从太阳运动理论看巴比伦与中国天文学之关系，《天文学报》，29 卷 3 期（1988）。
江晓原：巴比伦与古代中国的行星运动理论，《天文学报》，31 卷 4 期（1990）。
江晓原：巴比伦—中国天文学史上的几个问题，已见前引。

[60] 所有数学内容及其论证推算均已省略。

古代中国天学长期认为太阳运动（周年视运动）是匀速的，直到公元五世纪末才开始认识到该运动的不均匀性，在600 A.D.完成的刘焯《皇极历》中，出现了第一张太阳运动不均匀性改正表（日躔表），将此表与巴比伦太阳运动表相比较，发现其中竟也有二次差分及折线函数[61]这两项数学结构。这一现象持续了一个世纪左右，之后改用更为复杂的高次函数。

根据巴比伦太阳运动表可以推算出一年中太阳运行最快（实即地球到达近日点）之日，再根据地球轨道近日点的运动可以推算出所讨论的巴比伦太阳运动表（ACT，No.122）描述的是约500 B.C.时的天象。但在中国的日躔表中，对这一问题的描述长期未能符合实际天象。

2. 行星运动理论：

巴比伦与古代中国的星占学中都把行星的重要性置于首位，在行星运动理论中又都十分重视行星运动的周期及运动状况的数学描述。巴比伦人刻意留心行星运动中的冲、留、重、现、隐（伏之始）等“特征天象”（characteristic phenomena），通过各种周期来预推这些天象发生的日期和黄经。在塞琉古王朝及与之约略同时的西汉王朝，双方的天学家已经同时认识到了一种关于行星的两个周期（会合周期与恒星周期）之间的数学关系式，只是表达形式稍有不同而已。双方对这些周期的数值也已掌握得十分精确。而且，双方在行星运动周期问题上还犯相同的错误——认为两个内行星（金星、水星）的恒星周期都是一年。

在行星运动的数学描述上，巴比伦人大为领先。例如，他们已能将最难掌握的水星运动分成六段来处理，其中有匀速、变速、变加速运动，出现三次差分（ACT，No.310）。而中国直到《皇极历》之前一直认为行星运动全为匀速，到《皇极历》和《大业历》（608 A.D.）中，开始出现类似巴比伦之法，分段处理中出现变速运动，但没有变

---

[61]《皇极历》的折线函数还有阶跃成分叠加。《皇极历》术文对此的叙述有歧义，笔者在前引拙文中采用了一种解释，但实际上根据更为可取的另一种解释，形成的折线函数更接近巴比伦函数。感谢郭盛炽向笔者指出这一点。

加速的阶段。就双方数学描述的精确度而言，还是巴比伦方面领先一些。

巴比伦星历表中的行星逐日位置是预先推算所得，而非实测记录（几乎所有巴比伦星历表都系预先推算而得），这就必须使用内插法，通过在一系列已知其时刻与发生位置（黄经）的特征天象之间进行内插以获得其余诸值。而根据一份木星逐日黄经及差分表（ACT, No.654—655）推断，巴比伦人早已使用非线性内插法。而中国自《皇极历》开始，出现了二次内插法（非线性内插法中阶次最低的一种）。

3. 天球坐标（已见本节乙所述）。

4. 月运动：

在月运动方面，巴比伦与古代中国天学之间差异很大。中国人重视“朔”，要求天学家准确预报朔的时刻。又古有“告朔”之礼。巴比伦则重视“朏”，以朏为月之始。巴比伦人力求准确预告朏之日，被认为是塞琉古王朝时期巴比伦月运动理论的来源之一。

关于交食周期，双方也处在不同的背景之中。著名的沙罗周期在西方的起源情况虽然尚不清楚，但巴比伦人显然早已知道223朔望月的周期。交食周期问题，可视为寻求朔望月与交点年长度的公倍数问题，如将其表示为：N个朔望月 = M个交点年，则此N个朔望月中将发生$2M$次交食。沙罗周期，即取$N = 223$，$M = 19$。中国第一个交食周期出现于《三统历》（7 B.C.）中，所取之值为$N = 135$，$M = 11.5$。此后又提出过二十多种交食周期。其中沙罗周期曾在《统天历》（1199 A.D.）中出现过，它只是中国人试用的许多种交食周期之一，完全没有什么特殊地位。

5. 置闰周期：

阴阳合历中为调和回归年与朔望月之参差，必采用置闰月之法。西方古有所谓“默冬章”，就是19年7闰周期，因古希腊天文学家默冬（Meton）于431 B.C.宣布而得名。而从巴比伦星历表来看，巴比伦早在500 B.C.—400 B.C.之间已开始使用这一周期，至380 B.C.起则完全遵此法则。因而十九年七闰周期在西方的起源尚待进一步探讨。

就现有史料而言，中国人掌握19年7闰周期较西方为早（自589 B.C.始）。此后又曾提出600年221闰、339年144闰等周期。这种周期古称“闰周”。寻求闰周本是基于回归年与朔望月两者之间有简单数学关系这一假设之上，但实际上该两者之值不可通约，故从665 A.D.之后，中国天学家就放弃了对闰周的推求。事实上，早在塞琉古王朝时期的巴比伦星历表严格遵循19年7闰法则之时，中国的《太初历》已提出了更为合理的置闰法则——无中气之月置闰。

即使仅就19年7闰周期而言，它在巴比伦与中国天学中的意义也颇不相同。巴比伦人不仅用它来安排置闰，还用它推算每年的两分两至时刻、天狼星偕日升、偕日落时刻等。中国人虽提出不止一个闰周，却都只是从历法上着眼的。

6. 日长问题：

巴比伦人已知日长随太阳黄经而变，有的星历表给出了一年中不同时间的太阳黄经及对应的日长（比如ACT，No.9）。不过这类表也是出于推算，且不很准确。比如根据一年中最大日长与地理纬度之间的数学关系，由巴比伦星历表给出的最大日长值（14小时24分），推得其地理纬度约为35°，而这与当年巴比伦的实际地理纬度（32°30′）有相当的出入。值得注意的是，类似的表在古代中国历法中也经常出现，比如后汉《四分历》（85 A.D.）曾列表给出一年二十四节气之日的太阳赤经及此日之日长。除了使用赤道坐标这一点外，与巴比伦的表完全一样。

以上六方面考察的结果，可以为巴比伦与古代中国天学的关系提供若干新的线索。笔者根据这些结果推得的结论是：在目前已有的证据之下，将巴比伦天学与古代中国天学视为两个独立起源的体系，较为稳妥。理由有三：

第一，巴比伦至迟在塞琉古王朝时期、很可能在500 B.C.甚至更早就已能相当准确地处理太阳周年视运动的不均匀性，而中国直到600 A.D.才首次着手处理这一问题。由于太阳运动是数理天文学中最基本的课题之一，直接关系到交食预报、历法安排、行星理论等方面，如果中国天学与巴比伦天学同源，在如此重要的方面表现出如此巨大的差别就很难想象。

第二，与太阳运动的情形相仿，塞琉古王朝时期的巴比伦天学家已能运用非常复杂的数学技巧来处理行星运动的非匀速问题，而中国同样要到公元六百年才第一次处理同一课题。就数理天文学本身而言，太阳运动固然是头等重要的问题；但如从社会和文化的历史背景来看，则行星运动应该受到更大的重视——因为在星占学中行星比太阳重要。如果中国天学与巴比伦同源，那在行星运动的数学处理上表现出如此巨大的差异就难以解释。

第三，数理天文学课题形式的巨大差别。古代中国天学主要是为政治服务，其终极目的是为统治阶级沟通天地人神。许多古代天学体系，包括巴比伦天学在内，都有类似的终极目的——可能只有古希腊天文学例外。巴比伦天学与古代中国天学相比，两者的终极目的或许相同，但为此目的而提出的一系列具体的数理天文学课题则有着明显不同的形式：中国天学以给出任意时刻的天体位置为己任，其太阳运动理论、月运动理论、行星运动理论等，无一不是如此；而巴比伦天学则致力于预推各种“特征天象”，给出这些天象发生的天空位置和时刻。这一巨大差别在双方现今保存下来的天学文献中可以得到有力证明。绝大部分巴比伦星历表都是对未来岁月中天象的推算结果；令人惊奇的是，在浩如烟海的中国古代天学史料中，迄今还极少发现与巴比伦星历表性质完全相同的表——中国两千多年来百余部历法中留下的卷帙浩繁的日躔表、月离表、行星运动修正表等，都是普适的，其用途是为天学家推求任意时刻的天体位置提供工具[62]。这个重大差别使得两个天学体系呈现明显不同的格局。如果认为中国天学与巴比伦同源，则这方面的差别更加难以想象。

但是，另一方面，即使中国天学的起源确实与巴比伦无关，仍有

[62] 有少数文献，如马王堆汉墓出土帛书《五星占》、汉译佛经《七曜禳灾诀》等与巴比伦星历表类似。但后者也是外来的。

许多证据表明，中国天学在其发展过程中很可能受到过巴比伦的影响。据前述对双方太阳运动及行星运动理论的数理天文学的比较研究，600 A.D. 问世的《皇极历》中突然出现了三项中国天学中前所未有、却全与巴比伦天学相同或极为相似的内容：

> 处理太阳运动不均匀性的差分表及准折线函数。
>
> 处理行星运动不均匀性的数学方法（与上项类似）。
>
> 非线性内插法。

这些新内容同时出现在一部历法中，恐非偶然。再联想到首次出现巴比伦黄道十二宫名称的汉译佛经《大乘大方等日藏经》恰恰也是在 600 A.D. 前不久译成，不禁使我们有理由设想：一些巴比伦天学内容很可能在公元六世纪末传入了中国，其中一些数理天文学方法还被采纳并结合进中国原有的天学体系中去了（看来主要是关于太阳和行星运动方面的。据前述六方面比较研究来看，3 难以判断，4 和 5 看不出双方有什么相似相关，6 双方独立出现的可能性很大，因为很简单，况且也与太阳运动有关）。这也从另一角度佐证了本节乙所说的巴比伦天学输入中土的"第二次浪潮"（"第一次浪潮"还有待于证实）。

至于此"第二次浪潮"所依靠的契机与途径，恐怕确与佛教之传入中土有关。乃是以印度天学为中介的。奈格堡氏曾指出：印度天学深具两重性，流行于北部的《太阳历数书》（*Sūryasiddhānta*）中有明显的希腊影响，而南部泰米尔文献中则发现不少巴比伦的计算方法。[63]

《皇极历》在此"第二次浪潮"中的地位当然十分引人注目。《皇极历》出于刘焯之手，《隋书》卷七五刘焯传述其天学造诣云：

[63] O. Neugebauer：Tamil Astronomy，Osiris，10，252（1952）. 从时间上说，古代印度天学曾经历过"巴比伦时期"（400 B.C.—200 A.D.）、"希腊—巴比伦时期"（200 A.D.—400 A.D.），随后是漫长的"希腊时期"（400 A.D.—1600 A.D.）。

> 《九章算术》《周髀》《七曜历书》十余部，推步日月之经，量度山海之术，莫不覈其根本，穷其秘奥。著《稽极》十卷、《历书》十五卷……

《北史》卷八二本传略同。这里值得注意的是刘焯精通《七曜历》的记载。治《七曜历》是当时天学界的时髦风尚，但《七曜历》实与印度天学大有渊源（详本章Ⅲ），由此或可稍窥刘焯与印度天学乃至巴比伦天学之间关系的蛛丝马迹。当然这还有待于进一步的证实。

又，刘焯《皇极历》中关于太阳和行星运动不均匀性的新知识，通常被认为来源于张子信。张子信又是中国天学史上一个神秘的奇怪人物。关于他的天学发现只有一条记载，见于《隋书》卷二十天文志中，在论述星占学中的行星部分时，颇为突兀地加入如下记述：

> 至后魏末，清河张子信，学艺博通，尤精历数。因避葛荣乱（葛荣之乱持续于526 A.D.—528 A.D.之间），隐于海岛中，积三十许年。专以浑仪测候日月五星差变之数，以算步之，始悟日月交道有表里迟速，五星见伏有感召向背。言日行在春分后则迟，秋分后则速。合朔月在日道里则日食，若在日道外，虽交不亏。月望值交则亏，不问表里。又月行遇木、火、土、金四星，向之则速，背之则迟。五星行四方列宿，各有所好恶。所居遇其好者则留多行迟见早，遇其恶者则留少行速见迟。与常数并差，少者差至五度，多者差至三十许度。其辰星之行，见伏尤异：晨应见在雨水后立夏前，夕应见在处暑后霜降前者，并不见；启蛰、立夏、立秋、霜降四气之内，晨夕去日前后三十六度内、十八度外，有木、火、土、金一星者见，无者不见。
>
> 后张胄玄、刘孝孙、刘焯等，依此差度，为定入交食分及五星定见定行，与天密会，皆古人所未得也。[64]

---

[64]《北齐书》卷四九、《北史》卷八九皆有张子信传，内容相同，甚简短，主要记述他一次关于吉凶的成功预言，却无一语及于其天学活动。

其中述其数理天文学之新发现颇详。在这一大段内容中，有无外来天学的踪迹，值得进一步探讨。此处先要指出，张子信以私人身份在海岛上从事天文观测三十年，且有浑仪等大型观测仪器，这在中国古代找不出第二例——如本书第三章中所述，中国古代的天学事业向为官营，而从无私家经营的传统。张子信既有如此奇特的行事，则其人关联着某种尚待揭示的谜案，应该可以设想。此外他所隐居的海岛在何处，也是值得考虑的问题。李约瑟认为“二张（按指张子信、张孟宾）的著作倒似乎受到过印度的影响”，[65] 虽属猜测，但确有进一步加以考证研究的必要。

Ⅲ. 七曜术在中土之盛行

所谓七曜，指日、月及水、金、火、木、土五大行星，共七天体。此七天体虽数千年前已是古代中国天学家反复考察、研究及论述之对象，但在中国历史上，“七曜”“七曜历”“七曜术”“七曜历术”等术语所指称的，却另有其特殊约定，专指一种异域输入的天学——主要来源于印度，但很可能在向东向北传播的过程中带上了中亚色彩的历法、星占及择吉推卜之术。对于这一古代中西文化交流史上极为重要的课题，似乎迄今仍只有伯希和（P.Pelliot）与叶德禄的两种初步研究可供参考。[66] 本节将对此尝试做更深入和系统的探讨。

---

[65]《中国科学技术史》第四卷，531 页。

[66] 伯希和与沙畹（Chavannes）合撰有《摩尼教流行中国考》（冯承钧译，收入《西域南海史地考证译丛》八编，中华书局，1958），其第八节曰“七曜历之输入”。后有叶德禄：七曜历输入中国考，《辅仁学志》第 11 卷 137 期（1942）。此后各种中外著作论及七曜历术之事，基本上都只是援引上述两文所论内容。

甲　七曜术出现于中土之早期线索

七曜术盛行于六朝至唐宋时期，但其在中土首露端倪，或可上溯至东汉末年的天学家刘洪。洪本汉宗室远支，当时以精通历术知名。所造《乾象历》在中国历法史上有重要地位。《后汉书》卷十二律历志中云：

> 熹平三年……常山长史刘洪上作《七曜术》。

又李贤注引《袁山松书》云：

> 洪善算，当世无偶。作《七曜术》；及在东观，与蔡邕共述《律历记》，考验天官；及造《乾象术》，十余年考验日月与象相应。皆传于世。

对上述记载还需要稍做分析。注意此处《七曜术》与《乾象术》并称，在行文上属同一用法。而《乾象术》后世皆按习惯称《乾象历》，则可推知此处之《七曜术》亦即后世所习称之《七曜历》。故按照这段记载，刘洪曾写过一部论述七曜术的著作。刘洪生卒年不可考，仅知他活动于公元二世纪下半叶，仕于桓、灵二帝之朝。其时佛教输入中土的过程已开始多年，而"自来宗教之传播，多假医药天算之学以为工具"，[67] 则刘洪曾接触到西来之七曜术，事属可能（参见本节丙安世高事）。

至晋宋交替之际，七曜术又出现一次踪迹。《宋书》卷十二律历志中云：

> 宋太祖颇好历数，太子率更令何承天私撰新法，元嘉二十年

[67] 陈寅恪：崔浩与寇谦之，《金明馆丛稿初编》，113 页。上海古籍出版社（1980）。

> （443 A.D.）上表曰：臣授性顽惰，少所关解，自昔幼年，颇好历数，耽情注意，迄于白首。臣亡舅故秘书监徐广素善其事，有既往《七曜历》，每记其得失。自太和至太元之末（366 A.D.—396 A.D.），四十许年，臣因比岁考校，至今又四十载，故其疏密差会，皆可知也。

叶德禄对这段记载持确信态度，并推测何承天所造《元嘉历》"《宋书》谓为'私撰新法'，当与七曜历有关，岂七曜历非中国之旧制，故云新法欤？"也颇有道理。可以进一步指出的是，当时佛徒（来华之天竺、西域僧人及中土之皈化者）中通解天学者与天学家的交往已相当频繁。即以何承天为例，梁释慧皎《高僧传》卷七、唐释道宣《释迦方志》卷上都记载着他与僧人慧（惠）严讨论印度天学之事，则他与徐广曾接触印度天学而通解七曜术，自在情理之中。从上述记载看，徐广的七曜术主要是历法——其真实含义曾在本书第四章Ⅱ中反复强调过。至于《元嘉历》中有无七曜术之成分或影响，则尚有待数理天文学方法之研究也。

约略在此同时，在北中国似乎也出现了七曜术的踪迹。《魏书》卷一一四释老志云：

> 有仙人成公兴，不知何许人，至（寇）谦之从母家佣赁……后谦之算七曜，有所不了，惘然自失。兴谓谦之曰：先生何为不怿？谦之曰：我学算累年，而近算周髀不合，以此自愧。且非汝所知，何劳问也。兴曰：先生试随兴语布之。俄然便决。谦之叹伏，不测兴之浅深，请师事之。

此处"近算周髀不合"一语需要稍加分析。《周髀算经》中虽有一套宇宙结构及其运行之说，却未对五大行星给予什么注意，因此一般来说研究此书不应发生"算七曜有所不了"的问题，由此可知此处"周髀"一语只能理解为"天算"的代称。按照陈寅恪的意见，此处的"周髀"

指一种由佛徒传入的印度天学学说（详本章Ⅳ），也可通。总之，寇谦之“算七曜”可以理解为研究西来之七曜术，他遇到困难时，成公兴出人意表地帮助了他。关于成公兴与七曜术的关系，《魏书》还有一处记载也值得研究，见卷九一殷绍传：

> 殷绍，长乐人也。少聪敏，好阴阳术数，游学诸方，达九章七曜。……太安四年（458 A.D.）夏，上《四序堪舆》，表曰：臣以姚氏之世，行学伊川时遇游遁大儒成公兴……兴时将臣南到阳翟九崖岩沙门释昙影间……影复将臣向长广东山见道人法穆……其《四序堪舆》遂大行于世。

当时习惯，“七曜”常与“九章”对举，甚至简称“章曜”，实即后世“天算”之意。而天学以“七曜”为代称，正反映七曜术已在中国天学界流行，成为时髦。殷绍自述其学术渊源，或有自高身价之意，可注意者，又与成公兴及佛徒有关（“道人法穆”也未必是道士，而可能是“有道之人”，“道人”一词至晚近方专指道士）。而其《四时堪舆》，据《魏书》本传所述，可断定为择吉推卜及生辰星占学之书。书虽亡佚无考，但仍可归入七曜术之大范畴内。

寇谦之与殷绍二人所遇见的成公兴，无疑是一神秘人物。成公为复姓，名兴。关于其身份，一则曰“仙人”，一则曰“游遁大儒”，不知究竟是何等样人。他精通七曜术，且有学问僧为密友。其行事更属奇特，为人做种田的佣工，却因显示了一下深不可测的天学造诣，引得后来成为北朝道教领袖人物的寇谦之要拜他为师。《魏书》所载他与寇谦之交往之事，极类后世小说故事，似乎颇难信据。但不论成公兴是否真有其人，上述两则记载作为七曜术在北中国出现的踪迹，还是值得考虑的。

乙　由史志书目看七曜术之盛行

中国古代留下的史志书目，以《汉书·艺文志》为第一份，其中没有任何七曜术的踪迹。此后约六个世纪之久的情况，只能考之于《隋书》中的书目（近人曾为前代缺志诸史补续各志，但这显然不能与原有之志相提并论）。在《隋书》卷三四经籍志三历数类中，已著录七曜术著作二十二种，此为这方面最早的书目，且从中能发现许多信息，兹引录如下：

《七曜本起》三卷（后魏甄叔遵撰）
《七曜小甲子元历》一卷
《七曜历术》一卷（梁《七曜历法》四卷）
《七曜要术》一卷
《七曜历法》一卷
《推七曜历》一卷
《陈永定七曜历》四卷
《陈天嘉七曜历》七卷
《陈天康二年七曜历》一卷
《陈光大元年七曜历》二卷
《陈光大二年七曜历》一卷
《陈太建年七曜历》十三卷
《陈至德年七曜历》二卷
《陈祯明年七曜历》二卷
《开皇七曜年历》一卷
《仁寿二年七曜历》一卷
《七曜历经》四卷（张宾撰）
《七曜历数算经》一卷（赵𢾺撰）
《七曜历疏》一卷（李业兴撰）
《七曜义疏》一卷（李业兴撰）
《七曜术算》二卷（甄鸾撰）
《七曜历疏》五卷（太史令张胄玄撰）

考察上述书目，至少有如下数端值得注意：

一、明确可考之作者已可上溯至北魏时期。有甄叔遵、甄鸾、赵𢾺三人。叶德禄认为前两人可能是同一人，但没什么可靠的证据。若将“叔遵”理解为“鸾”之表字，从文意上也看不出相通之处。故甄叔遵可姑置不论。甄鸾则为魏周之际的著名天学家及宗教活动人物，先为道士，后叛道而皈依佛门，作《笑道论》攻击道教甚力。其学术自与佛教有渊源无疑。又赵𢾺年代更早，曾为北凉（立国于397 A.D.—439 A.D.之间，系匈奴族）太史令。由此三人考之，其年代已与上小节所述徐广、何承天、寇谦之、殷绍等相衔接，可以推断：七曜术在公元四、五世纪时，已广泛流行于中土南北各地。

二、赵𢾺其人及其著作尤其值得注意。其人正史无传，幸尚有若干零星史料可考：

> （魏）世祖平凉土，得赵𢾺所修《玄始历》，后谓为密，以代《景初》。（《魏书》卷一〇七律历志上）
>
> 高宗践祚，及用敦煌赵𢾺《甲寅》之历，然其星度，稍为差远。（同上引公孙崇上表）
>
> 河西人赵𢾺善历算，十四年（437 A.D.）茂虔奉表献方物，并献……《赵𢾺传并甲寅元历》一卷。（《宋书》卷九八且渠蒙逊传）

由上引记载看，赵𢾺为河西敦煌人，虽只是西北一隅一个异族小国的太史令，其所造之历却被中土南北各王朝珍视。北魏攻灭其国而夺其历行用之，已足见当时其声名远播；尤可异者，他的传记及所造《甲寅元历》，竟能成为北凉这样的“狄夷之邦”向号称中原衣冠礼乐正统在兹的南朝纳款进贡的珍异书籍之一，不能不令人感到惊奇。一种较为合理的解释是：其时七曜术正大为时髦，而赵𢾺作为西陲异人，颇得中亚西域方面风气之先，故他的历术（很可能就是七曜历术）成为中土各朝“引进”的热点。如这一解释能够成立，则隋志所著录他的《七曜历数算经》一卷，真是弥足珍贵了。

三、这时期北方天学名家纷纷撰著七曜术之书。除上述二甄及赵𢾺外，李业兴、张宾、张胄玄都是北魏及周隋之际的天学名家。值得注意的是，这些人全是北朝人物，这一点绝非偶然——七曜术正是经过中亚，从北路传入中原的（参见本节丁）。虽然南朝也不乏精通七曜术之人，但从隋志书目来看，在传播、研讨七曜术方面，北朝确是这一时期的正统所在。

四、七曜术已在此时中土陈朝官方天学中取得了合法地位，这是具有重大意义的现象。在上述书目中，标明陈、隋年号的《七曜历》竟达十种之多，很可能是以七曜术为所标年份编算的历谱。这些《七曜历》虽不一定像正统的历谱那样颁行天下（是否如此尚缺乏证据），但在朝廷天学机构中参用是极可能的。八种标明年号的《七曜历》前的“陈”字，清楚表明了它们的官方身份。一种外来天学被官方接纳到如此程度，在整个中国历史上（清代除外）也是极为罕见的。

继隋志书目之后，又有两《唐书》中书目可考，提供了下一阶段的新信息。《旧唐书》卷四七经籍志历算类中所著录之七曜术著作如下：

> 《陈七曜历》五卷（吴伯善撰）
> 《七曜本起历》二卷
> 《七曜历算》二卷（甄鸾撰）
> 《七曜杂术》二卷（刘孝孙撰）
> 《七曜历疏》三卷（张胄玄撰）

《新唐书》卷五九艺文志三历算类也载有上述五种，但另多非常重要的两种：

> 曹士蔿《七曜符天历》一卷（建中时人）
> 《七曜符天人元历》三卷

关于曹氏《符天历》与七曜术之关系及其来源，将留待本章Ⅳ中详论。

此处仅先指出，两唐志书目中标明七曜之名的著作较隋志书目中明显减少，绝不意味着前一时期以《七曜历》为旗帜的印度—西域天学已在中土趋于沉寂，而只是这一天学“西风东渐”潮流本身在新时期另有其新发展的反映——经由中亚、西域的“转口输入”的重要性已让位于中国与印度之间频繁的直接交往。事实上，到了唐代，印度天学（包括生辰星占学这样的新事物）在中土更为盛行，对后世留下的影响也更大（俱详本章Ⅳ）。

如将隋志中的书目算作第一份，两唐志书目算作第二份的话，那么南宋初年出现了第三份也是数目最大的一份七曜术书目，见郑樵《通志》卷六八艺文略六天文类，其中“七曜历”名下列有30种著作。不过这份书目基本上只是隋志与两唐志中书目的复述而已，去掉其中见于隋志者21种、见于新唐志者4种，新见者不过如下5种：

《人天定分经》一卷
《地轮七曜》一卷（吕佐周撰）
《七曜气神歌诀》一卷（庄守德撰）
《七曜气神歌诀》一卷
《七政长历》三卷

郑樵《通志》为私家著述，约成于1150 A.D.前后。李约瑟曾说郑氏“根据公元1150年前后皇家图书馆的藏书，列出了一个庞大的书目”，[68]在史料上并无根据。即以“七曜历”部分而论，郑氏只是抄录隋、唐志中的书目，末尾附上五种新著而已。既未必经他亲自寓目，更不能说明其时皇家秘阁尚藏有其书。与此形成对比，新唐志书目仅载七曜术之书七种，其中倒有四种未见于隋志，如果认为这反映了修唐志者当时所实际掌握的七曜术著作，显然比较可信。而隋志书目中所列的大部分七曜术之书，在北宋时就已亡佚无存。况郑氏在此百数

[68]《中国科学技术史》第四卷，84页。

十年之后，又经靖康之变，图书浩劫之余，且只具私家著述条件，当然更看不到多少前代遗书了。

历史上关于七曜术的最后一份书目见于《宋史》。在卷二〇六艺文五天文类、五行类及卷二〇七艺文六历算类中，著录有如下七曜术之书：

《七曜雌雄图》一卷
《文殊七曜经》一卷
《七曜会聚》一卷
《六壬七曜气神星禽经》一卷
《七曜气神星禽经》三卷
《七曜神气经》二卷（杨惟德、王立、李自正、何湛等撰）
曹士蒍《七曜符天历》二卷
《七曜符天人元历》三卷
《七曜符天历》一卷
庄守德《七曜气神歌诀》一卷
钱明逸《西国七曜历》一卷

与隋志书目中的书相比，宋志中的书大多是新出现的，这正是潮流转换的表现。值得特别注意的是，宋志中实质上讲七曜术的书不止上面这些，但它们不再被明确冠以“七曜”字样。举例来说，在唐志书目中已出现《七曜符天历》，七曜已与“符天”挂上钩，而《符天历》本是印度之法（详本章Ⅳ），与七曜术有很近的亲缘关系，故宋志中许多仅标“符天”而无“七曜”字样的著作，本质上也可与七曜术归入同一类中。这种形式上的变化，实际上仍是学术潮流转换的反映。

就大体言之，传入中土的七曜术在南北朝时期可称盛极一时，至唐代，新的西来天学潮流兴起，但先前的七曜术也继续在流传，降及两宋，都是如此。七曜术在中土的沉寂，似乎恰好伴随着宋朝的灭亡，在此后的史志书目或其他文献中，七曜术的名称几乎完全消失了。当然这并不是说七曜术没有留下任何影响。

丙　佛徒对七曜术传播所起的重要作用

七曜术之传入中土，佛教僧侣起了非常重要的（甚至是主要的）作用。对此可从关于僧人通擅七曜之记载、僧人所著有关七曜术之论著等方面推知其大致情形。

关于西来僧人精通七曜术的记载，最早可上溯至东汉桓帝初年之安世高，梁僧祐《出三藏记集》卷十三云：

> 安清字世高，安息国王政后之太子也。……志业聪敏，克意好学，外国典籍，莫不该贯，七曜五行之象，风角云物之占，推步盈缩，悉穷其变。

照此记载，这位安息国王子兼高僧是精通星占学的，而由“七曜五行之象”一语推断其天学正是七曜术，虽不能说绝对可靠，但基本上还是符合当时“七曜”一词的特定用法。[69]安世高于建和二年（148 A.D.）来华，从事译经二十余年；前述刘洪上《七曜术》在熹平三年（174 A.D.），已在安世高来华之后二十六年，故叶德禄推测谓“洪之《七曜术》颇有受世高影响之可溯也”，也不无道理。

此后在六朝隋唐时期，精通七曜术的僧侣代不乏人，在佛教史籍中多有记载，稍举几例如次：梁释慧皎《高僧传》卷十五记刘宋时释昙光云：

> 性喜事五经诗赋及算数卜筮，无不贯解。……义阳王旭出镇北徐，携光同行。及景和失德，义阳起事，以光预见，乃赍七曜以决光，光吐口无言，故事宁获免。

[69]《高僧传》卷一谓安世高“外国典籍及七曜五行……无不综达”，用法更为明显。

刘旭起兵造反，请昙光预卜吉凶。送至昙光处的“七曜”，可能是讲七曜术之书，也可能是据七曜术而制作的式盘卜具之类。昙光闭口不言，事后才免于株连。又唐释道宣《续高僧传》卷十记萧齐时释僧范云：

> 幼游学群书，年二十三，备通疏略。至于七曜九章，天文筮术，谘无再悟。

又同书卷二四记唐释慧斌云：

> 博览经艺，文义洞开，偏晓字源，尤明章曜。

这类记载事虽简略，仍有助于推知这方面的大致情景。至唐代，史料较为丰富，已有条件作一些较详细的考察，兹以著名僧人一行及不空二人为例，略述如次：

一行，683 A.D.（一说 673 A.D.）—727 A.D.，原名张遂。关于他造黄道游仪、撰制《大衍历》以及身为密宗高僧等事，已有今人各种著作反复论述。但对于一行天学的全貌，却久已不为人所知晓，更毋论他与七曜术及印度天学之间的渊源了。事实上，在一行生前，他已是名动朝野、万人瞩目的神奇人物了——他是密宗高僧，又是星占学大师，还是唐玄宗的宠臣。一行与七曜术之间的关系，其实在史籍中不难考知，先看释赞宁《宋高僧传》[70]卷五唐中岳嵩阳寺一行传中的几段记述：

> 自此声振遐迩，公卿籍甚。玄宗闻之，诏入……帝不觉降榻稽首曰：师实圣人也！嗟叹良久。寻乃诏对无恒，占其灾福，若指于掌，言多补益。
>
> 玄宗在大明宫，从容密问社稷吉凶并祚运终毕事，行对以他

[70] 不熟悉此书的人很容易由这一书名引起误解，对此陈垣有直截了当的说明：“谓宋朝所修之《高僧传》，非谓宋朝高僧之传也。”

语。帝询之不已，遂曰：陛下当有万里之行。又曰：社稷毕得终吉。帝大悦。……帝幸蜀……曰：一行之言，信其神矣。

次有王媪者，行邻里之老妪，昔多赡行之贫，及行显遇，常思报之。一日拜谒云：儿子杀人，即就诛矣，况师帝王雅重，乞奏减死，以供母之残龄！如是泣涕者数四。行曰：国家刑宪，岂有论请而得免耶？命侍僧给与若干钱物，任去别图。媪戟手曼骂曰：我居邻周给迭互，绷褓间抱乳汝，长成何忘此惠耶！行心慈爱，终夕不乐。于是运算毕，召净人戒之曰，汝曹挈布囊于某坊闲静地，午时坐伺，得生类投囊，速归。明日果有猳彘引㹠七个，净人分头驱逐，猳母走矣，得㹠而归。行已备巨瓮，逐一入之，闭盖，以六乙泥封口，诵胡语数契而止。投明，中官下，诏入问云：司天监奏昨夜北斗七座星全不见，何耶？对曰：昔后魏曾失荧惑星，至今帝车不见……释门以慈心降一切魔，微僧曲见，莫若大赦天下。玄宗依之。其夜占奏北斗一星见，七夜复初，其术不可测也。

前两段反映一行以精于星占而见重于玄宗，最后一段简直如神怪小说，然而恰是这一段神怪小说之言揭示了一行与七曜术的渊源。这段一行擒纵北斗七星以救王媪之子的传说，早在唐代就已出现，在唐郑处诲《明皇杂录 · 补遗》中即载有此事，文字细节小有差异而已。此所言之北斗七星，另有其特殊背景及意义，与中土天学中传统的北斗七星之说不同，而实为七曜术中之专门语，姑引唐释不空译《北斗七星护摩秘要仪轨》（见《大正新修大藏经》卷二一）中之说为证：

谓北斗七星者，日月五星之精也。囊括七曜，照临八方，上曜于天神，下直于人间，以司善恶而分祸福，群星所朝宗，万灵所俯仰。

再看一行本人现存的著作，可得更有力的佐证。一行现存著作，除

《大衍历》及《历议》载于两《唐书》律历志而较为人知外，在佛藏中尚保存有他译、著之作十三种，其中直接与七曜术有关者为如下四种（俱见《大正新修大藏经》卷二一）：

《宿曜仪轨》一卷
《七曜星辰别行法》一卷
《北斗七星护摩法》一卷
《梵天火罗九曜》一卷

由此益可知所谓“北斗七星护摩法”者，七曜术中之内容也。一行既精通此类神秘之术，则唐代流传他擒纵七星以救王媪之子的故事，虽出附会，却也不是完全凭空捏造而成的。顺便指出，一行还撰著过一些别的星占卜筮之书，比如《宋史》卷二〇六艺文五天文类著录的《二十八宿秘经要诀》、迄今仍保存于佛藏中的《看命一掌金》之类，也可以说与他的七曜术不无关系。至于上引《梵天火罗九曜》中的“九曜”与“七曜”“九执”等的关系，以及一行《大衍历》中是否有印度天学的成分或影响，都将在后文中论及。

不空，705 A.D.—774 A.D.，梵名阿月佉跋折罗（Amoghavajra），意译为“不空金刚”。现代许多书上都说他是狮子国（今斯里兰卡）人，未知何据。兹据《宋高僧传》卷一唐京兆大兴善寺不空传，载其出身及重要行事云：

本北天竺婆罗门族，幼失所天，随叔父观光东国。年十五，师事金刚智三藏。初导以梵本《悉昙章》及《声明论》，浃旬已通彻矣，师大异之，与受菩萨戒，引入金刚界大曼荼罗，验以掷花，知后大兴教法。……令往五天（竺）并师子国，遂议遐征。……既达师子国，王遣使迎之。……次游五印度，屡彰瑞应。至天宝五载还京……为帝灌顶。……至德初，銮驾在灵武凤翔，空常密奉表起居，肃宗亦密遣使者求秘密法。洎收京反正之日，事如所

> 料。乾元中，帝请入内，建道场护摩法，为帝受转轮王位七宝灌顶。……代宗即位，恩渥弥厚。……生荣死哀，西域传法僧至此，今古少类矣。

不空所译汉文佛经极多，现保存于佛藏中者有近二百种。其中有关七曜术者至少有如下两种：

《佛母大金曜孔雀明王经》三卷

《文殊师利菩萨及诸仙所说吉凶时日善恶宿曜经》二卷

其中尤以后一种影响甚大。此经通常简称《宿曜经》，由不空于 759 A.D. 译成，764 A.D. 又有杨景风为之作注。《宿曜经》是现存汉译佛经中有关七曜术的最重要篇章，它也可以说是古代印度、欧洲及中、西亚星占学的集成之作（当然这里不是就细节而言的）。

不空在几方面都与一行相似，比如，两人都是密宗高僧，又都是帝王的宠臣。他们两人的这种特殊地位，无疑会使他们关于七曜术的著述产生广泛影响。也可以说，他们两人在七曜术在华传播史上有着极重要的地位。

另外值得注意的一点是，不空本是天竺国人，却在中国受戒；中年又回五天竺游历，再回中土。《宿曜经》即此后所译。由不空的生平经历，不难推想当时中土与印度之间频繁直接交往的盛况（唐代游学印度之中土僧人甚多，又更有印度天学家而世代仕于唐廷者，参见本章Ⅳ）。而七曜术之输入，此时也无需再由中亚、西域等处“转口”了（六朝时中印间僧人往来也很频繁，但天学交流的情况远逊于唐）。

除上述一行、不空所译撰之佛经外，现存佛藏中还有一些有关七曜术的著作，其中较重要者有：

《七曜禳灾诀》（金俱叱撰）

《佛说大孔雀呪王经》（义净译）

《佛说北斗七星延命经》

金俱叱（又作金俱吒）是中唐时期西天竺婆罗门僧人。义净俗姓张，为武后时著名高僧，也曾去天竺各国游历。

关于佛徒在传播七曜术方面的作用，最后还可提到颇为有趣的一点。唐代来华的日本僧人很多，他们往往搜求各种中土书籍携回东瀛，这些书籍中也包括七曜术方面的著作。比如“入唐八家”之一宗睿所编携回日本的书目《书写请来法门等目录》中就有如下几种：

《七曜禳灾诀》一卷
《七曜二十八宿历》一卷
《七曜历日》一卷
《都利聿斯经》一部五卷

《聿斯经》与七曜术的关系将在本节己中专门讨论。上引宗睿书目的内容，不仅说明七曜术到中土后又如何继续东传而至日本，也可从中窥见当时七曜术著作在中土广泛流传的状况。

丁 七曜术之中亚色彩

七曜术早期经中亚、西域一带传入中土，不免带上这一地区的色彩。对于此事，如欲深入探讨，恐怕仍不得不求助于数理天文学研究之法，但这受到史料等方面因素的制约，迄今尚近于空白。然而就较为表面的层次言之，也已发现若干有力证据，关于七曜值日的各种译名即为引人注目之一例。

叶德禄曾谓“七曜胡名之华译始于何时，莫由详考”，这一状况迄今尚无改变。今人的考证只能从唐代译成的《宿曜经》出发。《宿曜经》卷下载有“诸国人呼七曜”之名，包括“胡”、波斯、天竺诸语对七曜名称的音译，伯希和、沙畹认为所谓的“胡”指康居，遂以康居语求出其对音。以下将《宿曜经》所录各语音译、伯希和沙畹所求得之康居语对音，以及笔者所附敦煌三种七曜术文献所用的七曜名称，一并列表示之。其中：

伯三〇八一题为《七曜日占法七种》
伯三四〇三题为《雍熙三年丙戌岁具注历日》
伯三七七九题为《推九曜行年容厄法》

后两种皆为卷子原题，前一种系卷子整理者所拟。

名／曜	胡	康居语	波斯	天竺	伯三〇八一	伯三四〇三	伯三七七九
日	密	Mīr	曜森勿	阿你底耶	蜜	蜜	太阳
月	莫	Māq	娄祸森勿	苏上摩	莫	莫	太阴
火	云汉	Wnqān	挚森勿	粪盎声哦啰迦盎	云汉	云汉	云汉
水	咥	Tīr	挚森勿	部陀	嘀	嘀	嘀
木	鹘勿	Wrmzt	本森勿	勿哩诃娑跛底	郁没斯	温没斯	温没斯
金	那歇	Nāqit	数森勿	戌羯罗	舭颉	郍颉	郍颉
土	枳院	Kēwān	翁森勿	赊乃以室折罗	鸡楥	鸡缓	鸡缓

上表中的七曜“胡”名，在唐宋时期流行颇广。在敦煌历书中也很常见，有时只在日曜日（星期天）那天注一“密”或“蜜”字，其余六名不再注出，因可顺推而得也。附带指出，现今日语中对一周七日的称呼，自星期天、星期一……至星期六，依次为日曜日、月曜日、火曜日、水曜日、木曜日、金曜日、土曜日，其顺序恰与上表完全一致，此事并非偶然。有证据表明，早在唐代即已如此。一个著名的例证见《大秦景教流行中国碑》，此碑中文部分末署日期为“大唐建中二年岁在作噩太簇月七日大耀森文日建立”，“岁在作噩太簇月”指辛酉年正月，“大耀森文”同上表中“曜森勿”，按上表此日当为日曜日，而以中西历日逆推核算之，此日为公元 781 年 2 月 4 日，恰为星期日。

对于上表所揭示的七曜术经中亚传入中土及其与摩尼教、景教（基督教）、佛教等宗教之关系，伯希和与沙畹及叶德禄皆有颇具价值之推论，兹各引述一端如次：

此种康居之占星学，实影响于中国甚久。……吾人在敦煌发见者，有九世纪十世纪之历书数册，占星学著作数种，皆属七曜历，日曜日下皆有硃印密字，其余六曜日，常注有康居译名，可见当时康居之历数，在唐以前不闻，唐以后影响甚大也。[71]

摩尼教用七曜历固甚显明，故《宿曜经》下谓："尼乾子、末摩尼常以蜜日持斋，亦事此日为大日"。尼乾子沙伯二氏谓即梵文之 Nirgranthaputra，华言一切外教。果尔，则尼乾子殆即指景教矣。唐时景教教士，多波斯人。七曜亦有波斯译名，可见景教与七曜历关系之密切。今存佛典中尚多有关七曜占星历书，唐时七曜译名亦有天竺译名。则上述三教之同用七曜历无疑矣。[72]

此外，下面两则记载也是中亚天学在唐代向中土传播的重要证据，并且很可能也与七曜术有关：

（罽宾国）开元七年（719 A.D.）遣使来朝，进《天文经》一夹、秘要方并蕃药等物。(《旧唐书》卷一九八西戎传）

（开元七年）六月，大食国、吐火罗国、康国、南天竺国遣使朝贡。其吐火罗国支汗那王帝赊上表，献解天文人大慕阇：其人智慧幽深，问无不知，伏乞天恩唤取慕阇，亲问臣等事意及诸教法，知其人有如此之艺能，望请令其供奉，并置一法堂，依本教供养。(《册府元龟》卷九七一）

[71] 摩尼教流行中国考，前引书 56 页。

[72] 七曜历入中国考。《宿曜经》卷下有一段常为人称引的杨注："夫七曜者……一日一易，七日周而复始……忽不记得，但当问胡及波斯并五天竺人总知"。反映了七曜术所具有的复杂文化、民族背景。

慕阇，论者多从戈提鄂（Gauthiot）之说，谓即古波斯语 Móze 之音译，意为“师”，其说可信。今证之以《摩尼光佛教法仪略》五级仪第四（敦煌卷子斯三九六九）中“十二慕阇，译云承法教道者”一语，可知此“解天文人大慕阇”，为一位精通天学之摩尼教高级传教士。由上所述，罽宾国所献之《天文经》与大慕阇所通解之“天文”，很可能都不出七曜术之大范畴。此两国之向唐廷贡献异域天学恰发生于同一年，或许还另有可研究的原因。

戊　七曜、九曜及九执：生辰星占学与择吉推卜

所谓七曜术，本是颇为宽泛的概念；而关于七曜术的著作，在历史上虽曾一度繁花似锦（如前述隋志书目所反映的），至今又几乎全部佚失。在此情况下，要了解七曜术的大致情况（主旨、功能、内容等），只有三条途径可供追索：其一为古籍中所保留的关于七曜术之零星记载，其二为佛藏中涉及七曜术之经品，其三为敦煌卷子中所发现的七曜术文献。兹略述将此三途参照综合所获之结果。

但在此之前，先须做有关概念上的辨析，即七曜、九曜及九执之间的关系。七曜指日、月、五大行星，这在中土很容易理解，即古人习称之“七政”（注意古代中国天学向来用“七政”一词，“七曜”所指虽为同此七个天体，却是外来之术的特征用语，当七曜术在中土沉寂之后，中土士大夫讲论传统天学仍用“七政”，足见古人对中外来历区别甚明）。但在古代印度天学中，另有两个中土向所未闻的假想天体——罗睺（Rahu）、计都（Ketu），此两假想天体被称为“隐曜”，是“蚀神”之首尾，故罗睺又为龙首，计都为龙尾。罗睺、计都之说虽荒诞不经，却有着实实在在的天文学意义——罗睺是白道与黄道的升交点，计都是月球轨道的远地点，[73] 而这两个交点当然与日、月交食（蚀）有极大的直接关系。交食又是印度天学中极为注重的课题。因

[73] 钮卫星：罗睺、计都天文含义考源，《天文学报》35 卷 4 期（1994）。

罗睺、计都如此重要，它们在古代印度天学中遂得与七曜同列，并称“九曜”。九曜之说，可能是印度古代天学中“土生土长”的成分，早在受到希腊天文学的重大影响之前很久即已存在（印度古代天学中的“希腊时期”被认为始于400 A.D. 之后），这可举汉译佛经中年代甚早的作品为证，由“吴沙门竺律炎共优婆塞支谦”两人于220 A.D. 左右译成的《摩登伽经》说星图品第五中论七曜与九曜之关系云：

> 尔时，莲华实问帝胜迦：仁者岂知占星事不？帝胜伽言：大婆罗门……今当为汝复说七曜：日、月、荧惑、岁星、镇星、太白、辰星，是名为七；罗睺、计都，通则为九。如是等名占星等事，汝宜应当深谛观察。

由此可知九曜之说，当为七曜术中常见内容，事实也确实如此。比如前面提到过的佛经《七曜禳灾诀》中即有关于七曜及罗睺、计都之位置计算。中土天学家之精擅七曜术者也同样研究另二“隐曜”，比如宋陈振孙《直斋书录解题》卷十二著录曹士蒍《罗计二隐曜立成历》一卷，书虽已佚，不难推知为推算两“隐曜”位置之星历表。曹士蒍著名的《七曜符天历》早已佚失，无法得知其全部内容，[74]但其中包括九曜之说及罗睺、计都位置等，仍可由以下三则记载综合起来得到证明：

> 唐建中时术者曹士蒍，始变古法……号《符天历》，然世谓之小历，只行于民间。而（马）重绩乃用以为法，遂施于朝廷，赐号《调元历》。(《新五代史》卷五八司天考一）
>
> 唐曹氏《七曜符天历》，一云合万分历，本天竺法……世谓之小历，行于民间，石晋《调元历》用之。(《困学纪闻》卷九）

---

[74] 日本存有《符天历》残本，见于多多良保祐所编《天文秘书》，但只是关于太阳运行的计算部分，名为《符天历经日躔差立成》，远不足窥《符天历》全豹。

臣检讨先代图籍，今古历书，皆无蚀神首尾之文，盖天竺胡僧之祆说也。只自司天卜祝小术不能举其大体，遂为等接之法，盖从假用以求径捷，于是乎交有逆行之数，后学者不能详知，便言历有九曜，以为注历之恒式，今并削而去之。(《旧五代史》卷一四〇历志载王朴上《钦天历》表)

可知曹氏《七曜符天历》虽只行于民间，后来由马重绩采入《调元历》，竟得获后晋朝廷颁行，一度跻身于官方历法之列。而此两历中皆有九曜之说。王朴的正统排外议论，正是针对曹、马两氏之作而发的。当时九曜之说竟盛行到成为“注历之恒式”的地步，很值得注意。

九曜之外，又有九执，两者实为一义，只是梵文中同一词Navagraha之不同译法而已。该词直译可作“九颗行星”，可见印度古代天学在某种角度上将日、月，五大行星与罗睺、计都一视同仁。故《九执历》(详本章Ⅳ)者，即《九曜历》，或径视为《七曜历》，亦无不可，惜《开元占经》中仅保存其计算方法，远非七曜术之全豹也。又关于九执之义，方豪谓:“称九执者,《大日经疏》四曰：九执者，梵音钰粟何(Graha)，是执持义。天竺以此九星为九种执持天神名号，此九执持天神有大威力是也。”[75] 亦可备一说。

在古代印度天学中，九曜之外，更有所谓十一曜者。系将另两个假想天体“紫炁”与“月孛”亦视为隐曜，一并计入而成，多于星占学中用之。仍属与七曜、九曜同一体系之说。

七曜术中显然包括历法知识，这由许多有《七曜历》之名的书被历代史志书目列于历算类中可以证明。历法本是中土传统天学中的重要基本成分之一，此外来者又未必更高明，因此传入中土的七曜术中最引人注目之处不在于此。对中国人来说，七曜术最突出、最诱人处是它提供了西方的生辰星占学——这是一种全新的方术，我们曾在前面强调指出中国传统天学中只有军国星占学而向无生辰星占学(本书

[75]《中西交通史》，328页。

第五章 I 甲）。正因为如此，关于七曜术这方面特征的记载相当之多。先略举较早及较晚的例子各一，再引述幸存至今的七曜术文献以证之。

本节甲曾指出北魏殷绍是中土通解七曜术的早期人物之一，他所撰《四序堪舆》一书曾“大行于世”。此书是成公兴所介绍的释昙影与“道人法穆”向殷绍讲授的学术（可以认为就是以七曜术为特征的天学体系）的提要。书虽早佚，《魏书》卷九一殷绍传中却记载了其书特征，毫无疑问正是生辰星占学：

> 当世所须吉凶举动集成一卷，上至天子，下及庶人，又贵贱阶级，尊卑差别，吉凶所用，罔不毕备。……遂大行于世。

而在中土传统的军国星占学中，“庶人”是从无任何位置的，无怪乎殷绍新术一出，立即风行起来。再举较晚的一则记载，见晁公武《郡斋读书志》卷十四：

> 《秤星经》三卷，以日月五星、罗睺计都、紫炁月孛十一曜演十二宿度，以推人之贵贱寿夭休咎。不知其术之所起，或云天竺梵学也。

此《秤星经》显然也是讲求生辰星占学之书。十一曜演十二宫，确是印度天学特征。其时七曜术在中土传播流行之高潮已过，故晁氏对其渊源已不甚了了。

对于七曜术与西方生辰星占学传入中土之关系，薮内清晚年曾有过很好的论述：

> 这种天宫图占星术（按即指 horoscope astrology），在中国本来是没有的，后来与佛教同时传入，正式传入的时间为唐代。阐述这种占星术原理的著作，可以举出印度僧人不空的《文殊师利菩萨及诸仙所说吉凶时日善恶宿曜经》。……此后不久，西天竺金俱

> 叱撰写（按应是译）的《七曜禳灾诀》，根据七曜新术计算七曜与罗睺、计都的位置，在这种占星术中是有用处的。[76]

其说在断言七曜术的生辰星占学至唐代方始“正式传入”这一点上稍有不妥，这由我们上文中的讨论不难得知。但其他意见都颇有道理。例如，在《宿曜经》卷上一开头，确实就可见到这样的论述：

> 夫七曜，日、月、五星也。其精上曜于天，其神下直于人，所以司善恶而主理吉凶也。其行一日一易，七日一周，周而复始。

所述生辰星占学之基本概念，可谓简明扼要。

历代史志书目中所著录之七曜术著作几乎全部佚失；佛藏中虽保存有若干种涉及七曜术之经品，所言亦以义理为多，欲了解七曜术之各种具体情况则仍不敷用。幸有敦煌藏经洞保存古籍之奇缘，在敦煌卷子中得以发现若干种七曜术文献，且系实用手册或指南性质的作品，是为现存反映七曜术具体情况之第一手资料，因而弥足珍贵。兹特引述数例以见其一般情况。

伯三七七九原题《推九曜行年容厄法》，择录其中两节如下（原卷子抄写有故意错行之处，已据文意改正）：

> 行年至东方温没斯木星神，是九岁、十八、廿七、卅六、卌五、五十四、六十三。东方岁，木精也，一名摄提。……若临人命，加官进禄，万事通达，婚姻和合。此年大吉。
>
> 行年蚀神尾计都星者，一名太阴，一名豹尾，亦是隐星。至此宿：七岁、十六、廿五、卅四、卌三、五十二、六十一、七十、七十九、八十八、九十七。若临人命，注疾病官府相缠。此年大吉，宜深处画形供养。

[76] 薮内清：关于唐曹士蒍的符天历，《科学史译丛》，1983 年 1 期。

又伯二六九三题《七星历日一卷并十二时》，是不多见的首尾完整之作。全卷分为蜜、莫空、云汉、嘀日、温没斯、舥溢、鸡缓（？）七章，每章先述此日各种吉凶宜忌，次按十二支列出十二小节，先引数节如次：

> 入此名宫，其人所求官财钱口味万事皆遂心。若有官职更加富，亦宜见大君富贵人。（莫空·午）
>
> 入此名宫，其人所求皆得遂，所向皆得。求官者高迁。亦得赏财，亦得妻子。吉。（嘀日·酉）
>
> 入此名宫，其人和（按当作合）离别家宅，亦合游行他方，是忧愁。大凶。（温没斯·亥）

不难推测，此处十二支所代表的正是黄道十二宫，卷子以人出生时刻所属的日（何曜当值）、时（实即以时表征宫，比如出生时刻恰好中天或初升之宫）来预言其一生的贵贱吉凶休咎，实为十足西方色彩的生辰星占学。类似此卷而结构较简单者还有伯三〇八一中的《七曜日生禄福刑推》，引其中两节如次：

> 嘀日生人：法合明净，爱香花，装束解絜。不孝顺。善书算。……禄至三品。多及（？）不坚，及得贵人钦仰爱重，足道心。……断回味，不杀生，即得上寿。妨蔽妻，若二妻同居则不好。亦妨男女。……宜教他人养之，大吉。
>
> 舥颉日生人：多谄曲。不定度。无意慈善。不孝父母。性好淫荡。有巧性……禄至五品。合得贵妻，当惧妻，不敢相违。命上寿。多病。足男女。

为了强调指出这类生辰星占学文献中浓烈的西方色彩，这里再引录一则欧洲著名的同类例子以资比较。下面是著名天文学家开普勒（Kepler）于1608年为后来成为“弗里德兰与萨冈公爵、最高统帅、大洋和波罗的海将军”的贵族瓦伦施泰因（Wallenstein）根据其出生时刻天宫图所作的星占预言：

> 忧郁警觉。酷爱炼金术、魔法和通神术。蔑视人类以及一切宗教的戒律习俗，怀疑一切。……残忍不仁，目中无人。放荡淫乐。对下属严厉凶狠。贪得无厌。到处行骗，变化多端。……因此他将赢得声望，他将成为一个特别迷信的人，依靠这种迷信的方法他能把一大群老百姓笼络在自己周围，并被暴徒们推为首领。[77]

除了语言文字带来的差异，上面这些相去近千年、相隔数万里的作品之间简直看不出多少区别。

生辰星占学与择吉推卜之术在义理上有内在相通之处（概括言之，皆为寻求行事吉凶与时空点之间的关系），七曜术在此也不例外。七曜术中除最引人注目的生辰星占学内容外，也包括各种择吉推卜之术。例如，《宿曜经》卷下有云：

> 夫七曜者，所为日月五星下直人间，一日一易，七日周而复始，其所用各各于事有宜者，不宜者，请详细用之。

此即择吉之说。在敦煌卷子中也可发现此类文献，如伯三〇八一中有《七曜日忌不堪用》《七曜日得病望》《七曜日失脱逃走禁等事》《七曜日发兵动马法》《七曜日占出行及上官》《七曜占五月五日直》等多种，稍引数条如次：

> 莫日不得裁衣、冠带、剃头、剪甲、买奴婢六畜，及欢乐，凶。
>
> 莫日得病稍重，十四日厄，不死。宜服黑药，吉；祀飨月神，吉。

[77] E.Oeser：《开普勒——近代科学的兴起》，任立译，科学普及出版社（1981），97—80页。

> 蜜日失脱自得，由恐再失；逃者自来，及恐更逃。……求日神吉。
>
> 蜜日太阳日，发兵宜从日出处，行动用卯时发吉。将宜着白衣，乘白马，白缨佛、白旗引前吉。飨祀天大将军吉。
>
> 郁没斯日出行，兴易多利平安。回上官不毕（？）。政加职掌吉。

这类择吉推卜之说，在本质上与中土旧有的历忌之学并无太大区别。形式上的差异，主要表现在前者的星占色彩更强烈一些。这一点在古代偶尔还会引起误解，一个有趣的例子见唐末李涪《刊误》卷下七曜历条：

> 贾相国耽撰《日月五星行历》，推择吉凶，无不差谬。夫日星行度，迟速不常……今贾公言一星直一日，则是唐尧圣历，甘氏星经，皆无准凭，何所取则？是知贾公之作过于率尔。复有溺于阴阳，曲言其理者曰：此是七曜日直，非干五星常度。所言既有迟速，焉可七日内能致一周？贾公好奇而不悟其怪妄也。……诳惑愚浅，往往神之。

贾耽中唐时人，此处《日月五星行历》，本是七曜术中的择吉推卜之说，七曜不过七个抽象符号，与中土旧有之建除十二直等量齐观可也。李涪对此全然不懂，却硬要从天文学常识出发妄加批评，结果只能是无的放矢。

己　聿斯经与算命术

聿斯经者，七曜术之旁支也。在唐代自印度传入中土，流行于唐宋时期。历史上曾出现过的各种聿斯经之作，迄今尚未发现有幸存者。然而有一些迹象表明，它可能曾对中土八字算命术的产生和确立起过相当重要的作用。

史志书目中最早著录聿斯经一类书籍者为《新唐书》卷五九艺文

三历算类，只有如下两种：

《都利聿斯经》二卷

陈辅《聿斯四门经》一卷

接下来在《宋史》卷二〇六艺文五天文类、五行类、卷二〇七艺文六历算类中共著录八种：

《都利聿斯经》一卷

《聿斯四门经》一卷（出现两次）

《聿斯歌》一卷

《聿斯经诀》一卷

《聿斯都利经》一卷

《聿斯隐经》三卷（另一次出现作一卷）

关子明注《安修睦都利聿斯诀》一卷

《聿斯妙利要旨》一卷

郑樵《通志》卷六八艺文略六亦著录七种，其中不见于唐、宋志者有如下三种：

《徐氏续聿斯歌》一卷

《聿斯钞略旨》一卷

《罗滨斯聿斯大衍书》一卷

此外在宋绍兴《秘书省续编四库阙书目》卷二、《直斋书录解题》卷十二亦有零星著录。

由于上述这些书籍迄今未能发现有幸存者，要了解聿斯经究竟有何内容，只能求助于浩瀚古籍中论及此事的片言只语。下面是迄今所搜集到的几则材料：

贞元（785 A.D.—804 A.D.）中，都利术士李弥乾传自西天竺，有璩公者译其文。（《新唐书》卷五九）

贞元初，有都利术士李弥乾将（聿斯经）至京师，推十一星行历，知人命贵贱。（《通志》卷六八）

楚衍，开封胙城人……明相法及聿斯经，善推步阴阳星历之数，间语休咎无不中。（《宋史》卷四六二）

由上述几则记载可知，聿斯经源自印度，于公元八世纪末传入中土；聿斯经是一种采用生辰星占学方法的算命术；聿斯经与七曜术有关。所谓“推十一星行历”，前面已经指出过，十一星即七曜再加罗睺计都与紫炁月孛，通过推算十一曜运行而“知人命贵贱”，可知正是印度的生辰星占学。对于这一点方豪曾提供了另一条旁证。[78]

对于上述书目及记载中涉及的几个人名，可以稍加注意。“都利术士李弥乾”，有人认为“都利”即吐火罗的另一音译[79]，不一定可靠，因为下文说他的聿斯经是传自西天竺。《玉海》卷五还说聿斯经本是“梵书”，可见多半还是梵文。由此联系到译者“璩公”，可惜无法知其为何许人。楚衍则为通常的中原士大夫，他精通聿斯经，足见那时此术早在中原传播。又《通志》所著录之《徐氏续聿斯歌》，徐氏有可能是五代宋初的徐子平（徐居易），他是中国四柱八字算命术的确立者，故算命术又被称为“子平术”。

要而言之，聿斯经是异域传来的一种算命术。伯希和与沙畹推测它为“康居作品”，[80] 薮内清则径指聿斯经为“希腊占星术”。[81] 薮内清之说可能是有道理的，因为印度天学自 400 A.D. 开始已受希腊之重大影响，而此种生辰星占学（即算命术之一种）当亦包括在内也。当然，

[78]《中西交通史》，331 页。

[79] 沈福伟:《中西文化交流史》，上海人民出版社（1985），187 页。

[80] 摩尼教流行中国考，前引书 56 页。

[81] 薮内清：中国中世纪科学技术史概述，《科学与哲学》1984 年第 1 辑，125 页。

如果追根寻源，应该有这样的传递脉络：

迦勒底 → 希腊 → 印度 → 中国

在印度与中国之间，也许还存在康居或吐火罗这样一个中间环节，但可能性不大。

Ⅳ.入华之印度天学家与印度天学

上一节着重讨论了与七曜术有关的各种问题，已知七曜术大体源自印度天学（可能还有巴比伦或希腊渊源），先经中亚、西域传入中土，后又直接由印度继续传入（七曜、九曜、九执、十一星、聿斯经等，皆可归入同一系统）。本节则将在上节所阐明的各种概念与情况的基础上，着重讨论印度天学于六朝至唐宋期间在中土的传播及其影响。此两节相互间关系极为密切。

甲 若干早期情况

印度天学随佛教东来而传入中土，其高潮出现于唐代，但在此之前，早有先声。其中影响甚大的事例之一是印度宇宙模式的传播。南北朝诸帝之中佞佛者甚众，而尤以梁武帝萧衍堪称极致——在位期间几度“舍身”于同泰寺（每次皆由群臣请求并以巨资“赎”之回宫）就是一例。萧衍既佞佛，推而广之，对于中国天学中的宇宙模式（当时浑天说早已占统治地位）也不满意起来，思欲以印度之说取代之。乃于长春殿召开御前学术讨论会，群臣阿旨，全都赞成梁武帝之说。《隋书》卷十九天文志上记载此事云：

> 逮梁武帝于长春殿讲义，别拟天体，全同《周髀》之文。盖立新意，以排浑天之论而已。

许多论者都引此事谓梁武帝重新提倡《周髀》盖天之说，其实并非如此。梁武帝“立新意以排浑天之论”，其所立新意究竟为何，尚可于印度天学家瞿昙悉达（参见本节乙）所辑《开元占经》卷一中见其梗概：

> 梁武帝云：自古以来谈天者多矣，皆是不识天象，各随意造，家执所说，人各异见，非直毫氂之差，盖实千里之谬。……四大海之外，有金刚山，一名铁围山，金刚山北又有黑山，日月循山而转，周回四面，一昼一夜，围绕环匝。

其说实为佛教著作中极常见之说，兹引玄奘《大唐西域记》卷一绪论中所言以做比较：

> 然则索诃世界，三千大千国土，为一佛之化摄也。今一日月所临四天下者，据三千大千世界之中……苏迷卢山，四宝合成，在大海中，据金轮上，日月之所照回。诸天之所游舍，七山七海，环峙环列，山间海水，具八功德。

又道宣《释迦方志》卷上所言更明确：

> 按索诃世界铁轮山内所摄国土，则万亿也。何以知之？如今所住，即是一国。国别一苏迷卢山，即经所谓须弥山也，在大海中，据金轮表，半出海上八万由旬，日月回薄于其腰也。外有金山七重围之，中各海水，具八功德。

由此可知梁武帝所立“新意”，实佛家之旧说也。而《隋书》记长春殿讲义事，云梁武帝之说“全同《周髀》之文”，未必确切，但也表明其说并非《周髀》，否则不能谓之“立新意”也。如未细考其事，很容易产生误解。又陈寅恪对此事有大胆的述评，谓：

是明为天竺之说，而武帝欲持此以排浑天，则其说必有以胜于浑天，抑又可知也。隋志既言其全同盖天，即是新盖天说，然则新盖天说乃天竺所输入者。寇谦之、殷绍从成公兴、昙影、法穆等受周髀算术，即从佛教受天竺输入之新盖天说，此谦之所以用其旧法累年算七曜周髀不合，而有待于佛教徒新输入之天竺天算之学以改进其家世之旧传者也。[82]

陈氏将梁武帝长春殿讲义事与其时印度天学之东来联系考察，较之后人拘执于“浑盖斗争”思路，可谓独具慧眼。唯天竺新盖天说之论，似嫌过于大胆，考之史籍，尚缺乏足够的证据。其实梁武帝所言之宇宙模式，本不过宗教家神话之说，即使在印度天学中，也不可能据此模式以解决具体课题。而陈氏所言寇谦之、殷绍、成公兴等人所持之新学，已见本章Ⅲ甲所论，当即七曜术也。七曜术既有印度渊源，则七曜术入华之早期情况，也即印度天学入华情况之一部分，确实应该联系起来考察。

关于六朝时印度天学在中土传播的情况，还可举刘宋时一事为例，颇有趣。《释迦方志》卷上载：

昔宋朝东海何承天者，博物著名，群英之最，问沙门惠严曰：佛国用何历术，而号中乎？严云：天竺之国，夏至之日，方中无影，所谓天地之中平也。此国中原，影圭测之，故有余分，致历有三代，大小二余增损，积算时辄差候，明非中也。承天无以抗言。文帝闻之，乃敕任豫受焉。

这是古人以天学光大宗教的事例之一。惠严日影之论，确实不假。北回归线（北纬23°30′）刚好横贯印度中部，而在此地理纬度上，夏至

---

[82] 崔浩与寇谦之，前引书118页。关于此事之系统研究，请见江晓原：《周髀算经》与古代域外天学，《自然科学史研究》16卷3期（1997）。

之日的正午，太阳恰位于天顶正中，因而照耀万物却无影。对比之下，中国的绝大部分领土都在北回归线以北，一年中任何一天都不会日中无影。但惠严却利用这一点把印度说成是“天地之中”，以抬高佛国的地位。至于历法的优劣繁简，地理纬度更不会对之产生任何值得一提的影响。然而以何承天之精通天学，竟会一时“无以抗言”。如果真有此事的话，恐怕倒是从一个新的角度表明，古代中国的“浑天”之说，在地圆概念乃至球面天文学方面确实尚有重大的含混欠缺之处。最后，此事的结局值得注意:“文帝闻之，乃敕任豫受焉”，受什么呢？从上下文看，只能是“佛国历术”，即宋文帝命任豫（从惠严那里）学习印度历术。

上面提到的事例，都不是孤立的。史志书目表明：六朝时确实已有若干印度天学著作（上节所论之七曜术著作不计在内）传来中土。《隋书》卷五九经籍三天文类、历数类著录有如下七种：

《婆罗门天文经》二十一卷（婆罗门舍仙人所说）
《婆罗门竭伽仙人天文说》三十卷
《婆罗门天文》一卷
《摩登伽经说星图》一卷
《婆罗门算法》三卷
《婆罗门阴阳算历》一卷
《婆罗门算经》三卷

上述七种中至少有一种迄今仍存世，即第四种《摩登伽经说星图》，这显然就是我们前面引用过的《摩登伽经》说星图品。又，其余六种都冠以“婆罗门”字样，这一点非常重要。它指明了这些印度天学书籍所属的门派。说到婆罗门，人们通常想到的是婆罗门教或四种姓之首，看起来好像《婆罗门天文经》等书是某些婆罗门所著或传述的，其实不然。在印度古代天学中，婆罗门是一个学派，婆罗门学派（Brāhmapakṣa，梵文，Brāhman 原义为“梵天”，后引申为婆罗门教的僧侣、教士等义；pakṣa 意为“学派”）是印度天学“希腊时期”五大学派中年代最早的，约于 400 A.D. 时发端于笈多王朝统治下的西部印度，再扩展到北部。其天文学来源，据平格里（D.Pingree）的意见，是古希腊一个在亚里士多德（Aristotle）哲学影响下的非托勒密（non-Ptolemaic）传统的天文学流派。[83]后来唐代传入中土的印度天学也与婆罗门学派有关。

与七曜术在中土长期流行的情况相比，隋志书目中出现的印度婆罗门天学派在中土似乎仅是昙花一现——从两唐志以下的历代史志书目中，标明其印度来源的天学书不再被著录，而是代之以入华印度天学家的中文著作（如瞿昙悉达《大唐开元占经》、瞿昙谦《大唐甲子元辰历》之类），和许多以“符天”为标志的天学书（它们与七曜术有关，已见前述；但更重要的是它们与印度天学的关系，详见本节丙）。只有《通志》卷六八艺文略六天文类中列有“竺国天文”六种，前三种恰与上引隋志书目之前三种相同，第五种为不空译《宿曜经》，另两种为：

> 《西门俱摩罗秘术占》一卷
> 一行《大定露胆诀》一卷

书均已失传，都不外星占学之作。关于俱摩罗，下一小节中就要谈到。

乙　唐代天学之“天竺三家”

唐王朝是中国历史上高度开放、高度自信、高度繁荣的盛大帝国。印度天学之输入中土，也在此时达到空前盛况。当时世界各国各族英杰人物仕唐廷、取高位者比比皆是。极而言之，李唐皇室自身就有异

[83] D.Pingree：History of Mathematical Astronomy in India, DSB.Vol.16, P.555. 关于古希腊 Ptolemy 与 Aristotle 两家天文学说异同的辨析，可参见江晓原：天文学史上的水晶球体系，《天文学报》28 卷 4 期（1987）。

族血统。在这样的背景之下，出现几代仕唐并领导皇家天学机构的印度天学世家，也就不奇怪了。他们所引入的印度天学，还曾取得一定程度的官方地位。不空译《宿曜经》卷上杨景风注云：

> 凡欲知五星所在者，天竺历术推知何宿俱知也。今有迦叶氏、瞿昙氏、拘摩罗等三家天竺历，并掌在太史阁。然今之用多瞿昙氏历，与大术相参供奉耳。

兹将此三家依次考论如次：

迦叶氏（Kāsyapa）

关于迦叶氏，目前发现的材料很少。这一家天学似乎是以推算交食见长。《旧唐书》卷三三历志二，在记述《麟德历》求交食之术时，附有简述"迦叶孝威等天竺法"的一段文字，共四百余字，其中云：

> 迦叶孝威等天竺法，先依日月行迟疾度，以推入交远近日月蚀分加时。日月蚀亦为十五分。……又云：六月依节一蚀。是月十五日是月蚀节，黑月尽是月蚀节。亦以吉凶之象，警告王者奉顺正法。苍生福盛，虽时应蚀，由福故也，其蚀即退。更经六月，欲蚀之前，皆有先兆……此等与中国法数稍殊，自外梗概相似也。

开首部分是迦叶氏推算交食之法。值得注意的是中间部分，从中可看出，迦叶氏所持天学中也有军国星占学成分。最后部分是二十来种日、月食的先兆（略去未引），显然是为前两部分服务和提供补充手段的。由这段记载被附在《麟德历》交食术之末这一点来看，迦叶氏之学确实是在皇家天学机构中与"大术"（中土正统的天学方法）相参使用的。迦叶族人另有仕唐者，但未见天学学说之记载。

俱（拘）摩罗氏（Kumāra）

关于俱摩罗氏，两《唐书》均只提到一次，以《旧唐书》所载较详，见卷三四历志三，与迦叶孝威之论的情况相仿，这也是《大衍历》交食术中的一则附录：

> 按天竺僧俱摩罗所传断日蚀法，其蚀朔日度躔于郁车宫者，的蚀。诸断不得其蚀，据日所在之宫，有火星在前三后一之宫并伏在日下，并不蚀。若五星总出，并水见，又水在阴历，及三星已上同聚一宿，亦不蚀，凡星与日别宫或别宿则易断，若同宿则难断。更有诸断，理多烦碎，略陈梗概，不复具详者。
>
> 其天竺所云十二宫，则中国之十二次也。曰郁车宫者，即中国降娄之次也。

显然也只是俱摩罗氏所持交食术的简介而已。其术也是与"大术"相参使用的。这里还提到俱摩罗的身份是"天竺僧"。又前引《通志》"竺国天文"书目中有《西门俱摩罗秘术占》一种，或许也是其人所作。但仅从这些记载还无法断定俱摩罗其人是否曾仕于唐廷。前述迦叶孝威的情形也是如此。李约瑟仅据该两氏后裔或族人在唐朝有活动，即断定杨景风所说的"天竺三家"之人"他们确实曾入太史阁"，[84]缺乏根据。其实杨景风分明只是说三家之术。由太史阁收掌以与"大术"相参使用而已，并未说三家之人皆入太史阁，但李约瑟却将"三家天竺历并掌在太史阁"误译为"他们都在天文部门任职"。[85]而事实上，三家之中目前只有瞿昙氏可知确曾数代仕唐并相继在唐朝皇家天学机构中担任要职，及迦叶志忠曾"知太史事"。

这里顺便讨论一下上引俱摩罗材料的末尾一段内容。其中说天竺之十二宫即中土之十二次，并说郁车宫对应于中国降娄之次。按降娄之次对应于娄、奎二宿，公元八世纪时春分点正在此处，故"郁车宫"当即白羊宫。印度天学中的十二宫，同样渊源于巴比伦，故此事当与

[84]《中国科学技术史》第四卷，75页。

[85]《中国科学技术史》第四卷，75页。

前述巴比伦十二宫问题联系起来考虑。对照本章Ⅱ乙所引郭沫若之说，“郁车”似与白羊宫所对应之阿卡德语名称 iku 或苏美尔语名称 E.KUE 发音颇为相近。此或可为郭沫若之说增添一有利旁证也。

瞿昙氏（Gautama）

瞿昙氏在“天竺三家”中最为显赫。史籍中关于瞿昙家族成员的记载很多，但对于这些成员之间的行辈关系，至 1977 年于陕西长安县北田村发现瞿昙諆墓志，[86] 始得完全理清。兹列其五世十一人行辈及所任天学官职如次：[87]

瞿昙逸（“高道不仕”）
↓
瞿昙罗（太史令）
↓
瞿昙悉达（太史监）
↓
瞿昙諆（司天少监）
瞿昙谦
↓
瞿昙昇
瞿昙昪
瞿昙昱
瞿昙晃
瞿昙晏（冬官正）
瞿昙昴

由上表可知，瞿昙氏至瞿昙晏为止已四代仕唐任天学官职，且都为皇

[86] 晁华山：唐代天文学家瞿昙諆墓的发现，《文物》，1978 年 10 期。

[87] 箭头表示父子关系，并列表示兄弟关系。官职仅列出现今已知的其人所任天学官职之最高者。

家天学机构中之负责人（太史令、太史监）或重要官员（司天少监、冬官正）。又墓志称瞿昙氏“世为京兆人”，且瞿昙逸是“高道不仕”，可知其家定居长安已久，并非自瞿昙逸方始。

关于瞿昙氏在唐朝的天学活动，史籍中的记载远较迦叶与俱摩罗两氏为多。兹按其年辈先后略作考述如下。关于瞿昙罗，《新唐书》卷二六历志二载：

> （李淳风）作《甲子元历》以献，诏太史起麟德二年（665 A.D.）颁用，谓之《麟德历》。……当时以为密，与太史令瞿昙罗所上《经纬历》参行。
>
> 神功二年（698 A.D.）……改元圣历。命瞿昙罗作《光宅历》，将用之。三年，罢作《光宅历》，复行夏时，终开元十六年。

《光宅历》在《旧唐书》中尚有著录（卷四七经籍下历算类有《大唐光宅历草》十卷，《新唐书》卷五九艺文三则归之于南宫说名下），后来失传。方豪、薮内清、叶德禄等人都推测《光宅历》是印度历法，但都未给出任何理由。史籍中关于《光宅历》内容的直接记载虽迄今未见，但笔者发现一段间接记载，可有助于推测《光宅历》内容，《旧唐书》卷三二历志一云：

> 天后时瞿昙罗造《光宅历》，中宗时南宫说造《景龙历》，皆旧法之所弃者，复取用之，徒云革易，宁造深微？寻亦不行。

说《光宅历》所标举的改革之处，不过是将已废弃的旧法重新取用，这等于说《光宅历》与此前的传统历法并无不同。而该历如果是印度历法，那应有全新面目才对。因此《光宅历》恐怕仍是中国传统模式的历法。瞿昙家族虽源自天竺，但华化既深，瞿昙罗又久任太史令，他熟悉中国传统历法当然毫不奇怪。不能因他是天竺人（况且血统也多半不纯了——其家世居长安，极可能娶中国女子），即推测其所作必为印度历法。试看瞿昙悉达的《开元占经》一书，毫无异族色彩，便不难推知这一点。瞿昙罗的《经纬历》，情形大约也与《光宅历》相仿。

瞿昙家庭中名声最大者为瞿昙悉达。其人在历史上留下的主要业绩是编译《九执历》及编集《开元占经》。关于前者，《新唐书》卷二八历志四下云：

> 《九执历》者，出于西域。开元六年（718 A.D.）诏太史监瞿昙悉达译之。

按唐人“西域”一词，涵义远较今人之习惯用法（本书亦采此用法）为广，五天竺之地都包括在内，这由玄奘之印度纪行名为《大唐西域记》可证。《九执历》纯为印度历法，但在当时人看来，固仍不妨谓之“出于西域”。关于《九执历》将于本节丙详论，此处仅明其为瞿昙悉达两大业绩之一即可。

《开元占经》亦为奉敕而作。由书中载有《九执历》译文，又称“见行《麟德历》”，可推知其成书年份在奉诏译《九执历》之后，行《麟德历》终止之前，即开元六年至开元十六年（718 A.D.—728 A.D.）之间。《开元占经》在历代官史书目中仅出现一次，见《新唐书》卷五九艺文三天文类，称“《大唐开元占经》一百一十卷，瞿昙悉达集”，此后即无踪影，书亦不传。至明末，因一极偶然的机缘，被人重新发现。书首所载发现者程明善之兄程明哲于万历丁巳（1617 A.D.）记此事云：

> 至唐瞿昙悉达奉敕以成《占经》一百二十卷……然历来禁秘，不第宋、元，即我明巨公皆未之见，今南北灵台亦无藏本。吾弟好读乾象，又喜佞佛，以布施装金而得此书于古佛腹中，可谓双济其美。但不知藏之何代何人，而今一旦泄露……

程氏兄弟的自述是现今所见交待此书来历的唯一记载，本来难以贸然轻信，但考察书中内容，看不出什么后人伪托的迹象，倒也没有理由加以怀疑。顺便指出，《开元占经》之重现天日是前述晚明“天学禁脔”逐渐开禁（本书第三章Ⅰ己）的又一有力例证。要是在“学天文有厉禁”的“国初”，程氏兄弟不要说不敢自称“好读乾象”，就是在古佛腹中发现了《开元占经》，多半也只有秘而不宣或上交官府，断不敢将之刊刻传世。

《开元占经》编集于盛唐时代，许多后来失传的古籍那时都还存世，瞿昙悉达对这些古籍的摘编引录，使《开元占经》在中国古代学术史上具有极大价值。而这一切出于一位印度人之手，也是古代中外文化交流史上的一束异彩。《开元占经》的重要价值，至少有如下五端：

一、集唐前各家星占学说之大成，成为中国古代星占学最重要、最完备的资料库。[88]瞿昙悉达身为皇家天学机构负责人，得以利用皇家秘藏的古今星占学禁书，正是“奉敕”而作的得天独厚之处。

二、保存了中国最古老的恒星观测资料，特别是甘、石、巫咸三氏的星表，成为今人研究先秦时期中国天学的最重要史料之一。

三、记载了中国有史以来至八世纪所有历法的基本数据。自《史记》《汉书》开创“天学三志”之例后，这类数据大都得到记载，但先秦时期的同类资料却全赖《开元占经》才得保存。

四、引用已佚古代纬书多达八十二种左右，与明孙珏所辑《古微书》同为纬书的两大渊薮。两者相同者甚少，因一集于唐，而一辑于明，前者所参据之书，至后者从事时大都已佚失也。

五、载入《九执历》译文，成为研究中印古代天学交流及印度古代天学之极其珍贵的史料。《九执历》汉译文已被逐译为英文，介绍至西方世界。

瞿昙悉达之子瞿昙譔，子承父业，克绍箕裘，曾任秋官正、司天

[88] 顺便在此指出，李约瑟在其《中国科学技术史》中论及古代中国星占学时（主要见于第二卷中），置《开元占经》《乙巳占》《灵台秘苑》等早期正统星占学专著于不顾，却将晚至明代的一些书籍奉为主要史料，不能不说是在材料选择、把握方面的一个重大失误。

少监等职，是当时天学界非常活跃的人物。《旧唐书》卷三六天文志下载：

> 二年（上元二年，716 A.D.）七月癸未朔，日有蚀之，大星皆见，司天秋官正瞿昙譔奏曰：癸未太阳亏，……亏于张四度，周之分野。甘德云：日从巳至午蚀为周，周为河南，今逆贼史思明据。《乙巳占》曰：日蚀之下有破国。

这是一次星占学分析，口吻与中土传统星占家毫无二致，足见华化之深。同上卷又载：

> 宝应元年（762 A.D.），司天少监瞿昙譔奏曰：司天丞请减两员，主簿减两员，主事减一员，保章正减三员，挈壶正减三员，监候减两员，司辰减七员，五陵司辰减五员。从之。

这是瞿昙譔对皇家天学机构（唐代其名称屡易，此时称司天台）实施改革，建议精简官员属吏达 25 人，得到皇帝批准。

瞿昙譔最引人注目的一次活动是他年轻时于开元二十一年（733 A.D.）与其他官员上书指控一行《太衍历》"写《九执历》其术未尽"。当时他父亲瞿昙悉达大约已经去世，而他自己则尚未在皇家天学机构得任要职，只是一个"善算"者。关于此事将于本节丙中与《九执历》一起讨论。这里仅先指出，尽管瞿昙譔等人的指控以失败告终，但这并未妨碍他后来做到司天少监（皇家天文台副台长）这样的重要官职。

瞿昙譔之弟瞿昙谦，除了知他撰有《大唐甲子元辰历》一卷（《新唐书》卷五九艺文三、《旧唐书》卷四七经籍下著录）外，其余事迹无可考。

瞿昙譔生六子，其五为瞿昙晏，除了从《通志》氏族略"诸方复姓"中知他曾任司天台冬官正之外，其余事迹亦无可考。

唐代"天竺三家"之行事记载，大致考述如上。

丙　关于《九执历》

《九执历》系瞿昙悉达奉唐玄宗之命而译。译文见于《开元占经》卷一〇四，此为现今所存古籍中唯一载有《九执历》译文之处。《九执历》开首序言称：

> 臣等谨案：九执历法，梵天所造，五通仙人承习传授，……臣等谨凭天旨，专精钻仰，凡在隐秘，咸得解通。今削除繁冗，开明法要，修仍旧贯，缉缀新经，备列算术，贝标如左。

关于《九执历》是否存在一种梵文原本，或者只是从当时各种印度天学文献中摘编而成，国外学者还有不同意见。但由上引序言来看，所谓“削除繁冗，开明法要，修仍旧贯，缉缀新经”，应是从多种文献摘编而成。摘编所依据的文本，现在已知至少一种，即彘日（Varahamihira）的《五大历数书汇编》（*Pancasiddhantika*，约550 A.D.）。前引序称“九执历法，梵天所造，五通仙人承习传授”，“五通仙人”可理解为“通晓五大历数书之哲人”。学者们还在《九执历》中发现了一些《五大历数书汇编》的段落。[89]

当《五大历数书汇编》成书时，印度天学“希腊时期”五大学派中已有三派次第兴起。其中婆罗门学派我们已在本节甲中提到过，《五大历数书汇编》中的《毗坦摩诃历数书》就属婆罗门学派。这里特别要提到的是夜半学派（Ārdharātrikapakṣa），发端于500 A.D.，因取夜半为历元时刻而得名。该学派与《九执历》大有渊源。《五大历数书汇编》中的《宝利莎历数书》和《太阳历数书》都属夜半学派。关于《太阳历数书》（*Sūryasiddhanta*），又还要多说几句。该历数书的来源本来还要早，后来夜半学派创始人的弟子之一拉陀代伐（Lātadeva）将其校订改编，使之适合于夜半系统，取了公元505年3月20日与21日

[89] 薮内清:《九执历》研究，《科学史译丛》，1984年4期。

之间的夜半为历元，这个校订本的纲要就是《五大历数书汇编》中的《太阳历数书》。但是，当“希腊时期”五大学派中的太阳学派于800 A.D.左右兴起之后，又出现了另一部完全同名的历数书，成书年代不可确考，约在公元八、九世纪之交。这部《太阳历数书》流传至今，且有英译本于1860年问世，因而广为人知。但其成书年代既远在编译《九执历》之后，兹不多论。

再回到夜半学派的线索上来。除前述《太阳历数书》外，夜半学派最基本的典籍是婆罗门笈多（Brahmagupta，又译为梵藏）的《历法甘露》（*Khandakhādyaka*，665 A.D.）。国外学者在《九执历》中发现了几处与《历法甘露》非常相似的章节，因而提出了编译《九执历》时是否曾参考过《历法甘露》的问题。

综上所述，《九执历》编译时所参考依据的印度天学著作，至少有《五大历数书汇编》，也许还有《历法甘露》，所牵涉的学派至少有夜半学派（也许还有婆罗门学派？），而所有这些印度天学著作和学派的理论根源，都是希腊的。[90] 兹将其间承传关系图示如下：

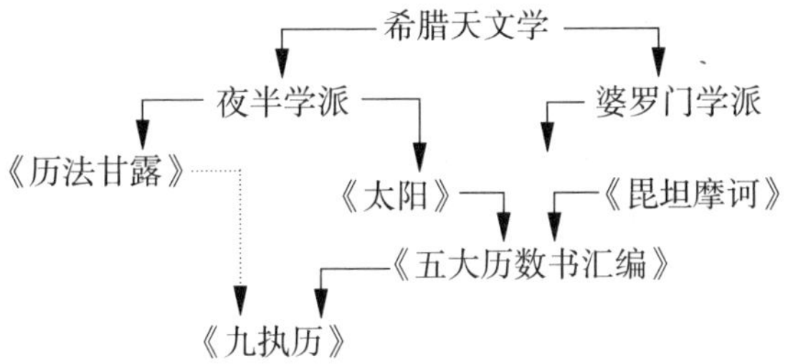

虽然经过了如此众多的中介环节，《九执历》中希腊天文学成分竟依然清晰可辨！下面列出最明显的几项：

1. 360°的圆周划分。

2. 60进位制的计数法。

3. 黄道坐标。

4. 太阳周年视运动远地点（定为夏至点之前10°，这完全符合当时

---

[90] History of Mathematical Astronomy in India，前引书，629页。

的实际天象）。

5. 推求月亮视直径大小变化之法。

6. 正弦函数计算法及正弦函数表。

以上各端，皆为中国传统天学体系中前所未有。

有一个现象很值得注意，即《九执历》译文中仅有日、月运动及交食计算部分，完全没有关于行星运动的内容。而行星运动理论，无论在希腊天文学还是印度古代天学中，都是重要组成部分，在中国天学也不例外。当初瞿昙悉达编译《九执历》时，是否也有行星运动部分，现已不得而知。如果没有，原因何在？如果曾有，但瞿昙悉达不久后编集《开元占经》时却未收载，原因又何在？此事还应与当时的有关背景联系起来考察，方可索解。前面曾考述过的“天竺三家”中，迦叶氏与俱摩罗氏之术都曾留下简略记载。时光流逝，大浪淘沙，一般来说，只有他们当年最精湛、最有名的学问，才能在多年后留下仅有的记载。而对迦叶与俱摩罗两氏之术的记载，恰恰都只是推求交食之术而无其他！由此可知当时“与大术相参供奉”的“天竺三家”之术，主要是他们的印度交食推求术。《九执历》之编译，应该也属同一模式。故笔者推测：当年编译《九执历》时，本来就只是交食部分（日、月运动理论也是为交食理论服务的），并无行星运动理论。由于古代中国天学没有几何学方法，在交食术上始终有相当大的缺陷，故需要借助域外之术来“相参供奉”，作为补充。

《新唐书》卷二八历志四下评论《九执历》云：

> 《九执历》者……其术繁碎，或幸而中，不可以为法。名数诡异，初莫之辨也。陈玄景等持以惑当时，谓一行写其术未尽，妄矣。

评价甚低。关于此事，详见同书卷二七历志三上：

> 时善算瞿昙谍者，怨不得预改历事，二十一年（733 A.D.），

> 与玄景奏:《大衍》写《九执历》,其术未尽。太子右司御率南宫说亦非之。诏侍御史李麟、太史令桓执圭,较灵台候簿,《大衍》十得七、八,《麟德》才三、四,《九执》一、二焉。乃罪说等,而是否决。

关于这段公案,不少学者已注意到,但上述记载中有些细节还值得进一步推敲。从结局看,瞿昙譔、陈玄景、南宫说等人对《大衍历》的指控是失败了,判定他们失败的理由看起来也很“科学”:检验灵台上的天象记录档案,《大衍历》所推天象与实际观测记录吻合者达百分之七八十,而《九执历》仅百分之一二十。但且不说这些结果的具体依据何在尚存疑问(比如“灵台候簿”记载是否一定准确?李麟、桓执圭二人是否不偏不倚?),即使完全接受上述结论,该结论在逻辑上也根本无法否定“《大衍》写《九执历》”这一指控。比如,站在指控者立场上,可以辩解说:正因《大衍历》博采众长,才使其预推天象高度准确,其中也包括了《九执历》的成分。其实,《大衍》《九执》《麟德》三历遗文俱在,用现代天体力学方法回推天象肯定远较当年的“灵台候簿”可靠,今人完全可以用数理天文学方法去重新“审理”上述公案。不过据笔者看来,这段公案并不十分美好——它显然有着当时天学界门派之争的色彩。

丁 关于《符天历》

《符天历》与《七曜历》相仿,并非某一具体历法之专用名,而系一历术流派共同标举之名称。标举“符天”之名的历术与七曜术有渊源,已见前述。为行文方便,不妨称之为“符天术”。符天术之出现,较七曜术之传入中土要晚得多。据前文已引述的史料(本章Ⅲ戊),符天术的历史至今最早只能追溯到“唐建中时术士曹士蒍”。建中为唐德宗年号,780 A.D.—783 A.D.,则仅知曹氏其人活动于八世纪末。关于曹氏本人,除“术士”二字外亦无任何记载。有人推测他出于昭武九姓中的曹氏。昭武九姓为中亚粟特人后裔，在六朝隋唐时期的中西文化交流史上扮演过重要角色，曹士蒍符天术既为域外历术，推测其人出于昭武九姓原也不无道理，但此事既缺乏证据，中土又古有曹姓，故目前仍应存疑为妥。若不拘泥于曹氏一人，则符天术作为一种历术流派，其盛衰大略尚可由史籍中推知。最早著录标举“符天”之历术著作的官修史志书目为《新唐书》卷五九艺文三，仅载两种：

曹士蒍《七曜符天历》一卷（建中时人）
《七曜符天人元历》三卷

此最先出现的两种皆“七曜”与“符天”一同标举，两者间的亲缘关系一望可知。此后随着潮流转换，符天术逐渐自成流派，不再依傍于七曜术。《宋史》卷二〇六艺文五天文类、五行类，卷二〇七艺文六历算类著录此类书甚多，以下仅引录其明确标举“符天”者：

《符天经》一卷
曹士蒍《符天经疏》一卷
《符天通真立成法》二卷
《符天九星算法》一卷
《符天五德定分历》三卷
郭颖夫《符天大术休咎诀》一卷
张渭《符天灾福新术》五卷
《符天人元经》一卷
曹士蒍《七曜符天历》二卷
《七曜符天人元历》三卷
杨纬《符天历》一卷
《七曜符天历》一卷
《符天历》三卷
《符天行宫》一卷

章浦《符天九曜通玄立成法》二卷

由上列书目，不难看出符天术在宋代的盛行情况。更重要的是，可以看出符天术远不像国内有关著述中给人的印象那样，仅是一种狭义的历法。关于后一点，有必要稍做进一步讨论。

符天术中当然是包括有历法成分的，这与前七曜术的情形一样。关于曹士蒍《符天历》在历法方面的某些创新，如雨水为岁首、万分为分母之类，前贤已有甚多论述，此处毋庸赘言。[91] 然而，姑不论本书第四章中已强调指出过历法之最重要功能是为星占学提供工具，仅从上列书目中看，像《大术休咎诀》《灾福新术》《通真立成法》《通玄立成法》《行宫》这样的著作，无论如何总不会是仅仅讨论历日安排的。

符天之术"本天竺法"，这一点看来是没有疑义的。本来域外历术很难在中土取得官方正统地位，如前述唐代"天竺三家"如此显赫，其术亦不过"与大术相参供奉"而已。倒是符天之术，可能因在"中西合璧"方面下的功夫不浅，致能在民间广泛流传，一度还使受其影响的《调元历》获得了短暂的官历地位。不过符天术在官方历法中的影响很快受到清除，《新五代史》卷三一王朴传云：

> 显德二年（995 A.D.），诏朴校定大历，乃削去近世《符天》流俗不经之学，……为《钦天历》。

这里符天术被斥为"流俗不经之学"，而在王朴自己的上《钦天历》表（《旧五代史》卷一四〇）中更斥之为"天竺胡僧之祆说也"，也再次证明符天术的天竺渊源。

符天术的具体内容，不像七曜术那样尚有佛经与敦煌卷子可征，所幸另有一条间接推知的途径。日本古代天学起先主要受中国影响，

[91] 以王立兴文所论最好。王立兴：关于民间小历。

至平安朝，因印度星占学由佛徒传入而兴起新的学派，称为“宿曜道”。宿曜道的理论渊源通常被归结到不空所译《宿曜经》(由空海等人传入日本)，但后来学者们指出:《符天历》才是宿曜道的经典。由此，可以借助宿曜道的文献和活动去了解符天术的内容及功能。薮内清曾指出：

> 符天历虽然在一个时期用于编制历书，但其主要用途是根据某个人出生时的天体位置占卜个人的命运，也就是制作所谓“宿曜勘文”。[92]

这种“宿曜勘文”中列出该人生辰时刻，以及此时刻九曜在天空的位置（行于何宿、几度几分等，与中国古代天学表示之法完全一样），再接以“十二宫立成图”，由此预推此人一生祸福休咎。九曜之类，当然是印度色彩，而其结构性质则可以说与欧洲的算命天宫图（Horoscope）完全无异。符天术——一种生辰星占学流派——的内容及功能由此不难推知其大概。

要而言之，符天术可视为流传至中土的七曜术之旁支或后期演变型，继七曜术在中土盛行的高潮之后而流行于残唐五代至两宋期间，并在唐代传入日本而演变为宿曜道中的重要成分。但是万变不离其宗，这仍是一种印度的生辰星占学，其根源则可追溯至古希腊。

Ⅴ. 余论：外来影响能否深入及持久？

唐代以降，还有两次西方天学向中土的传播。一是元明之际阿拉伯天文学若干内容传入中土，二是明清之际欧洲天文学大举输入。前者持续时间不长，规模也不大。虽然明代钦天监一直保留着“回回

[92] 关于唐曹士蔿的符天历。此外还可参阅此文所引征的桃裕行的几种论文。

科”，从表面上看似乎其影响也不可忽视了，但这至多与唐代“天竺三家”之术“与大术相参供奉”相似（可能还不如）。况且其影响的持续时间（姑不论其深入与否）尚不足有明一代，即被下一次浪潮所淹没。明末欧洲天文学大举输入，最终导致中国完全改用西方方法（但这并未改变中国天学的性质与文化功能），“影响”如此巨大，以致又不能再作为“影响”来讨论了——受影响者已被完全颠覆。因此，以往学者们讨论中国古代天学史，往往至明末为止，此后的时期不被视为前者的延续，而是另作别论，这确实不无道理。基于上述这些考虑，本书未将这两次东传浪潮纳入所讨论的范围之内。

相比之下，六朝隋唐时期域外天学特别是印度天学之传入中土，源远流长，数道并进，在时间上更持续数百年之久。其间情形，既已大略考述于前数节，则再进而讨论其影响是否深入与持久，不仅合宜，更属必要。

深入与持久，本为不同概念，但在此处所要讨论的问题中，两者却有密切关系。我们可以发现，较为深入的影响，也就较为持久。所谓深入，指被接纳到传统体系中去成为一种成分，或在使之中西合璧方面下了较深功夫，以致看起来异域色彩不再那么浓厚。反之，较为浅表、专门的内容，其影响将难免随时光流逝而趋于消歇。对此不妨举一些例以说明之。

前面曾讨论过七曜日的“胡语”名称（见本章Ⅲ丁），在七曜术盛行的年代，这些名称广泛流行，除了在当时的历术之书中到处可见，它们甚至出现在宋仁宗《景佑乐髓新经》这样的著作中，下面是其中第一篇开首的一段内容（见《宋史》卷七一律历志四）：

> 黄钟之宫为子、为神后、为土、为鸡缓、为正宫调。太簇商为寅、为功曹、为金、为般颉、为大石调。姑洗角为辰、为天刚、为木、为嗢没斯、为小石调。……蕤宾变徵为午、为胜光、为月、为莫、为应钟徵。

连这样的场合都要用“胡名”来替代中土正常的名称，七曜术在当时的风行和时髦是不难想见了。然而，到清代修《钦定协纪辨方书》时，这些供奉御前的数术名家见到一点与旧日七曜术有关的记载，却已茫然不解，该书卷一记其议论云：

> 今按……以不齐之天行，按一定之星舍，乃万无之理也，七政安得与二十八宿相配耶？偏阅群书，莫可考究。

后来他们总算从《宿曜经》中找到了解答，弄明白原来“其七政加二十八宿，犹干之加于支，非谓七政之果躔于此宿也”，却还未能将之与历史上的七曜历联系起来。与宋代七曜术之流行盛况相比，此时消歇绝响，影响可说是完全消失了。

以上是影响消失的例子。有人认为外来影响很难在中国天学中长期保留，从表面上看其说似乎有理。但若深入考察，可知情况未必尽然。某些外来影响很可能已经印入古代中国天学体系，非但得到保存，且能发扬光大！这方面最值得考虑的事例之一是中土历书的形成。

对于中土历谱至历书的演变之迹，本书已大致考述勾画出来（第四章Ⅲ甲），但这一演变的契机或原因，尚不明确。对此不能不考虑外来影响。这一演变所发生的时期，正是七曜术及印度天学在中土流行之时。各种异域传来的时日吉凶宜忌之说，与此后中土历书上的逐日吉凶宜忌历注实在只有一步之差（将这些说法注于历谱，系于逐日之下即可）。对此也不妨举一点例，比如佛经《摩登伽经》观灾祥品之二云：

> 帝胜伽言：仁者当听，我今复说月在众星所应为事。
>
> 月在毕星：宜应耕垦、婚姻、盖宅、出财、调兽、裁衣等事；不宜敛债、斗战、造酒。其日雨吉。生者慈悲、多欲、贪味、丰有财物，寿命延长。
>
> 月在轸宿：一切皆吉。宜调象马、授官、造池。不愁窃盗。

其日有雨必多流溢。生者勇健，盗而多知、长寿少病。

依此模式遍叙二十八宿。由于月行大致一日一宿，匝月而周，故其说实等于一月内逐日之吉凶宜忌，与唐宋以降各代历书中的宜忌之注简直同出一辙。类似的还有以七曜值日循环而注吉凶宜忌者，比如著名《宿曜经》第八品为“七曜直日历”，而《雍熙三年丙戌岁具注历日》（伯三四〇三）开首就载有“推七曜直日吉凶法”，简直就是“七曜直日历品”的直接移植：

第一蜜，太阳直日，宜出行、捉走失。吉事重吉，凶事重凶。第二莫，太阴直日，宜纳财、治病、修井灶门户，吉；忌见官，凶。第三云汉，火直日，宜买六畜、合火、下书契、合市、吉；忌针灸，凶……

这类吉凶宜忌之说早已成为“注历之恒式”。如果由此推测，中土历谱演变为历书，是受了《摩登伽经》《宿曜经》之类外来学说的启发和影响，大致当与历史事实相去不远。而这样的话这项影响可谓深入持久之至了。

还有一些外来学说，从表面看，流行了一阵之后已归于沉寂，但在实际上，其影响是否以不很明显的方式长期发生着作用，却很难确定。这方面一个比较令人困惑的事例是外来生辰星占学与中土算命术的关系。我们在前面早已指出，中国并无“土生土长”的生辰星占学（第五章 I 甲）。但从六朝隋唐下及两宋，先后传入中土的各种西方天学，无论七曜、九执，还是聿斯、符天，无不以生辰星占学为其特色，此时算命天宫图之类当然也会在中土流行。一些国外学者曾注意到一例史料证据，系晚唐诗人杜牧的自撰墓志铭，见《樊川文集》卷八：

予生于角星。昴、毕于角为第八宫，曰病厄宫，亦曰八杀宫。土星在焉，火星继来。星士杨晞曰：木在张，于角为第十一福德

> 宫，木为福德大君子，救于其旁，无虑也。予曰：自湖守不周岁迁舍人，木还福于角足矣，土、火还死于角，宜哉。复自视其形：视流而疾，鼻折山根，年五十斯寿矣。

杜牧竟果真五十而卒。这当然是典型的西方的算命天宫图学说，确实不失为西来生辰星占学在中土流行的极佳例证。然而，像上面这样的史料证据在中国古籍中是非常罕见的，事实上，印度传来的生辰星占学很快就归于沉寂了。

但是另一方面，随着七曜、聿斯、符天这些西来学术的退潮和消失，中土却于唐宋时期出现了算命术。西方的算命天宫图与中土的四柱八字算命术当然是两套完全不同的系统，然而这两套系统的功能却是一样的——根据某人出生时刻来推测他一生的穷通贵贱祸福休咎。而且，在此之前，中土并没有任何自成一体的学说能实现这一功能。这样，中土算命术的兴起和形成是否曾受到印度生辰星占学的启发或激励，就不是毫无意义的问题了。然而要解决这一问题极为困难，因为早期史料佚失太严重了。

最后，我们还要再次提到张子信的天学发现是否曾受到印度天学影响的问题（参见本章Ⅱ丙）。当考虑外来影响能否深入持久时，这一事例具有戏剧性的意义。因为众所周知，张子信的天学发现哺育了一大批中国天学家，通过他们的工作，他的新天学发现如太阳周年视运动不均匀性、行星运动不均匀性等被接纳进中国传统天学体系之内，从此成为其中的经典内容。而且终古代中国天学有生之年，这些内容只有改进，而无消减。这样，如果一旦发现张子信的天学发现真的曾受到过外来影响，那这一影响的深入持久自然毫无疑问。判定张子信究竟受到过印度天学影响与否，已不属本书的任务，此处姑先比较两条史料，《隋书》卷二十天文志中述张子信发现有云：

> 五星行四方列宿，各有所好恶。所居遇其好者则留多行迟见早；遇其恶者则留少行速见迟。

而《新唐书》卷二七历志三下云：

> 凡二星相近，多为之失行，三星以上失度弥甚。天竺历以九执之情，皆有所好恶。遇其所好之星，则趣之行疾，舍之行迟。

张子信的发现竟和“天竺历”之说如此一致，实在是意味深长的，这说明了什么呢？目前还很难估价。明智谨慎的作者通常以问题结束他们的著作，本书也不想例外。

综合索引

（本索引按汉语拼音顺序排列。遇有同一事物而异称、同一人而异名等情况，以最常见名称立目，而将异称异名以括号附后；异称异名所出现处页码亦列于该目之下。）

后记

在本书写作过程中，许多友人为我提供过各种帮助。我非常感激地在此提到他们的姓名。中国科学院自然科学史研究所汪前进博士，经常热心为我提供各方面资料，我的好几项研究都曾受惠于他。上海古籍出版社金良年先生，总是慷慨地让我借阅他的精彩藏书，并为我提供各种线索。台湾清华大学历史研究所黄一农教授，于海峡彼岸为我寄赠多种宝贵资料，并经常相互切磋讲求。还有中国科学院上海天文台郭盛炽副研究员、华东化工学院文化研究所张荣明先生、复旦大学陈尚君先生和孔沂澜女士、中国科学院自然科学史研究所胡维佳先生、朱静女士、科学出版社赵卫江女士、中国科学院紫金山天文台张培瑜研究员、南京大学天文系宣焕灿副教授，他们都曾以各种不同方式帮助过我。谨在此一并深致谢忱——其实这纸面上的致谢只能聊表我心于万一而已。

本书是中国国家自然科学基金项目（批准号：18903001）的成果之一。

作者

一九九一年夏至后第三日

记于二化斋